KB052046

미지의 땅

국토연구원
「세계 국·공유지를 보다」 시리즈 01

미지의 땅

유휴지와 도시 전략

초판 1쇄 펴낸날 2020년 12월 17일
지은이 앤 보먼, 마이클 파가노
옮긴이 국토연구원 국·공유지 연구센터
펴낸이 박명권
펴낸곳 도서출판 한숲 **| 신고일** 2013년 11월 5일 **| 신고번호** 제2014-000232호
주소 서울특별시 서초구 방배로 143, 2층
전화 02-521-4626 **| 팩스** 02-521-4627 **| 전자우편** klam@chol.com
편집 남기준 **| 디자인** 이은미
출력·인쇄 한결그래픽스

ISBN 979-11-87511-22-9 93530

• 파본은 교환하여 드립니다.

값 17,000원

미지의 땅

유휴지와 도시 전략

앤 보먼, 마이클 파가노 지음
국토연구원 국·공유지 연구센터 옮김

TERRA INCOGNITA

Vacant Land and
Urban Strategies

도서출판
한숲

TERRA INCOGNITA: Vacant Land and Urban Strategies

Copyright ©2004 by *Georgetown* University Press.

Korean translation rights ©2020 by Hansoop Publishing Co.

All rights reserved.

This Korean edition published by arrangement with Georgetown University Press

through Shinwon Agency Co., Seoul.

도시 연구에 대한 Bert E. Swanson의
끝없는 열정에 감사드립니다.
- Ann O'M. Bowman

은퇴 후에도 업무와 육아에 지치지 않고
평생의 여정을 함께하며 배움과 발견의 아름다움을 알려준
Jean Nixon Pagano와 Anthony V. Pagano에게
진심으로 감사드립니다.
- Michael A. Pagano

차례

책을 펴내며

국토연구원 국·공유지 연구센터는 우리나라 국·공유지 정책을 체계적, 지속적으로 연구하기 위해 2019년 설립되었습니다.

우리나라 국·공유지 정책은 국·공유지를 처분 위주에서 유지·보전 중심으로, 최근에는 적극 활용에 초점을 맞추는 정책으로 변화해 가고 있습니다. 정부 입장에서는 경세 활력 세고, 국가균형발전, 생활SOC 확충 등 공익을 위해 국·공유지를 활용하는 것이 중요하다고 여기고 있습니다. 또한 미래세대를 위해 국·공유지의 가치를 높이고, 보다 효율적으로 관리하려는 노력도 하고 있습니다. 국토연구원 국·공유지 연구센터도 정부와 발맞추어 성공적인 국·공유지 정책을 만들기 위한 노력을 수행할 것입니다.

국토연구원 국·공유지 연구센터에서 이번에 발간하는 「세계 국·공유지를 보다」 시리즈는 유휴 국·공유지에 주목하는 세계 각국의 정책 이야기가 담겨져 있습니다. 이 시리즈 발간물이 그 중요성에도 불구하고 그간 부족했던 우리나라 국·공유지 연구의 시작점이 되기를 기대합니다.

이 시리즈물이 발간되는 과정에서 함께 애써주신 국토연구원 국·공유지 연구센터 관계자분들께 감사드립니다.

국토연구원 원장 강현수

책을 옮기며

「세계 국·공유지를 보다」시리즈의 첫 시작인 「미지의 땅」은 미국의 주요 도시 내에 있는 유휴지$^{vacant land}$에 대한 도시 전략을 기술한 책입니다. 이 책에서 다루는 유휴지의 범위는 사용이 되지 않았거나 사용이 중지된 토지로, 주로 국가나 주 정부 소유의 토지를 의미합니다. 각 도시는 유휴지를 도시 경계를 확장하는, 주변 도시의 성장을 견제하는, 커뮤니티 활성화를 도모하는 수단 등으로 활용하고 있습니다. 저자인 앤 보먼$^{Ann\ O'M.}$ ^{Bowman}과 마이클 파가노$^{Michael\ A.\ Pagano}$는 유휴지 담당자의 의견을 설문을 통해 조사하고 직접 만나 인터뷰를 하는 등 도시의 전략을 좀 더 깊이 있는 관점에서 바라보았습니다.

국·공유지 연구센터의 번역 시리즈 중 첫 책으로 「미지의 땅」을 선택하게 된 동기도 여기에 있습니다. 우리나라 도시들도 쇠퇴해가는 상황에서 유휴지가 점차 증가하고 있습니다. 그러나 국·공유지 중 유휴지에 관한 연구 및 활용 사례는 찾아보기 어렵습니다. 국·공유지 연구센터는 이 책을 통해 한국의 도시들이 국·공유지 중 유휴지를 어떻게 전략적으로 다룰 수 있는지를 고민하는 시작점이 되기를 바랍니다.

「미지의 땅」은 유휴지에 대한 도시의 다양한 전략을 실증적인 데이터와 함께 제공합니다. 저자들은 실제 미국의 도시들이 겪은 여러 가지 상황과 그에 맞는 전략적 선택들은 어떤 것이 있었는지 재정적 관점, 사회적 관점,

개발의 관점에서 차분히 설명합니다. 이 책을 다 읽는다고 해서 한국의 도시들이 선택해야 하는 전략이 머릿속에 그려지지는 않을 것입니다. 이 책의 마지막 장을 넘기는 순간에, 유휴지를 다룰 때 재정, 사회, 개발과의 관계 또한 중요하다는 점을 깨닫게 된다면 그것만으로도 충분합니다. 이 책이 유휴지에 대한 독자의 시야를 한층 넓혀주기를 기대합니다.

앞서 말했듯이 이 책은 「세계 국·공유지를 보다」 시리즈의 시작입니다. 국토연구원 국·공유지 연구센터는 앞으로도 영국, 독일, 일본 등 세계 각국의 국·공유지 관련 전략이 담긴 책들을 순서대로 발간할 예정입니다. 작은 관심 부탁드립니다. 마지막으로 기꺼이 감수의 노고를 아끼지 않으신 서울대학교 배정한 교수님께 감사의 말씀을 전합니다.

국·공유지 연구센터

조판기, 심지수, 정원기, 김민정

서문

이전 책인 「도시 경관과 자본: 도시 개발의 정치학」에서 우리는 도시를 개발하는 자원에 대해 논의했다. 그 책을 집필하면서 우리는 그 자원 중 가장 중요한 것은 토지, 특히 유휴지임을 발견했다. 우리가 현장 조사를 진행한 10개의 도시에서 공무원들은 자주 유휴지의 중요성에 대해 강조했다. 어떻게 유휴지를 관리하고 다시 상업 용도로 사용할 수 있을까, 어떻게 유휴지와 인근 토지를 도시 공원으로 변화시킬 수 있을까, 도시는 향후 건물이 들어설 유휴지를 어떻게 매입해야 하는가, 주거가 가능한 곳으로 만들기 위해 어디에 있는 어떤 건물을 철거해야 하는가. 종종 이런 대화들은 얼마나 빠르게 도시 내 유휴지가 사라지는가와 같은 다른 질문으로 우리를 인도하기도 했다.

우리는 더 궁금해졌다. 미국 도시에 얼마나 많은 유휴지가 있을까? 도시는 유휴지로 어떤 일을 해야 하는가? 이런 유휴지에 영향을 미치는 정책에는 무엇이 있는가? 이러한 질문들은 이 책의 집필로 이어졌다. 그 당시에는 유휴지에 대한 연구가 드물었다. 학교 내 도서관의 무수히 많은 자료 중에서 우리는 1960년대 연방 정부가 지원한 단 두 건의 연구서만 발견할 수 있었다. 이 보고서는 유휴지 양에 대한 시작점이자 지표가 되었다. 초기 우리 연구는 이 작업들을 업데이트하는 것에서 시작했다. 미국 도시 내 얼마나 많은 유휴지와 버려진 건물이 있는가? 이 기초적인 질문에서부터 이 연구는 시작해서 사람, 장소, 토지에 관련된 이야기를 한다.

많은 사람들이 이 연구를 지원했지만 그 중 가장 중요한 역할을 한 사람은 링컨 토지정책연구소의 로잘린 그린스타인Rosalind Greenstein이다. 그녀의 지지와 지원에 감사한다. 또한 이 연구는 링컨 토지정책연구소의 지원이 없었으면 불가능했을 것이다. 이 점에도 감사를 표한다. 우리는 이 책에 있는 발견과 연구 방법들이 도시 주민과 방문자들에게 건강하고 활력있는 도시 유휴지 활용을 위한 중요한 시사점을 제시하기를 바란다.

이 연구에 다양한 가이드라인과 시사점을 제안한 많은 사람들이 있다. 그들의 시간을 투자해서 인터뷰 기회를 준 시 공무원들, 특히 부록 A에 명시된 분들에게 감사를 표한다. 그들은 데이터와 정보를 제공했을 뿐만 아니라 시 정부가 어떤 노력을 하는지 상세한 정보를 주었다. 초기 설문 조사에 응해준 톰 블랙, 래리 보하논, 제인 호윙튼, 데이비즈 존스, 개시 호프만에게도 감사하다. 방대한 양의 데이터를 정리하고, 설문 조사를 하는 학생들을 지도해 준 오드리 해리스, 제니퍼 호프만에게도 고맙다. 마지막 단계에서 연구 보조원을 지원해 준 사우스캐롤라이나 대학의 에리카 카터와 그레고리 플라젠에게도 감사를 전한다. 링컨 토지정책연구소는 2000년 여름, 라운드 테이블 행사를 기획해서 우리 연구, 자료, 발견에 대한 의견을 교류할 수 있는 기회를 제공했다. 여기에 참석한 로버트 파헤티, 루이스 게이스, 게리 자스트잡, 낸시 그린 리, 레이 퀴이, 앤 르로이어, 토마스 라이트에게 감사를 표한다. 유휴지 이슈에 대한 우리 연구를 논의할 수 있도록 자리를 마련해 준 브루킹스 연구소Brookings Institution에도 고맙다. 참석해 준 스캇 바킨, 폴 브로피, 브루스 카츠, 존 크로머, 에이미 리우, 벤자민 마고리스, 마가렛 머피에게 고마움을 표한다. 브루킹스 연구소는 2001년 마이클 파가노가 도시 재정 인센티브와 토지 개발에 대한 연구를 할 때도 도움을 주었다. 이 연구소의 제니퍼 베이는 마이클 앤더슨, 제이미 홀랜드, 칼 놀렌버거와 함께 고마운 사람 중 하나이다. 저자들은 사우스캐롤라이나 대학의 앤, 마이애미 대학과 시카고 일리노이 대학의 린 셜리, 톰 덜킨, 마이클, 필립 루소, 존 패턴과 같은 동료 학자들에게도 깊은 감사를 표한다.

이 책에 포함된 연구에 대한 보고서, 논문, 기사는 미국정치과학협회 American Political Science Association와 도시정책협회Urban Affairs Association, 미국미래 컨퍼런스Who Owns America II conference와 같은 몇몇 포럼에서 발표된 적이 있다. 우리는 앤소니 다운, 로버트 로리, 패트릭 션 마틴, 레이첼 웨버, 그리고 익명의 평론가들에게 감사하다. 1999년 링컨 연구소는 우리 연구에 대해 "미국 도시 유휴지"를 주제로 작업 논문을 발간했다. 2000년 3월, 도시정책리뷰에서는 우리 설문조사를 바탕으로 "미국 도시의 변화: 유휴지의 정치적 조건"을 주제로 논문을 발간했다. 2000년 12월 브루킹스 연구소는 도시 및 대도시 정책 조사 시리즈 중 하나로 「도시 내 유휴지: 도시 자원」을 발간했다. 그리고 마침내, 2003년 4월에 브루킹스는 마이클 파가노의 「도시 재정 구조와 토지 개발」을 발표했다. 이 논문은 도시와 대도시 정책과 도시 CEO들을 위해 준비된 브루킹스 센터를 위한 토론 논문이다. 이 책에 있는 모든 사진은 저자가 직접 찍은 것이고, 지도 또한 저자들이 만든 것이다.

우리는 이 책을 마무리해 준 에디터인 게리 그렐라와 베리 라브에게도 고마움을 표한다. 조지타운 대학의 출판사와 함께 일하는 것은 우리에게도 큰 기쁨이었다. 우리는 많은 사람들과 연구소의 도움을 받았지만, 지면 관계상 모두 언급하지 못하는 점에 대해 양해를 구한다.

마지막으로 잦은 출장과 늦은 저녁을 이해해 준 가족들의 지지와 지원에 감사한다. 십 년 동안 두 번의 큰 연구를 마칠 수 있었던 것은 모두 그들 덕분이다. 블리스와 카슨, 데보라, 지나, 안드레아에게 이 책을 바친다.

지은이 앤 보먼, 마이클 파가노

1장
유휴지가 처한 상황

어쩌면 그 공간은 아이들이 뛰노는 공터이거나 "접근 금지"라는 경고문과 함께 철제 펜스로 둘러싸인 채 오랫동안 버려진 공장 부지일 수 있다. 두 건물 사이에 있는 주차장 부지일 수도, 다양한 식물이 자라는 습지일 수도 있다. 또는 웃자란 잡초와 쓰레기 더미가 쌓인 곳이거나 허름한 자동차가 방치되어 있는 그런 지저분한 주택가일 수도 있다. 하지만 어쩌면 그 공간은 향후 깨끗한 거리와 함께 많은 상점이 들어설 수도 있는 곳이다. 유휴지vacant land란 이처럼 다양한 형태로 산재해 있는, 지자체의 골칫덩이이기도 하지만 동시에 기회이기도 하다.

지자체들은 계획과 규제를 통해 이러한 유휴지를 재활용하려고 한다. 각 지자체들의 계획은 목적 지향적이고, 전략적이며 더 좋은 목표를 달성하기 위해 마련된다. 이 책의 주된 목적은 도시에서 유휴지를 어떻게 전략적으로 다루어야 하는가를 살펴보는 것이다. 먼저 분석에 들어가기 전에 유휴지가 갖는 '긍정적이거나' '부정적인' 개념과 다양한 의미를 살펴볼 것이다. '유휴지'는 선명한 이미지를 떠올리게 하지만, 우리는 빈 땅이 갖는 깊은 의미와 이 부지를 바꾸는 정책에 대해서는 충분히 이해하지 못하고 있다. 유휴지에 관한 종합적인 정보가 없고 연구 또한 적기 때문이다. 유휴지의 의미를 명확히 함으로써 도시의 전략적 정책으로서 유휴지의 전환에 대해 살펴보고, 어떤 유휴지가 문제가 되는지 혹은 기회가 되는지 알아보고자 한다.

유휴지의 부정적 측면과 긍정적 측면

'유휴지'라는 표현에는 부정적인 의미가 있어서 우리가 유휴지를 생각할 때면 버려진, 쇠락한, 텅 빈, 심지어 위험한 곳이라는 이미지가 떠오른다. 이는 유휴지의 부정적인 상징성이 그만큼 강하다는 것을 의미한다. 전 미국주택관리공사의 사무국장인 헨리 시스너로스Henry Cisneros는 도심의 쇠퇴와 관련하여, "빌딩 주변을 폐쇄하고 유휴지를 버리자"[1]고 주장했다. '죽은 공간', '엉망진창인 공간'과 같은 공간은 구체적으로 장기간 방치된 공터나 잡초가 거칠게 자라는 습지, 버려진 건물, 그리고 무언가를 버리거나 적재해 두며 일시적으로 사용하는 공간을 의미한다.[2] 유휴지는 '도시의 불모지', '버려진 구역'으로 누구도 원하지 않는 환경이자 결과물이다.

> 버려진 공간은 투자를 할 수 없는 곳, 텅 비고 기능이 저하된 땅으로 치부된다. 복구가 불가능한, 오염된, 빈, 범죄가 일어나는, 그리고 쇠퇴한 주거지의 상징인 버려진 지역은 이게 현실이 아니길 바라는 마음속에 존재한다.…… 이는 실패의 상징이다.[3]

쇠락한 구조물 앞을 지나가는 사람은 강한 인상을 받는다.

> 우리 도심에 존재하는 버려진 건물들은 지역 내 사회 조직으로 계속 낡아간다. 이들은 도심에서 생활하는 사람들이 방치해 둔 상흔이다.…… 이곳에 투자하면 원금을 잃을 위험이 있다.…… 버려진 건물들은 돌이킬 수 없는 쇠퇴의 신호로서 중요한 내적 모멘텀이다.[4]

버려지는 것도 전염된다. 한때 흥했던 쇼핑거리를 예로 들어보자. 시장이 유발했든 다른 특별한 이유로든 한 가게가 문을 닫으면 주변 지역의 통행이 감소되고 이에 따라 남아있는 상점들까지 위태로워진다. 지역 경제가 어려워지면서 상점들은 점차 비게 된다. 상가들은 유지 관리가 잘 안 되어 결국 안전하지 않은 상황을 초래하기도 한다. 일부 빈 상점들은 아마도 판자로 가로막힐 것이고, 쇠사슬로 폐쇄된 곳은 더욱 심하게 고립될 것이다. 다른 건물들은 노숙자들에게 '거주지'로 제공될 수도 있고,[5] 특히 위험한 건물들은 철거되어 유휴지로 남겨질 수 있다. "죽은 공간"을 짧게 묘사하자면 버려진 부지에 쓰레기와 폐기물이 쌓여가고 어느 시점에 빈 공간과 버려진 건물이 대부분인 곳을 의미한다. "죽은 공간space"이라고 부르는 데에는 많은 의미가 함축된 것 같다. 존 아코디노John Accordino와 그레이 존슨Gray Johnson이 주장했듯이, "비고 버려진 부동산은 도시 중심의 쇠퇴를 보여주는 증상으로 도시에 문제가 된다."[6] 지자체가 도시의 쇠퇴를 해결하기 위해 버려진 부지에 새로운 투자를 유치하는 관습적인 노력은 사실 충분하지 않다.[7] 지자체가 한 지역을 바꿔 도시를 부흥시키고자 하는 노력은 성공 확률이 낮기 때문에 정책 실패라는 부정적인 측면만을 부각하는 일이 되기 십상이다.[8]

유휴지는 대부분 문제이자 바로잡아야 할 부정적인 공간으로 여겨진다. 이런 암울한 경관을 넘어서 새로운 대안이 요구된다. 부정적인 조건들에도 불구하고 유휴지는 기회의 상징이 될 수 있다. 그런 부지가 지역성과 같은 자원을 극대화할 수 있다. 샌프란시스코와 보스턴 같은 도시들의 형성 과정을 보면 이 도시들은 더 많은 유휴지를 만들기 위해 습지를 적극적으로 메웠다는 것을 알 수 있다. 이런 과정이 없었다면 도시의 개발 잠재력은 한계에 부딪쳤을 것이다. 새로운 유휴지가 도시를 더 풍요롭게 만들었다.

그로부터 한 세기 후, 플로리다 주의 웨스트 팜비치West Palm Beach는 유휴지를 메우고 토지은행제도land banking를 이용해서 빈 상점들로 가득했던 따분한 도심부를 카페가 늘어선 유럽스타일의 거리로 만들었고, 광장에 분수를 조성했다. 유휴지는 이처럼 시에서 상점이나 주거지 혹은 거리의 디자인 개선에 투자할 수 있는 기회를 제공했다. 이 첫 시도의 성공은 민간 개발자들이 두 번째 성공을 할 수 있는 또 다른 기회를 낳았다. 이들은 4

억 달러를 투자해서 도심 내에 있는 75에이커의 유휴지에 투자했다.[9] "무에서 유로Dirt into Dollars, 유휴지에서 가치 있는 개발로Converting Vacant Land into Valuable Development"라는 구호에서 웨스트 팜비치의 투자 과정을 생생하게 볼 수 있다.[10]

유휴지에 대한 또 다른 이미지로는 가능성, 공간, 기회, 비정형성이 있다. 적어도 공공에게 유휴지가 단순히 나쁜 것만은 아니다. 영국의 시빅 트러스트The Civic Trust의 조사 결과에 따르면 유휴지에 대한 이중적 태도를 볼 수 있다. "쓸모없는 부지가 주변 환경을 모두 쇠퇴시키는 것은 아니다. 때로는 긍정적인 측면도 있어서 일부는 지역사회에 도움을 줘 가치를 창출하기도 한다."[11] 어떤 빈 부지는 생산성이 없을 수도 있지만, 그것은 단지 토지에 대한 기존의 측정 방식에 따라 달라질 뿐이다. 가령 토착 식물종이나 동물종은 생산성을 나타내지 않지만, 빈 부지에서 발견할 수 있는 중요한 자연 자산이다. 그 근거로 도시공원을 따라 존재하는 유휴지들은 도시 생태계 교육을 할 수 있는 '자연 교실' 역할을 한다는 것이 1980년대 말 국립과학재단National Science Foundation이 지원한 연구 결과에서 밝혀졌다. 오리건 주 포틀랜드Portland의 도시그린스페이스 프로그램Metropolitan Greenspaces Program도 같은 논리로 운영되고 있다.[12] 이 프로그램은 '빈' 혹은 '개발되지 않은'과 같은 부동산 중심의 명칭에서 '그린스페이스' 또는 '그린벨트'와 같은 생물학적 정의로 바꿔 부르고자 한다.

따라서 유휴지는 도시 안의 다른 종류의 공공 용지와 함께 도시 불모의 상징이라기보다는 '유익한 경관fortuitous landscapes'으로 봐야 한다.[13] 닐 페어스Neal Peirce는 이에 대해 "도시의 빈 땅: 숨겨진 보물일까?"에서 유휴지를 보는 긍정적 관점을 강조했다.[14] 유휴지 관리를 문제로 보는 것 대신에 실현할 수 있는 기회로 본 것이다. 예를 들어, 깨진 유리와 버려진 매트리스로 점령된 유휴지는 공동체 텃밭과 같이 꽃과 야채를 수확할 수 있는 곳으로 재탄생할 수 있다.[15] 유휴지는 여전히 임시로 사용될지 모르지만, 유휴지의 가치는 실질적으로는 꽤나 다르다. 그것은 다음과 같은 해석으로 귀

결된다. "버려진 산업 부지는 환경 문제로 다룰 수도 있고, 아니면 기회로 삼을 수도 있다."[16]

지역의 정책 결정자들은 유휴지를 유익한 경관으로 생각한다. 일례로 워싱턴 D.C.의 부시장은 이렇게 말했다. "만약 우리가 중요한 개발을 해야 한다면, 우리는 우선 버려진 빈 토지를 해결해야 한다."[17] 즉 핵심은 '계획visioning'이다. 쇠락한 곳의 이면을 보고 어떤 용도로 사용할지를 생각할 때, 버려지고 빈 곳이 고쳐지기까지는 체계적이고 장기적인 계획이 필요하기 때문이다. 또한 유휴지와 버려진 부동산들이 효과적으로 활용되기 위해서는 도시 자체를 재창조할 필요가 있다. 유럽의 유휴지를 연구한 베리 우드Barry Wood는 토리노Turin를 계획한 이태리 계획가의 말을 인용한다. "유휴지의 존재는 토리노가 21세기에 맞게 도시를 재정비할 수 있는 특별한 기회를 제공한다"[18] 이는 미국의 많은 도시들도 유휴지를 활용해 토지 용도를 바꿀 수 있다는 것을 의미한다. 특히 몇몇 미국 도시들의 "오염되고 버려진 산업 부지들은 도시 내 재개발에 큰 도움이 된다."[19]

유휴지의 정의

'유휴지'라는 용어는 사용되지 않는 땅과 이용률이 낮은 토지를 포함하지만, 그 개념은 광범위하고 명확하지 않다. 하지만 유휴지에 속한 토지 사용과 이용은 토지 활용을 뜻하기 때문에, 유휴지의 문제는 빈 토지들의 활용이 부족하다는 것을 의미한다. 토지 활용과 관련된 물리적 접근으로 볼 때, 유휴지의 문제는 아마 급격한 경사라든가 작은 필지와 같은 환경에서 기인할 것이다. 혹은 산업시설을 유치하기에 충분하지 않아 문을 닫기로 한 경제적인 결정이 토지가 비게 된 또 다른 이유가 될 수 있다. 이런 예로, 일부에서 투기 목적으로 토지를 보유한다든지 또는 주차장 부지, 거주지 보호 지역과 같이 정부의 목적이 있는 경우 등이 있다. 이와 같이 유휴지란 버려진 구조물이 있는 동산, 파괴된 건물이 있는 토지, 농업 부지 주위, 오염된 토양, 그리고 그린필드와 같이 '개발되지 않은 토지raw dirt'를 포함한다.

도시경제학자 레이 노담Ray Northam은 미국 내에 있는 유휴지를 서로 다른 다섯 가지 유형으로 구분했다.[20]

①남은 부지 - 작은 규모(몇 백 피트에서 몇 천 피트 정도의 규모), 대부분 비정형이고 한 번도 개발된 적이 없는 땅. ②제약이 있는 부지 - 급격한 경사나 홍수 위험과 같은 물리적 제약으로 인해 무언가를 지을 수 없는 땅. ③기업용 부지 - 공익 기업과 같은 지방 기업이 향후 확장이나 이전을 위해 남겨둔 땅. ④투기 부지 - 기업, 부동산 회사 혹은 한 사람이 수익 사업이나 추후에 팔기 위한 목적으로 보유한 땅. ⑤공공용 부지 - 공공 혹은 준 공공 기관이 향후 개발을 위한 기금을 확보할 때까지 남겨둔 땅

물리적 제약이 있는 부지와 일부 남은 부지는 향후에도 개발되지 않을 가능성이 높기 때문에 영구적인 유휴지로 남을 수 있다. 다른 유형으로, 특정 유휴지가 수십 년간 활용되지 않는다고 해도 장기적으로 볼 때는 일시적인 기간이기 때문에 추후에는 개발될 가능성이 있다.

지자체의 공무원들은 토지 대장을 만들 때 유휴지를 정의하려고 노력한다. 유휴지의 대부분은 이용하지 않는 땅을 의미하지만, 이 정의는 상대적으로 덜 이용되는 토지로도 확장될 수 있다. 예를 들어, 중간 규모의 남부 도시에서 유휴지를 다음과 같이 정의하였다. 지방세 과세자가 건물의 가치가 전혀 없다고 기록한 토지, 토지에 건축물이 없는 경우, 또는 시 소유의 빈 땅 혹은 개발 가능한 토지(이를 테면, 도심에 있는 주차장 부지) 등이 유휴지에 해당한다.[21] 이러한 운영적 정의에 따라 유휴지를 관리하기 위해서는 유휴지가 도시의 조세 체계와 그 개발 계획에 영향을 크게 받는다는 점을 명심해야 한다.

노담의 다섯 가지 유형 중 하나인 큰 범주의 유휴지 즉, 버려진 땅derelict land은 명시적으로 포함되지 않는다. 버려진 땅의 어원은 영국에서 광물

질을 채굴한 곳을 복원하고 깨끗하게 치우는 노력으로부터 비롯되었는데 "산업이나 다른 개발 사업으로 인해 너무 많이 손상이 되어서 복원하지 않고는 도저히 이용할 수 없는 땅"을 의미한다.[22] 그래서 '버려진derelict'으로 불린 부지는 영국 정부로부터 복원 기금을 지원받을 수 있다. 이는 미국의 '브라운필드brownfields' 개념과도 유사하다. 미국환경보호국U.S. Environmental Protection Agency은 브라운필드란 실제로 오염이 되었거나 오염이 되었다고 판단되는 환경 조건으로 재개발을 방해하는 부지라고 정의하였다.[23] 수년 간 환경 유린으로 토양을 오염시킨 폐쇄된 산업시설이 바로 브라운필드의 한 사례이다.

그러나 정의에서 알 수 있듯이, 일부 브라운필드 부지의 오염은 단지 '그렇게 여겨질 뿐', '실제'로 그런 것은 아니다. 그러나 오염되었다는 인식만으로도 재개발의 열정을 꺾기에 충분하고, 그곳은 공터로 남아 있는 경우가 많다. 브라운필드의 문제는 연방 정부가 이 부지의 정화 및 복구가

그림 1-1. 위험한 유휴지: 뉴저지 캠든의 슈퍼펀드 대상지

필요한 지역들을 지원하기 위한 자금 후원으로 이어졌다. 가장 위험한 브라운필드는 슈퍼펀드Superfund라고 알려진 1980년 종합 환경 계획·보상·부채에 관한 책임법에 따라 평가된다. 이런 부지들은 지방정부가 부동산을 재개발하고 재활용하는 데 가장 큰 걸림돌이다. 슈퍼펀드의 대상지인 〈그림 1-1〉은 뉴저지 주의 캠든Camden의 고밀도 지역에 위치한 곳으로 이 사이트의 존재로 인해 다른 유휴지들의 재생 계획이 어려워졌다.

유휴지에 대한 또 다른 이름인 토즈TOADS는 "지금 당장 쓸모없는, 쇠퇴한, 버려진 부지"를 의미한다.[24] 토즈에는 세 가지 종류가 있다.

①자동차 공장, 가구 공장, 창고, 혹은 직조 공장과 같이 가치를 생산할 수 있는 설비가 포함된 부지였지만 더 이상 사용되지 않는 공간, ②이전에 생산 부지였지만 기피하는 시설이 있는 곳으로 도축장, 가죽 공장, 제지 공장 등, ③ 다양한 이유에서 개발되지 않은 부지로 웃자란 잡초로 뒤덮인 곳

이 중 세 번째 종류의 토즈는 이전에 만들어진 중요한 점을 강조한다. 유휴지가 꼭 손상되거나 버려질 필요가 없다는 것이다. 즉 이 부지는 단순히 두각을 드러내지 못해 개발되지 않았지만, 앞으로 개발을 통해 수익을 창출할 수 있는 곳이다.[25] 특별한 용도 또는 투기 목적으로 사용하기 위해 남겨둔 토지 혹은 현재 개발이 부적절하거나 활용도가 낮은 '가용지operational land'가 이러한 특성을 가질 수 있다. 예를 들어, 산업 부지는 토지의 일부를 저장고로 사용하거나 목초지로 임대할 수도 있다. 사실상 가용지는 기업이 남겨둔 예비토지라고 할 수 있는 것이다. 이런 유형별 접근은 중요하다. 토지의 가치는 토지의 생산성과 토지 내 시설에 밀접한 관련이 있기 때문이다.

앞의 논의는 유휴지의 정의를 위한 근거를 제공한다. 유휴지는 사용하지 않거나 버려진 땅이다. 따라서 유휴지는 한 번도 개발된 적이 없는 필지부터 한때 개발되었던 토지까지 포함한다. 또한 이 정의는 판자로 막았

든, 부분적으로 파괴됐든, 완전히 붕괴되었든 간에 버려지거나 이용되지 않게 된 건축물이 남아있는 토지를 포함한다.

이 정의는 유휴지를 연구하는 데 있어 근본적인 두 가지의 차이점을 만든다. 기본적인 구분의 하나는 토지의 소유권이다. 공공의 것이든 민간의 것이든 간에 소유권은 관리와 산출물에 영향을 미칠 수 있기 때문이다. 다른 하나는 소유권을 떠나 토지가 '개발이 가능한가'에 관한 점이다. 토지의 물리적인 특징, 법적·재무적 규제의 유무, 지역 부동산 시장, 시나 카운티county의 토지 이용 계획 등 다양한 요인이 개발 가능성에 영향을 미친다. 이러한 두 가지 특징은 유휴지의 긍정적 이미지 및 부정적인 이미지와 많은 관련이 있다.

미국 도시의 유휴지에 관해

유휴지는 현재 모든 도시에 산재해 있지만 종합적으로 연구된 적은 없다. 따라서 유휴지의 규모와 특징에 대한 기본 정보들조차 파악되지 않았다. 유휴지를 관리하고 규제하는 지자체의 역할에 대한 좀 더 복합적인 질문 또한 어떤 체계적인 방법으로도 시도된 적이 없다.

이 상황을 해결하기 위해 우리는 미국 내 인구 5만 명 이상의 도시 계획 담당자에게 설문을 했다. 기본적인 유휴지에 대한 정보를 제공하고 관련 정책에 대한 좀 더 복잡한 질문들에 대한 답을 듣기 위해서였다. 설문지에는 유휴지의 조건, 공급, 정책과 현재 트렌드에 관한 것이 포함됐다. 전체 응답률은 35%였는데 대규모 도시(인구가 10만 명 이상인 곳)의 응답률은 50.25%였다. 이번 챕터와 이어지는 다음 챕터들에서도 대규모 도시들의 통계 자료를 사용했다. 또한 설문 조사 결과를 보완하기 위해 세 개의 대도시, 즉 필라델피아, 피닉스, 시애틀 지역에 대한 현장 조사를 실시했다. 현장 방문으로 수집한 데이터로 목표, 정책 결정, 효과에 대해 밝힐 수 있었다(설문 조사와 현장 방문 방법은 별첨A에 설명하였다).

표 1-1. 미국 도시들의 유휴지 조건

구분	도시 수
너무 크지 않은 유휴지	97
비정형 형태의 유휴지	75
위치가 안 좋은 유휴지	72
다른 조건을 가진 유휴지*	60
유휴지가 드문 경우	58
너무 오랫동안 비워둔 유휴지	45
유휴지가 많은 경우	43

*다른 조건을 가진 유휴지는 부동산 정책이나 오염, 급격한 경사, 인프라 문제, 습지 등을 의미한다.
출처: 저자들이 1997~98년 실행한 유휴지 설문 조사 결과, 부록 A 참조

유휴지의 조건

앞에서 설명했듯이 유휴지에 대한 정의와 이미지는 다양하다. 그렇다면 유휴지의 조건은 어떨까? 미국 도시들 곳곳에 존재하는 유휴지는 비슷한 조건을 갖고 있을까? 아니면 각기 다 다른 조건을 가질까? 〈표 1-1〉이 몇 가지 답을 보여 준다.[26]

대부분의 도시에서 유휴지는 그 필지 규모가 비교적 작다. 다른 두 조건도 일반적인데, 하나는 시 공무원의 관점에서 볼 때 비정형의 필지인 경우가 많다는 점이고, 또 다른 하나는 그 위치가 애매한 경우가 많다는 점이다. 이런 세 가지 조건은 제각기 유휴지의 재개발 잠재력을 제한하기 때문에, 도시의 애매한 위치에 있는 작은 비정형의 필지들을 지자체 공무원들의 열의만으로 개발하기는 어렵다.

대부분의 도시에서 유휴지의 존재가 이슈가 된다는 점은 놀라운 일이 아니다. 그러나 예상과 달리, 더 많은 도시들이 유휴지의 과잉 공급보다 과소 공급을 걱정한다. 유휴지 부족은 향후 재개발과 성장이 오히려 제한된다는 것을 의미한다. 이런 도시들에서 유휴지는 희소한 자원이다. 그러

나 반대 입장에서, 많은 유휴지들을 소유한 도시들의 경우, 규모가 큰 유휴지의 과잉 공급은 큰 걱정이기도 하다. 이런 도시들에 과잉 공급된 유휴지는 인구 유출 및 경제적 쇠퇴와 연결되어 있기 때문에 유휴지를 가치 있는 공간으로 어떻게 바꿀 것인지가 중요한 현안이다.

유휴지의 지속 기간도 흥미로운 주제다. 설문 조사에 따르면, 응답한 도시의 1/4만이 유휴지가 장기간 방치됐다고 답했다. 이는 대부분의 도시에서 단기적인 유휴지는 어려운 문제가 아니라는 점을 의미한다. 이 점이 의미하는 것은 대부분의 도시에 존재하는 유휴지가 수용 가능한 선에서 재이용될 수 있다는 점이다. 하지만 조사에 의하면 60%의 도시가 유휴지를 여러 이유에 의해 개발할 수 없는 토지라고 응답하고 있다. 유휴지를 개발하지 않고 빈 공간으로 둔 데에는 특정 목적을 위해(12개 도시), 오염된 산업 부지(브라운필드)여서(10개), 개발이 가능한 경사가 아니여서(8개), 기반 시설 문제가 존재해서(6개), 습지로 구분된 유휴지여서(6개) 등의 이유가 있었다. 즉, 설문 조사에 따르면 유휴지는 수많은 특징을 가진다는 것을 알 수 있다.

설문에 응답한 대도시(인구 10만 명 이상의 도시) 중 일부는 공통점을 보였는데, 지역과 성장률에 따라 유휴지의 조건이 때로는 극적으로 다르다는 점이다.[27] 북동부에서는 응답한 도시의 절반 이상이 부지가 비워진 지 "너무 오래됐다"고 응답을 했는데, 이는 서부 도시들이 단지 10%만 그렇다고 응답한 것과 대조적이다. 중서부 도시의 80%에 해당하는 도시들은 유휴지가 개발하기에 "충분히 크지 않다"라고 답했다. 이는 남부에서는 50%, 서부에서는 42%라고 답한 것과 비교된다. 만약 우리가 도시들을 1980년과 1995년 사이의 인구 성장률을 바탕으로 세 종류로 구분한다면(11% 미만의 낮은 성장률, 11-41%의 중간 성장률, 41% 이상의 높은 성장률), 유휴지의 조건에 대해 주목할 만한 차이를 발견할 수 있다. 낮은 성장률을 보인 도시들은 거의 절반에 가까운 비율로 유휴지가 작거나 빈 부지로 존재한 지 오래됐다고 답했다. 평균 성장률이나 높은 성장률을 보인 도시들은 단지 1/5이하가 같은 대답을 했다.

도시의 절반 이상은 유휴지의 문제점에 대해 개발을 하기에 "충분히 크지 않다"라고 답했고, 1/4은 유휴지가 비어 있게 된 지 "오래됐다"고 했는데, 이는 도시 내 토지 개발의 중요한 이슈이다. 북동부와 중서부의 도시들은 작고 오랫동안 비워진 유휴지를 서부나 남부의 도시들보다 문제라고 지적한 비율이 높았다. 사실 북동부 도시들의 45%와 중서부 도시의 38%는 필지의 작은 규모와 유휴지의 지속 기간을 개발의 가장 중요한 걸림돌이라고 응답했다. 이는 서부와 남부의 도시 중 단 10%만이 그렇다고 답한 것과 대조적이다. 북동부나 중서부에 있는 저성장 도시들은 두 가지 조건들을 다 가지고 있는 경우가 더 많다. 저성장률을 보이는 도시들의 34%는 두 가지 특징을 다 갖고 있는 반면, 평균 성장률을 보인 도시들은 13%, 높은 성장률을 보인 도시들은 7%만이 두 가지 요인을 유휴지의 특징으로 꼽았다.

〈표 1-1〉에 나타난 유휴지의 조건들은 많은 지자체 공무원들에게 걸림돌이 되며 그들을 고심하게 만든다. 작게 흩어져 있는 유휴지를 어떻게 한 지역으로 모을 수 있을까? 비정형 유휴지에는 어떤 개발 가능성이 있을까? '잘못된' 위치의 부지를 어떻게 '알맞은' 위치로 바꿀 수 있을까? 긴 시간 동안 비어 있던 부지를 어떻게 생산성 있는 공간으로 바꿀 것인가? 도시는 계속해서 '어떻게 할까?'에 대한 답을 찾으려 한다.

유휴지 공급의 변화

유휴지가 충분하게 공급되지 않을 경우, 도시의 경제적 잠재력이 제약을 받을 수 있다.[28] 그렇다고 유휴지가 과잉 공급된다면 토지 가격이 하락하게 되는데, 더 중요한 것은 경기 하강이 더 큰 악순환의 일부일 수 있다는 점이다. 이 연구에서는 절반이 넘는 도시가 유휴지의 공급에 관련한 문제에 직면하고 있다고 밝혔다. 너무 작은 규모의 유휴지가 있거나(58개 도시), 너무 많은 유휴지가 있는 경우(43개 도시)였다. 각각의 경우, 지자체 공무원

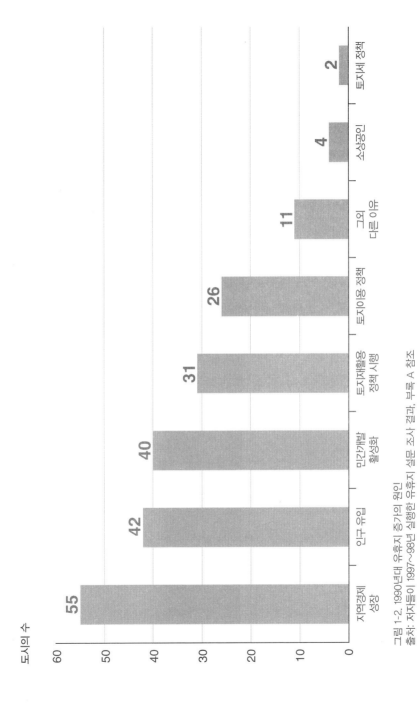

도시의 수

그림 1-2. 1990년대 유휴지 증가의 원인
출처: 저자들이 1997~98년 실행한 유휴지 설문 조사 결과, 부록 A 참조

은 개발 계획을 세우기 전에 근본적인 문제의 원인을 파악해야 한다. 이번 조사에서 공무원들은 특정 기간에 주목해 원인을 파악하고 해결책을 찾을 수 있었는데, 특별히 1980년대 후반부터 1990년대 후반까지 유휴지의 증가와 감소가 두드러졌기 때문이다.[29] 〈그림 1-2〉는 대규모 도시들의 유휴지 증가 원인을 보여준다.[30]

유휴지가 증가한 도시들에서는 도시의 투자가 감소하고 교외 지역으로 인구유출이 일어난다는 공통점이 있다. 투자와 관련된 기업의 이전이 유치되지 않고 거주자들이 도시를 떠나면, 인구밀도는 감소하고 유휴지는 늘어나기 때문이다. 즉, 탈산업화와 인구 유출은 도시 유휴지 문제의 중요한 요소라고 볼 수 있다. 특히나 탈산업화는 오래된 제조시설을 중단시키고 전체 산업을 폐쇄시키는데, 이는 오염된 부지의 토양을 그대로 방치하는 최악의 상황을 불러일으킬 수 있다.

자본의 확보(12개 도시) 또는 토지 병합(10개 도시)과 같은 기타 부지 관련 문제들은 유휴지 공급 증가에 대한 그리 중요한 설명을 해주지는 않는다. 응답한 대도시 중 단 열 곳이 합병으로 인해 유휴지가 증가했다고 했다. 놀라운 점은 소규모 도시들만이 부지 사용에 관한 정책 대안을 제시하였고, 유휴지의 상승과 연관된 부동산세 정책을 시행했다는 점이다.

〈그림 1-3〉은 1980년대 후반부터 1990년대 후반까지 도시 내 유휴지가 감소한 원인을 보여준다. 가장 눈에 띄는 세 가지 원인으로는 지역 경제의 성장, 인구 유입의 증가, 민간 개발 사업의 진행이 있다. 이 중 앞의 두 원인은 서로 통계적으로 유의미한 연관 관계가 있다(r=0.77). 지역 경제가 성장하는 도시들은 자연스레 인구 유입이 증가하기에 상호 선순환할 수 있기 때문이다. 또한 토지를 추가 병합할 수 없는 도시들에서는 유휴지의 가용성이 크게 감소하는 결과를 보였다.

민간 투자의 증가도 유휴지 감소에 중요한 역할을 한다. 확장되는 지역 경제에서 민간 부분의 공격적인 운영이 유휴지를 부족하게 만들 수도 있다. 지자체는 토지 이용 계획과 재이용 정책에서 중요한 역할을 하며 도시

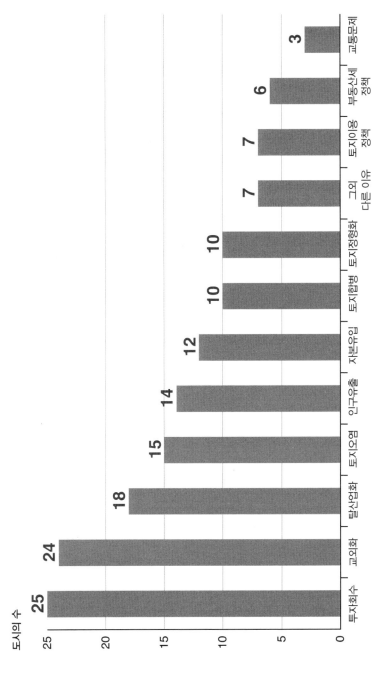

도시의 수

투자회수	25
교외화	24
탈산업화	18
토지오염	15
인구유출	14
자본유입	12
토지합병	10
토지정형화	10
그외 다른 이유	7
토지이용 정책	7
부동산세 정책	6
교통문제	3

그림 1-3. 1990년대 유휴지 감소의 원인
출처: 저자들이 1997~98년 실행한 유휴지 설문 조사 결과, 부록 A 참조

내 유휴지의 절반 이상을 감소시킬 수 있는 역량을 보여준다. 따라서 시의 행동이 유휴지를 증가시키는 것에 연관이 있는 것이 아니라 유휴지의 감소에 중요한 역할을 하고 있다고 여겨진다. 그러나 이런 관점은 토지 이용과 재이용 정책에 국한된다. 오직 두 도시만이 유휴지 공급 감소의 원인을 도시 부동산 세금 정책이라고 보고했다.

하지만 부동산세와 관련된 정책의 중요성에 대해서는 놀랄 만큼 과소평가되어 있다. 실제로 이전 연구들은 도시의 토지세 정책과 도시 구조가 직접적으로 유휴지의 양을 변화시킬 수 있다고 말한다.[31] 물론 조세 정책의 변화는 민간이 부동산 개발에 긍정적이거나 부정적인 영향을 미칠 수 있지만, 부동산 세금 정책은 유휴지가 감소하는 도시보다 증가하는 도시에 더 큰 영향을 준다고 생각된다. 그러나 다른 정책 설명과 비교해 볼 때, 부동산세 정책은 대부분의 도시에서 거의 중요하지 않은 것으로 보고되었다. 이 흥미로운 발견은 3장에서 더 상세하게 살펴보기로 한다.

맥락적인 문제: 세 대도시의 유휴지

유휴지의 다양한 의미는 실재하는 장소에, 실제의 관할 구역에 어떻게 적용되는가? 서로 다른 세 대도시 지역인 피닉스, 시애틀, 필라델피아의 사례를 통해 유휴지의 메커니즘을 살펴보자. 인구 변화, 토지 면적, 경제적 상황 등 맥락적 데이터는 부록 B에서 볼 수 있다.

피닉스 대도심 지역: 피닉스, 템페, 피오리아

피닉스Pheonix에서는 '유휴지가 무엇인가'에 대한 다양한 답을 들을 수 있다. 설명적 의미에서 유휴지는 사막(특히 북부), 농장 지대(도시의 남서부)를 의미하며, 그 밖의 경우에는 도시에서 저이용되는 토지를 의미한다. 그러나 실질적으로 일부 주민들에게 유휴지는 쓰레기를 버리고, 잡초가 무성하고, 버려진 차와 부랑자가 있는 그런 곳이다. 피닉스 일부에는 재사용하기에는 실제로 (혹은 그렇게 여겨지는) 상당한 환경오염을 유발하는 빈 산업 부지들

그림 1-4. 피닉스 시의 확장된 부지의 새로운 쇼핑 지역

이 존재한다. 그러나 일반적으로 유휴지가 의미하는 것은 토지일 뿐 버려진 시설물을 포함하지 않기 때문에, 도시가 기증받고 소유한 공유지 '사우스 마운틴South Mountain'은 유휴지로 여겨지지 않는 대표적인 예이다. 시의원들은 이러한 유휴지를 그들의 고유한 관점으로 생각해 저이용 공간을 재개발할 수 있는 기회로 인식하며 일부는 재개발이 아닌 전혀 다른 새로운 개발의 기회로 여긴다. 1990년대 피닉스 시는 다 허물어져가는 구조물들을 철거하는 식으로 유휴지를 만들었는데, 이러한 방식이 문제로 제기될 수는 있어도, 버려진 건물을 재사용할 수 있다는 점에서 철거 후 개발하는 방식이 매우 선호될 수밖에 없다(예: 이전에 코카인을 팔던 버려진 건물). 게다가 피닉스 시에서는 기존에 존재하던 넓은 수로를 주변의 유휴지와 연결해 새로운 선형지구strip을 만드는 사례를 보여주기도 했다.

피닉스는 비슷한 규모의 다른 도시들과 비교했을 때 비교적 높은 비율의 유휴지를 가지고 있기에 다양한 유휴지 개발을 기대할 수 있지만, 피닉스 시에서 일하는 개발자들은 도시 개발로 인해 유휴지가 사라지는 것을 오히려 걱정한다. 도시의 주변 지역에 있는 유휴지들이 목장, 농장, 사막으로 존재할 수 있음에도 거주 혹은 상업용 시설로 바뀌고 있기 때문이다. 〈그림 1-4〉는 피닉스 시가 도시의 끝을 확장하며 개발하고 있는 쇼핑센터를 보여준다.

템페Tempe와 피오리아Peoria와 같은 교외 도시는 피닉스의 접경 지역에 있는데, 유휴지에 대한 독특한 사례를 보여준다. 템페는 전반적으로 도시의 관할권이 상당히 제한되어 있기 때문에 비교적 유휴지가 거의 없다. 이때 유휴지는 "저활용된" 토지와 더 잘 활용할 수 있는 필지를 의미하기 때문에 유휴지의 양이 상대적으로 적게 측정된다. 그러나 피오리아의 경우, 피닉스를 모델로 향후 개발이 가능한 사막 지역을 유휴지로 병합해 적극적으로 확장하고 있다. 따라서 피오리아의 유휴지 공급은 원활하고 다양한 유휴지 개발이 가능한 것으로 볼 수 있다. 앞선 이유들로 두 도시에서는 버려진 구조물의 철거를 통해 유휴지를 확보하는 사례는 거의 없으며, 설령 있다 하더라도 그것은 더 오래된 거주지나 소규모 상업 지역에 집중되어 있다.

시애틀 대도시 지역: 시애틀, 벨뷰, 레드몬드

시애틀Seattle 지역의 토지 환경은 피닉스의 경우와는 다르다. 시애틀이 속한 워싱턴 주의 법은 피닉스가 속한 애리조나 주의 법보다 좀 더 엄격하다. 특히 워싱턴은 1990년에 주법 성장관리시행령Growth Management Act을 공표했다. 그 결과, 도시의 유휴지 공급이 견고하게 관리되었다. 또한 시애틀과 인접한 워싱턴 호수Lake Washington 건너편 도시인 벨뷰Bellevue에서는 유휴지가 단기간 공급된다는 특징이 있다. 어떤 부지들은 개발이 불가능한 경사라든지 지형과 같은 물리적인 이유로 비어 있는데, 예를 들어 벨뷰 시에는 개발이 불가능한 협곡이 있다. 협곡과 같이 물리적인 특징으로 개발이 불가능한 경우 이외에 비어 있는 부지들이 개발되지 않는 경우는 습지

그림 1-5. 워싱턴 벨뷰의 시내 중심부 공원 부지

나 야생동물 서식지와 같은 자연 환경적 가치를 지키기 위해서이다. 그래서 유휴지를 정의할 때 공원과 같은 공유지까지 개념을 확장해 포함하기도 한다. 실제로 벨뷰에 있는 토지 중 거의 10%에 해당하는 것이 공원 부지이다(〈그림 1-5〉를 보면 벨뷰 중심 상업 지역에 있는 공원을 볼 수 있다).

벨뷰 지역에는 한눈에 봐도 버려진 부동산과 토지가 거의 없다. 그렇기 때문에 벨뷰에는 허름한 구조물이나 낙후된 유휴지가 거의 없고, 실제로 도시 주거환경 설문에서도 단 1% 건물만이 노후되었음을 알 수 있었다. 또한 벨뷰의 중심지에서도 빈 거주지들을 살펴보면 재개발 예정인 건물들이 거의 없음을 알 수 있다. 이는 시애틀과 벨뷰의 유휴지가 저활용되고 있는 부지이기 때문이다. 따라서 두 도시에서 중요한 목표는 활용을 극대화할 수 있는 재개발 시행이다. 벨뷰의 한 계획가는 밸뷰의 유휴지 개발에 대해 "근본적인 문제를 해결하기 위해서 공급되는 토지를 효율적으로 이용하는 것이 필요하다"고 답하였다.

　시애틀이나 벨뷰보다 더 많은 미개발지를 가지고 있는 레드몬드Redmond 시는 유휴지를 조금 다르게 정의한다. 레드몬드의 유휴지는 재개발 부지와 공유지(주차장 부지와 거주지), 그리고 광산 채굴지와 농장 부지를 포함한다. 유휴지의 원활한 공급을 유지하기 위해 도시는 주의 성장관리법의 가이드

그림 1-6. 필라델피아의 유기와 황폐화

라인을 지키며 토지를 병합한다. 성장관리법에 의해 토지 보존과 환경에 대한 기준이 높아 까다롭지만, 시는 도시의 외곽에 있는 부지, 공유지와 그린벨트, 그리고 공원 부지를 매입하려 노력한다.

필라델피아 대도시 지역: 필라델피아, 벅스 카운티, 캠든

필라델피아 지역은 완전히 다른 맥락을 보인다. 필라델피아 도시와 델라웨어 강 건너의 캠든 그리고 뉴저지에는 유휴지가 많이 공급되고 있기 때문이다. 특히 필라델피아 북부의 펜실베이니아Pennsylvania 주 벅스 카운티 Bucks County 근처에 유휴지가 많은데, 두 도시의 유휴지는 교외 지역에 있는 유휴지와는 다르다. 필라델피아와 캠든의 유휴지는 교외 지역의 자연 발생 유휴지가 아니라 버려지고 파괴된 건물과 토지로 구성되어 있기 때문이다. 일반적으로 빈 산업 부지는 유독성 물질에 일정 기준치 이상 오염되어 있다면 공해 방지 사업을 위한 슈퍼펀드를 유치해 재개발에 용이한 토지brownfield가 될 수 있다. 그러나 벅스 카운티의 유휴지는 대부분 농지이기 때문에 벅스 카운티는 유휴지를 관리하는 데 난항을 겪는다.

필라델피아와 캠든의 집중적인 개발 패턴에 따라 유휴지는 거주지이든 상업시설이든 산업시설이든 폐기의 관점에서 정의된다. 〈그림 1-6〉(필라델피아의 시청에서 보이는 거리)은 남부 필라델피아의 유휴지를 보여주지만, 이는 도시의 많은 구역들의 풍경들을 보여준다. 버려진 구조물들은 특히 사람들의 건강과 안전에 위협을 미치는 경우에는 철거되지만, 굳이 그렇지 않을 경우에는 그저 방치된다는 것을 볼 수 있다. 그림과 같이 쇠락한 자산들과 버려진 토지들이 이 두 도시에 유휴지가 어떤 의미인지 보여주는데, 유휴지를 방치하는 것은 수십 년 동안 반복된 실직 및 인구 유출과도 연관이 있다.

그러나 필라델피아의 북동부 지역인 벅스 카운티는 다른 상황을 보인다. 이곳에는 재개발용 산업 부지brownfield와 황폐화된 토지들이 매우 드물며, 먼 곳에 있다. 대신 유휴지는 농장 부지, 벌목지, 초원과 같은 다양한 종류의 공유지로 이루어져 있다. 따라서 벅스 카운티에서 가장 중요한 문

그림 1-7. 농장의 전환, 펜실베이니아 벅스 카운티의 목표 상점 건설

제는 더 많은 유휴지를 축적하는 것보다 어떻게 빨리 개발을 하느냐이다. 우리는 〈그림 1-7〉을 통해 전원에 있던 농장들이 구획에 따라 상점으로 변모한 것을 볼 수 있다.

  이 장에서 논의한 모든 지역이 유휴지와 관련이 있지만 유휴지의 정의와 이미지는 유휴지가 위치한 맥락에 따라 다르다는 것을 사례를 통해 파악할 수 있었다. 주 정부는 그들의 주 하나만을 볼 것이 아니라 유휴지가 맥락에 따라 다르다는 것을 이해하고 유휴지가 가질 수 있는 의미와 범위를 재고해야 한다.

맺으며

유휴지는 유연한 개념이다. 그것은 버려진 공장 지대에 남은 오염된 토양을 의미할 수도 있고, 자연에 남겨진 미개발 지역을 의미할 수도 있다. 모든 도시는 다양한 이유와 조건에서 유휴지를 가지고 있다. 어떤 도시에서 유휴지는 도시가 번영의 정점에서 얼마나 쇠퇴하였는지 보여주는 절망을 상징할 수도 있다. 다른 도시에서는 유휴지가 도시를 확장하고 개발할 수 있는 희망의 상징이기도 하다. 종합적으로 볼 때 유휴지는 도시의 역사를 이야기하며 그들이 어디로 향할지에 대한 새로운 시각을 제공한다.

이번 장에서 가장 중요한 것은 유휴지와 버려진 건물들이 각기 다른 상황을 반영한다는 것이다. 도시를 확장하기 위해서는 유휴지를 자산으로서 이해해야 한다. 오픈스페이스는 방대한 개발이 가능한 덕분에 도시의 비전을 이끌 수 있다. 하지만 인구가 점점 유출되는 도시의 유휴지는 적신호와 같다. 방치되고 폐쇄된 많은 건물은 주변 지역의 쇠퇴와 도시의 쇠락을 의미한다. 두 유형 모두 유휴지를 효율적으로 활용하는 것이 중요하다. 물론 유휴지를 효율적으로 활용하고 개발한다는 것은 어려운 일이다. 그러나 우선 유휴지에 대한 개념을 다시 세워서 도시의 문제가 아닌, 자원으로 보는 새로운 관점이 필요하다. 이어지는 장에서 우리는 도시 유휴지와 도시를 탐구하기 위해 자원 프레임을 동원할 것이다.

2장 "도시와 유휴지: 데이터와 모델"은 '얼마나 많은 유휴지가 있는가'에 대한 답을 제공하며 도시의 유휴지 활용 방법과 재개발 방법에 대해 다룬다. 3장 "도시 정책 결정: 토지세 이해"는 '토지세'에 관한 분석으로, 도시가 유휴지에 대해 자산을 평가하고 매각이나 토지 이용, 소득세 등에 관한 이익 산출 잠재력을 극대화하는 방법을 논의한다. 4장 "유휴지의 사회적 가치"는 소득 수준, 토지 이용, 자산 가치 등 장벽이나 장애물로서 유휴지의 활용에 대해 살펴본다. 5장 "유휴지의 개발 잠재력"은 도시가 유휴지를 개발하는 전략을 확보하고, 지역 토지 이용을 관리하는 정책의 중요성, 특히 확장과 성장하는 도시에 대해 의논한다. 6장 "유휴지의 전략적 사용"은 도시 정책 결정의 특징에 대한 우리의 의견이 담긴 장으로 정책적 함의와 실천 사례를 포함한다. 마지막 장에서는 유휴지에 대한 공간적 모델을 시각화할 것이다. 삼차원 정육면체를 통해 재정, 사회, 그리고 개발 규범으로 인한 의사 결정 제약의 상호작용을 설명한다.

1. Henry G. Cisneros, "Urban Land and the Urban Prospect," *Cityscape. A Journal of Policy Development and Research* 3(December 1996). 118.

2. Alice Coleman, "Dead Space in the Dying Inner City," *International Journal of Environmental Studies* 19 (1982). 103-7.

3. John A. Jakle and David Wilson, *Derelict Landscapes. The Wasting of America's Built Environment* (Savage, Md.. Rowman & Littlefield, 1992), 9.

4. Jakle and Wilson, Derelict Landscapes, 175.

5. 맨체스터 우스터의 방치된 건물에 노숙자 커플로 인해 화재가 발생하였는데 소방관 6명이 숨지게 되었다. 이 사건 이후 유휴 건물에 노숙자들이 거주하는 것이 2000년도에 화두가 되었다.

6. John Accordino and Gary T. Johnson, "Addressing the Vacant and Abandoned Property Problem," *Journal of Urban Affairs* 22 (2000). 301-15.

7. Jakle and Wilson은 뉴욕의 새로운 시도에 대해 언급했다. 뉴욕 시가 방치된 건물에 벽화를 그리는 프로그램을 도입하였는데 벽화는 낙후 지역에 긍정적인 이미지를 심어줄 수 있는 가정화 등을 포함하였다. 자세한 사항은 Jakle and Wilson의 자료를 참조, *Derelict Landscapes*. 107.

8. 1980년대 도시의 상업 지구는 꽤나 비용이 들며 종종 제대로 관리가 이루어지지 않는 곳이었기 때문에 교통 시설이 열악했고 보행자 전용 구역도 확보되지 않았다. 하지만 이러한 상황과 별개로 상점 앞의 유휴 공간은 교통 인프라와 상관없이 그저 빈 공간으로 남게 되었다.

9. Barbara Flanagan, "Good Design Creates Another Palm Beach Success Story," *New York Times*, June 12, 1997. B1, B8.

10. Mark Alan Hughes, "Dirt into Dollars. Converting Vacant Land into Valuable Development," *Brookings Review*, summer 2000, 34–37.

11. Civic Trust, *Urban Wasteland Now* (London. Civic Trust, 1988), 9.

12. Joseph Poracsky and Michael C. Houck, "The Metropolitan Portland Urban Natural Resource Program," in *The Ecological City*, ed. Rutherford H. Platt et al. (Amherst. University of Massachusetts Press, 1994), 251-67.

13. Michael Hough, "Design with City Nature. An Overview of Some Issues," in *Ecological City*, 40-48.

14. Neal Peirce, "Vacant Urban Land. Hidden Treasure?" *National Journal, December* 9, 1995, 3053.

15. For a broader discussion of how cities should manage their vacant land, see Paul Brophy and Jennifer Vey, *Seizing City Assets. Ten Steps to Urban Land Reform*, Survey Series (Washington, D.C.. Brookings Institution and CEOS for Cities, 2002).

16. William Fulton and Paul Shigley, "The Greening of the Brown," *Governing, December* 2000, 31.

17. Eric Price, as quoted in Jackie Spinner, "Decaying Buildings Targeted. D.C. to Acquire, Repair or Demolish 2,000 Properties," *Washington Post*, April 8, 2000, E1.

18. Barry Wood, *Vacant Land in Europe*, Working Paper (Cambridge, Mass., Lincoln Institute of Land Policy, 1998), 99.

19. Wood, *Vacant Land in Europe*, 32.

20. Ray Northam, "Vacant Urban Land in the American City," *Land Economics* 47 (1971), 345-55.

21. David W. Jones, "Vacant Land Inventory and Development Assessment for the City of Greenville, S.C.," master's thesis, Clemson University, 1992.

22. Philip Kivell, Land and the City. *Patterns and Processes of Urban Change* (London. Routledge, 1993), 51.

23. U.S. General Accounting Office, *Superfund. Proposals to Remove Barriers to Brownfield Redevelopment*, GAO/T-RCED-97-87 (Washington, D.C., U.S. General Accounting Office, 1997).

24. Michael R. Greenberg, Frank J. Popper, and Bernadette M. West, "The TOADS. A New American Urban Epidemic," *Urban Affairs Quarterly* 25 (March 1990), 435-54; Kumasi R. Hampton, "Land Use Controls and Temporarily Obsolete, Abandoned, and Derelict Sites (T.O.A.D.S.) in Cincinnati's Basin Area," master's thesis, University of Cincinnati, 1995.

25. Civic Trust, *Urban Wasteland Now*.

26. 설문 응답자들은 그들의 도시에 유휴지가 어떠한지 묘사하였으며 유휴지의 수와 순위에는 별다른 제한이 없었다.

27. "Region"은 미연방 국세조사국의 네 개의 지역 명칭을 의미한다.

28. 이는 토지 활용에 관한 이전의 연구이다, John H. Niedercorn and Edward F. R. Hearle, *Recent Land-Use Trends in Forty-Eight Large American Cities*, Memorandum RM-3664-1-FF (Santa Monica, Calif., RAND Corporation, 1963).

29. 유휴지의 증가량 혹은 감소량은 과잉 공급, 과소 공급이 아니다. 첫째로 과잉 공급과 과소 공급의 평가는 시 공무원의 조사에 의하며, 증가 또는 감소에 관한 질문은 경험적 사실에 기반하기 때문이다. 둘째로 그 특성들은 완전히 상응한다고 말할 수 없기 때문에 유휴지의 양은 증가하거나 감소한 상태 또는 과잉, 과소 공급의 상태로 존재할 수 있는 것이다.

30. 조사 대상자들은 도시에 관해 영향을 끼칠 수 있는 요인들을 선택할 수 있었다.

31. Accordino and Johnson, "Addressing the Vacant and Abandoned Property Problem."

2장
도시와 유휴지: 데이터와 모델

토지의 공급과 이용은 미국의 정치 발전에서 중요한 역할을 해 왔다. 미합중국 건국 초기, 토마스 제퍼슨Thomas Jefferson은 토지를 경작하고 국토를 개발하는 것이 국가 정체성을 확립한다고 보았다. 제퍼슨이 제임스 메디슨James Madison에게 쓴 편지는 국가의 원칙을 보여 준다 "미국에 유휴지가 조금이라도 남아 있다면 우리는 농업 용지로 이용할 것이다."[1] 방대한 토지는 매디슨과 미국의 건국 초기 구성원들에게 정치적 안전성을 제공했지만, 국가의 규모가 방대해지고 토지가 확장되면서 이는 정치적 경관이 되었다.[2]

지역성Localities은 토지가 갖는 가치 중 하나이다. 19세기의 보스턴은 성장하고 개발하기에 매우 작은 규모였다. 이미 인구가 과밀 집중된 보스턴은 민간 개발업자들에게 강, 습지, 연안을 메워 개발이 가능한 토지를 확보하도록 승인하였고, 비컨 힐Beacon Hill 언덕의 흙으로 바다를 메꿨다. 이런 활동은 두 가지 긍정적인 효과를 가져 왔다. "경사를 다듬어 빌딩을 지을 만한 토지를 만든 것, 그리고 만조로 생긴 갯벌을 새로운 토지로 탈바꿈시킨 것."[3] 비컨힐과 다르게 백 베이Back Bay 지역을 메우는 프로젝트에는 긴 시간이 필요했다. 보스턴의 모래와 쓰레기, 주변 지역의 자갈 등을 사용해서 새로운 땅을 만드는 데 40여 년의 시간이 걸렸다. 그 결과로 생겨난 유휴지 덕에 보스턴은 번성할 수 있었다.

토지 간척은 물리적인 토지 확장을 의미하지만, 토지 합병은 정치적이고 법적인 토지 확장을 뜻한다. 예를 들어, 1950년에 애틀란타 시의 영토는 37평방 마일이었지만, 10년 뒤에는 인근 토지 합병으로 인해 136평방 마일로 확장되었다. 오클라호마 시는 토지 합병의 효과를 더욱 잘 보여준다. 도시 지도자들은 1959년부터 1963년까지의 토지 확장 프로그램을 통해 550평방 마일 이상의 토지를 합병했다.[4] 이렇게 더 많은 영토를 더하고 관할 영역을 넓힐 수 있는 능력은 도시 경제 성장에 강력한 도구이다.[5]

요즘, 토지 문제는 여전히 지역 공공 정책의 전면에 있다. 확실히 경험적 현실뿐만 아니라 상징적 대표성 때문에 건조 환경에 대한 많은 관심이 집중되어 있다. 결국 정책적 함의는 건조 환경built environment 구조와 설계design에 연관된 것이다.[6] 그러나 여기에는 도시 공간의 각기 다른 구성 요소인 '짓지 않은' 혹은 '이전에 지어졌던' 환경을 연구함으로써 배워야 할 것이 있다. 즉, 도시의 위세를 보여주는 반짝이는 유리나 스틸로 만든 사무용 건물에 집중하기보다는 그 옆에 있는 유휴지를 고려해야 한다는 것이다. 이것은 또한 권력 관계와 그 이상을 보여준다. 개리 맥도너Gary McDonough는 건조 환경보다 유휴지의 연구를 통해서 도시와 그 문화 가치에 대해 배우는 것이 더 많다고 말했다.[7]

1장에서 논의했듯이, 유휴지는 도시의 무한한 자원이다. 그 빈 공간은 희망을 상징할 수도 있고, 많은 곳에서 그랬듯이 절망을 상징하기도 한다. 그렇기 때문에 도시 정책가들은 유휴지에 따라 극대화하거나 최소화하는 선택을 한다. 유휴지는 백지상태의 도시 공간을 재구성할 수 있는 곳이다. 유휴지는 도시의 잠재력을 상징하고 국가의 재정 가치를 가지고 있으며 사회 관계를 반영하고 구성하기 때문이다. 게다가, 지역 사회의 자연 자원은 많은 경우 유휴지에서 발견된다. 맥도너의 말을 빌리자면, "유휴지는 비어 있든, 보존되든, 열린 공간이든, 철거된 곳이든 도시 구조에서 중요한 역할을 한다."[8]

최근까지도 유휴지는 문자 그대로든 비유적으로든 미개척 영역이었다. 이 책은 유휴지의 영역을 개척해 "미지의incognita" 부분을 알아보고자 한다.

그림 2-1. 유휴지: 개발되지 않은 환경

지금까지 〈그림 2-1〉과 같이 개발되지 않은 영역부터 〈그림 2-2〉에 보이는 돌무더기들까지 유휴지의 다양한 사례를 제시하였다. 이제부터는 도시 내에 존재하는 유휴지의 양에 대해 알아보고자 한다.

그림 2-2. 유휴지: 이전에 개발된 환경

미국 도시 내 유휴지의 양

도시에 유휴지는 얼마나 있을까? 이 필지들은 흩어져 있을까? 아니면 도시 전체에 널리 퍼져 있을까? 설문조사 결과를 통해 길, 습지 등 사용이 불가능한 토지를 제외하고 공용지 내의 활용 가능한 유휴 부지를 살펴보았다.[9]

유휴지의 총합

평균적으로 도시 지역의 15.4%(1/6 이하)가 유휴 부지이다.[10] 여기에는 사용하지 않은 공유지부터 버려지고 오염된 개발용 산업 부지까지 다양한 유형의 토지들이 있다. 15.4%의 수치는 국가 연구가 마지막으로 실시된 1960년대에 보고된 추정치보다 감소했다는 것을 보여준다. 1960년대 연구에서는 48개의 큰 도시에서 유휴 부지가 20.7%라고 했다.[11]

이전 연구들은 당시 유휴지 정도가 도시의 잠재적 경제 성장률을 감소시키는 최소 수준에 위험할 정도로 가깝다고 주장했다.[12] 하지만 활용 가능한 유휴지의 감소를 보여주는 새로운 데이터가 유의미한 결과를 말해주지는 못한다. 즉 초기의 유휴지 관점은 생산을 담당하는 공장 부지에 유휴지가 필요하다는 근거가 있었기 때문에 경제적 성장과 결부시킬 수 있었다. 그러나 현대의 경제 체제에는 조금 다른 방식의 토지 이용을 필요로 한다. 예를 들어, 1990년대 말 시애틀 대도시 전역의 활용 가능한 유휴지는 시애틀 전체 면적의 4% 미만에 해당됐지만, 일자리와 경제 성장에 큰 지장은 없었다. 실제로 어떤 도시의 유휴지가 0으로 수렴하면 경제에 영향을 미칠 수밖에 없다. 하지만 도시가 경제적으로 생존을 위해 위험한지 여부는 또 다른 문제이다.

인구 25만 이상인 8개 도시는 다른 도시들에 비해 더 많은 유휴지를 가지고 있는 것으로 조사되었다. 앨버커키Albuquerque, 샬럿Charlotte, 포트워스Fort Worth, 메사Mesa, 내쉬빌Nashville, 피닉스Phoenix, 산안토니오San Antonio, 버지니아 비치Virginia Beach가 그 도시들이다. 이 도시들의 유휴지는 적어도 전체 토지의 20%를 차지한다. 반대로 아틀란타, 볼티모어, 신시내티, 잭슨빌, 캔자스 시티, 루이스빌, 뉴욕, 산호세, 시애틀과 같은 대도시들은 다른 도시들에 비해 적은 유휴지를 갖고 있으며, 이 도시들은 모두 유휴지 비율이 10%를 넘지 못했다. 두 그룹의 유휴지 현황을 살펴본 결과, 각 도시들마다 유휴지 비율에 상당한 차이가 있음을 알 수 있다.

조사한 도시들이 보유한 평균 토지 면적은 64,426에이커(약 101평방 마일) 정도이지만 편차가 크다. 이 도시들은 평균 12,367에이커의 활용 가능한 유휴 부지를 가지고 있었는데, 이 또한 도시에 따라 상당히 다르다. 대규모 유휴지를 가진 도시 중에서 피닉스의 경우 128,000에이커를 가지고 있었고, 포트워스는 83,000에이커, 그리고 내쉬빌은 82,000에이커로 평균에서 크게 동떨어져 있다. 중앙값을 보면, 평균적으로 활용 가능한 유휴지는 4,500에이커에 불과하다는 것을 보여준다(유휴지와 버려진 건축물에 대해서는 부록 C를 참조).

조사 통계 지역에 따라 구분된 유휴지는 〈표 2-1〉에 나와 있다. 남부에 있는 도시들은 많은 비중의 유휴지를 가지고 있는 반면(19.3%), 서부에 있는 도시들은 평균과 비슷한 수준으로 가지고 있었다(14.7%). 25개 도시는 설문조사의 평균보다 높은 비율의 유휴지를 가지고 있었는데, 그중 21개 도시(84%)는 남부 또는 서부에 있었다. 중서부에 있는 도시들은 다른 두 지역보다 낮은 비율의 유휴지를 갖고 있었지만(12.2%), 북동부의 도시들은 제일 낮은 비율의 유휴지를 가지고 있었다(9.6%). 북동부의 어느 도시들도 평균보다 높은 비율의 유휴지를 가진 곳은 없었다. 그러나 평균은 전체 도시의 유휴지 비율을 고려한다는 점을 기억해야 한다. 〈표 2-1〉의 마지막 열을 보면 서부 도시들은 다른 통계 지역보다 더 낮은 비율의 유휴지를 가지고 있음을 알 수 있다.

〈표 2-1〉에서처럼 남부 도시들이 가지고 있는 유휴지의 평균은 북동부 도시보다 4배 더 큰 규모였다(5,004에이커에 비해 20,011에이커). 전체 토지 면적을 고려할 때 남부 도시들은 북동부 도시보다 두 배 정도 크다(19.3%와 9.6%). 이런 지역적 특성은 국가 전체의 유휴지를 고려할 때 중요한 단서가 된다.

표 2-1. 도시 유휴지의 면적

인구통계 지역	도시의 수	1995년 평균 인구수	평균 도시 면적 (에이커)	평균 유휴지 면적 (에이커)	전체토지 면적 대비 유휴지 비율	전체 토지 대비 유휴지의 중앙값
전체 합계	70	346,639	64,426	12,367	15.4	12.7
남부지역	23	326,167	103,869	20,011	19.3	18.0
서부지역	30	274,183	47,232	10,349	14.8	7.8
중서부지역	11	240,798	59,433	5,904	12.2	12.4
북동부지역	6	1,345,612	55,122	5,004	9.6	9.7

출처: 저자들이 1997~98년 실행한 유휴지 설문 조사 결과, 부록 A 참조. 미국 인구통계조사에서 추출한 인구수

유휴지: 인구와 토지 면적의 변화

지역별 패턴을 더 알아보기 위해 우리는 1980년과 1995년 사이의 인구 변화와 토지 면적 변화에 대해 살펴보았다. 도시별로 크고 작은 인구 변화와 토지 면적의 변화가 있었는데, 이 연구에서 19개 도시는 1980년과 1995년 사이에 인구가 적어도 50% 증가했다. 〈표 2-2〉는 이러한 급성장하는 도시를 인구 조사 지역별로 분류하고 있으며, 전체 19개 도시 중 18개 도시가(94.7%) 서부나 남부에 위치한 것을 보여주고 있다. 이 성장 지표를 보면, 설문에 응답한 도시 중 북동부와 중서부 도시 중 단 한 곳(일리노이 주 네이퍼빌Naperville)만이 빠르게 성장한 도시에 해당했다. 이러한 일부 도시들의 평균 성장률은 113%이고, 몇몇의 도시는 예측할 수 없는 성장을 보였다(예, 캘리포니아 주 모레노 밸리, 플로리다 주 펨브로크 파인스: 텍사스 주 피아노, 일리노이 주 네이퍼빌, 아리조나 주 메사).

1980년과 1995년 사이에 인구 유출을 경험한 도시들은 〈표 2-3〉에 지역별로 분류되어 있다. 서부에 있는 도시들은 지난 15년 동안 인구가 유출된 경우가 없다고 응답했다. '쇠퇴' 도시의 경우, 평균 인구 변화는 −6.0이지만, 볼티모어와 같은(인구 통계 지역 구분상 남부도시) 도시와 신시내티는 지난 15년 동안 대규모 인구 유출을 경험했다.

표 2-2. 인구 성장 도시의 유휴지

인구통계지역	50% 이상 인구가 증가한 도시 수	1980~95년 평균 인구 변화(%)	전체 토지 면적 대비 유휴지 비율	전체 토지 대비 유휴지의 중앙값
서부	10	115.4	24.4	24.7
남부	8	101.9	20.2	19.7
중서부	1	181.7	13.0	13.0
북동부	0	-	-	-
50%이상 인구가 증가한 도시	19	113.2	22.0	17.4
전체 합계	70	43.6	15.4	12.7

출처: 저자들이 1997~98년 실행한 유휴지 설문 조사 결과, 부록 A 참조. 미국 인구통계조사에서 추출한 인구수

〈표 2-2〉와 〈표 2-3〉의 비교는 인구 증가를 보이는 도시들이 그렇지 않은 도시보다 더 많은 유휴지를 가지고 있음을 보여준다. 19개의 성장 도시들은 토지 중 22%가 유휴지라고 밝혔는데, 이는 인구가 유출되고 있는 도시(6.04%)보다 네 배가 많고, 설문 조사의 평균보다 7%가 높았다. 19개

표 2-3. 인구 감소 도시의 유휴지

인구통계지역	인구가 감소한 도시 수	1980~95년 평균 인구 변화(%)	전체 토지 면적 대비 유휴지 비율
중서부	4	-5.3	8.2
북동부	2	-5.6	4.2
남부	2	-7.1	4.4
서부	0	-	-
인구가 감소한 도시	8	-6.0	6.6
전체 합계	70	43.6	15.4

출처: 저자들이 1997~98년 실행한 유휴지 설문 조사 결과, 부록 A 참조. 미국 인구통계조사에서 추출한 인구수

도시들 중 9개 도시(47%)는 유휴지가 20% 이상이라고 답했지만, 인구가 유출되고 있는 도시들은 유휴지가 20%가 되지 않았다. 인구가 감소하는 도시는 토지 내에 절반 이하의 휴지가 있다고 응답했다(6.04와 15.4%). 이러한 결과는 우리가 생각했던 것과는 다른 결과이다. 일반적으로 인구가 증가하는 도시들의 토지 수요가 높을 것이기 때문에 유휴지가 적을 것이라는 추측이 가능하다. 결국에는 도시가 확장하는 현상으로 인해 더 많은 도시의 토지가 소비되고 인구가 증가한다는 논리가 기저에 있다. 하지만 결과는 다르게 나왔다.

다른 원인 중 특히 중요한 것은 토지 병합에 의한 확장 비율로, 1980년부터 1995년 사이의 도시들이 이를 보여 준다. 도시들을 토지 면적으로 나눈 비율의 변화는 지역적 차이를 보여주는데, 16개 도시(우리가 '확장 도시'라고 부르는)는 1980년부터 1995년 사이에 25% 혹은 그 이상의 토지가 확장된 사례에 해당한다(〈표 2-4〉 참조). 16개 도시 중 14개 도시(87.5%)는 서부나 남부에 위치하고, 다른 도시는 중서부에 위치한다(북동부에는 확장 도시가 없었다).

확장 도시 내에 있는 유휴지의 비율은 평균적으로 전체 토지 면적의 1/4 정도이다. 이는 설문 조사의 평균보다 8% 높은 수치이다(23.3%와 15.4%). 16개 확장 도시 중 10개(62.5%) 도시는 설문 조사 평균보다 더 많은 유휴 부지를 가지고 있다고 보고한다. 그리고 당연히 확장한 도시들은 그 도시 내 영역의 미개발 토지를 병합하는 방식을 보인다(미개발 혹은 흔히 말하는 '빈 땅').13

1980년대부터 1995년까지 4개의 모든 인구 통계 지역에서 토지의 변화가 없었던(2% 이상) 도시('변화 없는 도시fixed-boundary cities')는 20곳이다(〈표 2-5〉 참조). 변화 없는 도시들도 유휴지를 가지고 있지만, 설문 조사의 평균보다 유휴지가 적고, 당연히 확장 도시보다 현저히 적은 것으로 나타났다(8.8%와 23.3%). 20개의 변화 없는 도시들 중 3개의 도시들만이 설문 조사의 평균보다 높은 비율의 유휴지를 가지고 있었고, 서부 도시만이 평균 유휴지가 두 자리 수에 해당했다. 중서부의 변화 없는 도시들은 평균 정도의 유휴지를 가지고 있었지만, 남부 도시들은 유휴지의 비율이 가장 낮았다.

표 2-4. 확장 도시의 유휴지

인구통계지역	25% 이상 토지가 증가한 도시 수	1980~95년 평균 인구 변화(%)	전체 토지 면적 대비 유휴지 비율	전체 토지 대비 유휴지의 중앙값
서부	6	45.4	24.9	28.3
남부	8	74.3	23.1	21.0
중서부	2	33.7	19.0	19.0
북동부	0	-	-	-
25%이상 토지가 증가한 도시 수	16	58.4	23.3	23.0
전체 합계	70	18.0	15.4	12.7

출처: 저자들이 1997~98년 실행한 유휴지 설문 조사 결과, 부록 A 참조. 미국 인구통계조사에서 추출한 인구수

이와 같은 각 도시들의 사례 비교를 통해 토지 공급이 유휴지를 어느 정도 설명한다는 것을 알 수 있다. 또한 토지 병합은 개발 가능한 땅의 공급을 늘릴 수 있는 수단을 제공한다. 게다가 영토에 변화가 없는 도시들은

표 2-5. 변화 없는 도시의 유휴지

인구통계지역	크기 변화가 없는 도시 수	1980~95년 평균 인구 변화 (%)	전체 토지 면적 대비 유휴지 비율	전체 토지 대비 유휴지의 중앙값
서부	8	+0.35	11.5	5.8
북동부	4	+0.21	8.3	7.5
남부	5	+0.39	7.5	3.4
중서부	3	-0.41	4.4	6.0
크기 변화가 없는 도시 수	20	0.22	8.8	5.7
전체 합계	70	18.0	15.4	12.7

출처: 저자들이 1997~98년 실행한 유휴지 설문 조사 결과, 부록 A 참조. 미국 인구통계조사에서 추출한 인구수

그들이 가지고 있는 유휴 부지 비율에 따라 앞으로 어느 정도의 토지 공급이 필요할지 추측할 수 있다. 앞에서 말했듯, 토지 공급과 토지 확장, 도시 성장은 유휴지와 높은 상관성을 지니고 있기 때문이다.

버려진 건물

각 도시의 조례 및 법령은 '버려진abandoned' 건물에 대해 조금 다르게 정의한다. 예를 들어, 어떤 도시는 건물이 60일 동안 사용이 없으면(커뮤니티와 도시의 "건강과 안전"에 "직접적인 위험"을 나타낸다) 버려진 건물이라고 하며, 다른 도시들은 120일 혹은 그 이상 사용하지 않은 경우에 버려진 건물로 정의한다. 몇몇 도시들에서는 소유주가 도시에 건물 처분을 신고하지 않는 경우 불법으로 간주하기도 한다. 설문 조사에서는 도시 내 버려진 건물의 용도(예: 한 가구용, 다가구용, 상업용, 산업용)나 버려진 건물의 면적으로 구분하지는 않았다.

60개의 도시가 지역 내 버려진 건물에 대한 정보를 제공했다. 〈표 2-6〉에서 보듯이 인구 1,000명 당 평균 2.5개 이상의 건물들이 버려져 있다(2.63개).[14] 북동부 지역은 유휴지의 비율이 가장 낮고 도시 내 토지 면적의 평균 변화율이 가장 낮은 지역으로 인구 1,000명 당 평균 버려진 건물 수가 가장 높은 것으로 보고된다(7.47개). 인구 성장이 높은 서부의 도시들은 인구 1,000명 당 버려진 건물이 가장 적은 것으로 나타났다(0.62개). 북동부의 도시들은 서부에 있는 도시들에 비해 인구 1,000명 당 버려진 건물 수가 평균 12배 정도 많았고, 남부와 중서부 도시보다는 2~3배 정도 많았다.

지역별로 버려진 건물의 수치를 비교할 때는 주의해야 한다. 버려진 건물의 수가 유난히 많은 소수의 관할구역들은 지역 평균을 왜곡하기 때문이다. 예를 들어, 필라델피아는 인구 1,000명당 36.5개의 버려진 건물을 보고했는데, 이는 북동부 지역의 평균을 극적으로 높인다. 볼티모어는 인구 1,000명당 22.2개의 버려진 건물로 남부 지역의 평균을 높였다. 이런 예를 통해, 평균값을 비교하는 것보다 중앙값을 비교하는 편이 나을 수 있음을 알 수 있다. 실제로, 북동부의 통계는 지역의 중앙값보다 높은 결과이기는 하지만, 인구 1,000명당 버려진 건물이 3.1개로 지역 평균보다 훨씬 작다. 남부와 중서부의 중앙값은 인구 1,000명당 버려진 건물이 1.4개이다.

그렇다고 넓은 유휴지를 보유한 도시들이 반드시 버려진 건물을 많이 갖고 있는 것은 아니다. 〈표 2-6〉은 두 상황 사이의 반비례 관계를 보여주는데, 유휴지와 버려진 건물은 각기 다른 정책이 필요한 별도의 조건일 수 있다.[15]

앞의 표에 나타난 유휴지의 비율은 미국 내 도시들의 전반적인 상황을 보여주는 좋은 예시다. 이를 1998년 오하이오 주의 콜럼버스, 플로리다 주의 올랜도, 사우스 캐롤라이나 주의 그린빌을 통해 더욱 자세히 알아보자.

콜럼버스 시는 21평방 마일의 토지 면적을 가지고 있다. 그중 대략 12%가 이용 가능한 유휴지이며, 1,000개의 버려진 건물들이 있다. 이 도시의 유휴지 중 1/3은 사유지이며 1/4정도는 공용 자산이다. 비록 상업 부지가

표 2-6. 버려진 건물의 수

지역	버려진 건물 자료를 제공한 도시 수	1980~95년 평균 인구 변화 (%)	1980~95년 평균 토지 면적 변화 (%)	전체 토지 면적 대비 유휴지 비율	인구 1,000명당 버려진 건물의 수 평균	인구 1,000명당 버려진 건물의 수 중앙값
북동부	7	-3.1	1.9	8.3	7.47	3.13
중서부	10	23.7	9.2	11.3	3.16	1.43
남부	20	43.7	27.7	17.1	2.98	1.38
서부	23	59.1	15.2	15.7	0.62	0.14
버려진 건물 자료를 제공한 도시 수	60	40.5	16.7	14.8	2.63	0.74

출처: 저자들이 1997~98년 실행한 유휴지 설문 조사 결과, 부록 A 참조. 미국 인구통계조사에서 추출한 인구수

도시 지역의 대략 12%를 차지한다고 하지만, 대부분 빈 곳이 아닌 산업용 또는 거주용이다. 콜럼버스는 절반에 가까운 유휴지가 공공 소유인데, 예를 들어 카운티나 학교 부지와 같은 공용 재산이 해당된다(이는 주 정부나 연방 정부보다 많다). 유휴지는 도시 중심과 그 주변에 골고루 분포되어 있다(8,800에 이커는 중심에, 8,100에이커는 주변에 위치). 도심이든 주변 지역이든 사유 재산이 3/4이고, 공용 재산이 1/4에 해당한다.

올랜도는 콜럼버스와 다른 양상을 보인다. 이 도시는 콜럼버스의 절반 정도의 크기로(95평방마일), 유휴지의 비율은 전체 도시 면적 대비 더 높다(29%). 버려진 건물의 수는 대략 400개이고, 유휴지의 2/3는 사유지이며 1/3은 공유지이다. 유휴지의 위치는 올랜도 도시와 주변부에 균등하게 분포되어 있다. 하지만 도시 내 유휴지의 77%는 사유지이며 주변부는 60%가 사유지에 해당한다.

그린빌 토지의 19%에 해당하는 19평방 마일은 비어 있다. 이 도시 유휴지의 대부분(94%)은 사유지로, 그 중 산업 지역의 토지가 24%, 상업 지역의 토지가 9%, 주거용 부지는 9%이다. 유휴지의 6% 정도가 공공의 소유인데 대부분이 시가 아닌 다른 지방 정부의 소유이다. 비록 공유지의 10% 미만이 유휴지이지만, 타 도시와는 다른 양상을 보인다. 예를 들어, 연방 정부가 소유한 부지의 52%가 유휴지이고, 시가 소유한 토지의 6%가 유휴지이다. 그러나 도시 주변부의 유휴지 중 1%만이 국공유지에 해당하는데, 도시의 중심부에서 그 비율은 13%로 증가한다.

이 세 도시는 우리가 비록 국가적 동향과 도시들의 특정 집단 패턴에 대해 편안하게 이야기할 수 있지만, 중요한 도시별 차이점은 여전히 있다는 점을 분명히 보여준다. 이러한 차이점은 개발과 관련된 정책 방안을 더욱 다양화한다. 어떤 도시들은 대규모의 유휴지를 가지고 있고 다른 도시들은 아주 적게 가지고 있다. 도시가 유휴지를 소유하기로 결정하거나 회피하는 결정을 내리는 이유는 무엇일까? 단순히 도시의 지리적 요건만이 유휴지의 크기를 정할까? 유휴지는 부동산 시장의 침체와 연관된 것일까?

도시가 유휴지를 어떠한 이유로 소유하는지, 그것으로 무엇을 하는지, 어떤 의미일지는 이제부터 설명할 것이다.

미지의 땅: 도시 전략의 이해

도시의 지리적 영역인 영토는 도시를 결정짓는 가장 근본적인 특징 중 하나이다. 많은 중요한 요소 중 특히 토지의 규모와 모양, 위치, 물리적 특성, 가치, 활용도가 도시를 정의한다. 토지는 지자체가 규제하고 관리하는 동시에 개발하고 보존할 수 있는 자원이다. 위에 언급했듯이, 유휴지는 문자 그대로 그리고 의미상으로 미지의 땅이다. 1장과 2장의 사례와 자료는 알려지지 않은 이 미지의 땅을 면밀히 조사할 수 있는 기회를 제공한다. 다음 단계로 유휴지 활용을 위해 지자체가 어떤 정책을 펼치며 행동하는지 알아봐야 한다. 물론 유휴지는 그 양과 이미지, 조건들 이상을 내포하기 때문에 우리는 유휴지를 도시의 정치적, 재정적, 사회적 정책의 관점에서 살펴볼 것이다. 다음에서 이러한 논의를 전개한다.

도시 전략 행동의 맵핑

도시가 미국 연방 정부 체제로부터 점차 벗어나고 도시 간 경합이 심화되는 상황 속에서 각 도시들에는 세 가지 규범이 필요하다.

1. 도시의 재정 건전성을 높여야 한다.
2. 도시 내 사회 분열을 최소화하고 자산 가치를 지켜야 한다.
3. 도시의 긍정적 이미지를 유지하거나 증가시키기 위해 사회의 경제적 활력을 제고하거나 유지해야 한다.

이런 맥락에서 공무원의 근본적인 목표는 시민들의 복지를 극대화하는 것이다. 물론 선출직은 재선에 성공하는 것이 동기가 될 수 있지만,[16] 그들의 전략과 행동은 도시 내외의 여러 제약에 영향을 받는다.

새로운 정책과 실험적 실행은 실패할 가능성이 크고 정치적으로 위험하기 때문에 지자체들은 관성의 법칙처럼 그저 현 상태를 유지하기를 원한다. 정책 변화로부터 야기된 불안감은 정책과 정치적 현상을 유지시키려 하지만, 그럼에도 도시는 특정한 요인들에 대한 기대나 응답으로 새로운 정책을 만들거나 변화해야 한다. 앞선 위험성과 불안감은 상대적으로 지자체보다 체계가 잡힌 연방 정부의 조세 체계에 위협이 될 수 있고,[17] 시장 경제를 원활하게 진행시키려는 정책가들의 의욕을 떨어뜨릴 수 있으며, 시민들의 수요와 선호에도 부정적인 영향을 미칠 수 있다.

세부적으로 도시 개발 정책 발전을 저해하는 요인들에는 ①도시의 이면에 있는 경제와 재정 기반의 변화, ②주 정부 혹은 연방 정부의 정책, 프로그램, 기금, 요구, ③주변 지역 혹은 지역 정부의 정책 실행, ④제조업의 수요와 공급 변화, ⑤시민의 선호도, 요구, 희망 사항의 변화가 속한다. 이러한 환경적 요인 변화에 대한 응답으로 공무원은 시민을 도울 수 있어야 하며[18] 우리들은 정책가 또는 공무원이 유휴지를 어떻게 활용하고 재개발하는지 주목해야 한다.

전략적 행동과 유휴지

일반적으로 조례 등과 같은 법적 실행의 정책 논리가 유휴지의 이용과 재활용에 대한 도시 전략을 만든다. 구체적으로 재정 조건, 사회 분열과 부동산 가치, 경제적 활력과 도시의 이미지 제고가 공무원의 토지 이용 결정에 영향을 미친다. 이런 세부적 규범들은 도시의 공식적인 의사결정에 영향을 미치고, 유휴지를 이용 혹은 재활용하는 정책 결정과 깊은 연관성이 있다. 그래서 토지를 이용하는 지자체는 토지 매입을 위해 공공 기금을 활용하고, 사유지의 이용을 규제하며, 특정 토지의 개발을 도모하게 된다.

예를 들어, 도시는 도심 재개발 전략의 일부로서 특정 부지를 구입할 수 있다. 토지를 매입한 후, 도시는 그곳을 오픈스페이스로 둘 것인지 아니면 다가구 주택으로 개발할 것인지 결정할 수 있다. 그 경계에 있는 다른 필지의 경우, 버려진 주거용 건물을 상업 공간으로 변경할 수 있도록 토지 용도를 변경해 달라는 토지 소유자의 청원을 지자체가 승인하기로 결정할 수 있다.

이런 이용은 우연히 발생할 수도 있고 의도적으로 행해질 수도 있다. 대신 그 목적으로 지역 사회의 공공 복리 증진을 달성하기 위해 설계되었다는 것은 분명하다. 이와 같이, 그들은 도시의 토지 개발 전략의 일부를 형성한다. 그 전략을 복잡하게 만드는 것은 한 도시가 여러 개의 주정부 환경 속에서 운영된다는 것이다. 이 관점에서 유휴지 개발을 위해 전략적 행동을 하는 도시의 공무원들은 지역의 요구에 응당하게 정책을 펼치거나 행정 업무를 진행하기 위해 인접 지역의 공무원들도 고려해야 한다고 말했다.

우리는 유휴지의 전략적 개발에 대한 질문에서 꽤 논리적이고 명료한 답을 찾을 수 있었다. 유휴지 개발에 있어서 도시 경계와 공무원들의 유휴지 활용이 중요하다는 점이다. 또한 도시의 유휴지를 개발하기 위한 최선의 선택으로 도심이 아닌 도시 경계나 주변부 지역이 선호될 수 있을까? 유휴지의 경계를 개발하는 것은 공공 공원이 주변 지역에도 영향을 미치듯이 도시 투자자들에게 간접적인 영향을 미치기 때문에 선호될 수 있다. 예를 들어, 도시 인근에 공원이 생기는 기획은 도시의 효용을 극대화할 수 있으며, 향후 주거지 개발 투자 유치에서 투자자들의 적극성을 끌어낼 수 있다.

물론 도시 경계에 근접한 유휴지를 개발할 경우, 개발로 인해 혜택을 받는 무임승차 도시들은 비용을 일절 지불하지 않으며 오로지 개발을 시행하는 도시만이 부담하게 된다. 이는 반대로, 유휴지를 상업용으로 개발하는 투자 도시는 주변 도시에 긍정적인 효과뿐만 아니라 부정적인 외부 효과로 교통 체증의 증가, 교통량의 증가, 상업적 개발을 위한 다른 비용의 증가를 발생시킬 수 있다는 것을 의미한다. 그러한 경우 주변 도시들은 부정적 외부 효과로부터 발생한 일정 부분의 개발 비용을 감내해야 할 것이다.

왜 도시들은 경계부에 오픈스페이스를 만들어 장기적으로 '비전략적'인 방식을 선택할까? 경계부를 개발하는 도시들은 무임승차하는 도시들로부터 그 보답으로 무언가 기대하지 않을까? 아니면 단순히 유휴지 개발에 있어서 주변 도시와 연계되는 개발이 선호되는 것일까? 만약 상업 부지로 개발하는 것이 투자하는 도시의 내부 비용으로 처리되지 않고 주변 도시와 공동으로 분담하게 된다면, 왜 주변 도시들은 개발 도시와 굳이 비용을 치르면서까지 협력할까?

도시와 그 도시 내 유휴지 전환 보고서와 사용·재사용 방법에 대한 지리적, 정신적 맵핑을 통해 우리는 적어도 세 개의 원칙에서 유휴지의 패턴을 발견하였다. 첫째, 도시는 재정 상태를 개선하는 정책을 추구해야 하기 때문에 정책 담당자들 수익을 극대화하거나 비용을 최소화하는 방식의 유휴지 옵션을 고려한다. 둘째, 도시는 사회 분열을 최소화하고 자산 가치를 보존하는 정책을 추구해야 하기 때문에 정책 담당자들은 유휴지를 공유지와 사유지로서 적절히 병합하고 구획지어야 한다. 셋째, 최소한의 경제적 활력을 유지하거나 상승시키고 지역 사회의 이미지를 개선하는 정책을 추진해야 하기 때문에 유휴지를 최고의 또는 최선의 용도로 이용하거나 재이용해야 한다. 특정 시점에서 이러한 원리들은 조화롭게 이뤄질 수 있으며, 도시가 개발되고 투자되며 살기 좋아질 수 있을 것이지만, 물론 그렇지 않을 가능성도 충분히 존재한다.

〈그림 2-3〉의 지도는 워싱턴 주 벨뷰의 토지 이용 현황을 보여준다. 비어 있는 토지는 굵게 경계 지어진 부분으로 도시 전반에 넓게 퍼져 있다. 이 유휴지들은 공원 주변(405 고속도로 서부), 주거 지역(지도에서 북쪽 부분), 산업 지역(90 고속도로 북부), 그리고 상업 시설(동쪽 부분)에 인접해있다. 유휴지의 대부분은 사유지인데 시 공무원들은 왜 한 필지뿐만 아니라 너머에 있는 다른 필지들까지도 개발하려고 할까? 벨뷰의 예로 들어 보면, 유휴지들은 인근 도시(레드몬드, 커클랜드, 이사콰) 주변에 있어서 향후 영향을 미칠 가능성이 크기 때문이다.

이런 요인들은 도시가 유휴지를 이용하거나 재활용하는 전략에 영향을 미친다. 어떤 필지를 개발하는 것은 상황에 따라 허용될 수도 있고 아닐 수도 있다. 또한 개발 기획의 보조금이 증가될 수도 있고 삭감될 수도 있는데, 도시 전략은 의사 결정자들의 특별한 목적에 부합해야 하기 때문이다.[19] 지역 사회를 위한 의사 결정에 책임이 있는 법적 결정자들인 시 공무원들은 분명히 좋은 결과를 기대하겠지만, 그들의 기획은 시장의 논리에 의해 좌절될 수도 있다. 예를 들어, 대규모 토지 소유주가 필지를 팔거나 토지 투기자들이 부동산을 손에 쥐고 있는 것은 도시의 계획을 망칠 수도 있다. 그럼에도 결국 경관을 바꾸거나 바꾸지 않을 결정권은 시 공무원에

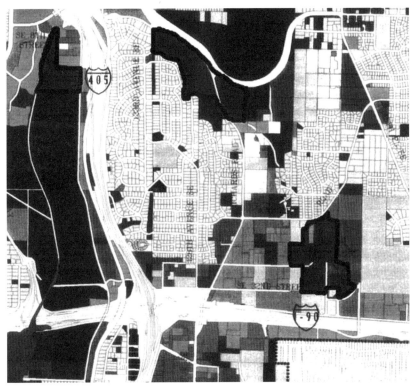

그림 2-3. 워싱턴 벨뷰의 토지 이용 현황

게 있다는 점은 분명하다.

세 가지 규범과 유휴지

지역 사회의 공공 복리를 최대화하기 위한 도시 전략은 연방 시스템에 있는 세 개의 규범으로부터 비롯된다. 각각의 유휴지에 관해서는 다음에 다루겠지만, 여기서는 그것의 중요성에 대해 먼저 짚어 보기로 한다.

재정적 규범

도시가 주민의 삶의 질을 높이기 위해 취하는 정책 중 하나는 세금 정책이다. 공공 서비스를 제공하기 위한 이윤은 대개 부동산 세금이나 취득세, 소득세 등에 의해 창출되기 때문이다. 이 각각의 세금들은 정해진 장소에 특정되어 있으므로 도시의 이윤 창출 체계를 공간적 관점으로 이해해야 한다. 특히 고가의 상업 시설이나, 주거 시설 혹은 대규모 산업 시설과 같

그림 2-4. 재정적 규범: 유휴지에 건설 중인 고가의 주거 시설

은 고급 시설은 소규모의 필지와 비교할 수 없을 정도로 많은 이윤을 창출한다(〈그림 2-4〉 참조).[20] 비슷한 맥락에서 고급 제품, 예를 들어 자동차와 같은 것을 파는 상업 시설은 다른 상점들에 비해 판매세를 더 낸다.

경쟁 시장에서 수익을 극대화하기 위해 민간 기업은 가능하다면 비용을 최소화하고 이윤을 극대화하기 위해 노력하며, 따라서 가장 낮은 비용을 찾으려고 한다. 토지, 노동력, 자본의 주요 요인 중의 하나는 기업이 고려해야 할 공간적 지표, 즉 요소 및 시장에 대한 근접성이다. 대부분의 경우 공간적 비용이 운송 비용을 통해 산출되는 것을 고려하면, 민간 기업이 발전하고 생존하는 전략은 비용을 최소화하는 데 달려 있는 것처럼, 연방 정부 아래 시 정부는 공간적 수익의 극대화 전략을 유도하는 경쟁에 참여한다.[21]

도시가 가질 수 있는 강력한 전략 중 하나는 '토지세'라고 할 수 있는데, 이는 연방 정부 시스템에서 지방 자치 단체가 경쟁력을 갖기 위해 공간적 수익을 극대화하는 것이다. 이러한 전략으로 공간적 수익을 극대화해 유휴지를 개발하고 촉진시키는 것은 지자체의 일반 세금에 많은 부분을 의존한다. 그렇기 때문에 정책 결정자들은 토지의 공간 관련 세수 확보를 위해 지자체의 유휴지에 대한 정책을 정치적으로 기획하고 수립하게 된다.

개발 전략 체계의 개념은 다음과 같다. ①재산세에 의존하는 도시는 유휴지 활용의 전략적 판단과 연관이 있다. 또한 이는 개발을 위한 시장 가치에 기반하고, 다른 관할권(외부 재정)에 이양되는 비용과 관련이 있다. ②소비세에 의존하는 도시는 유휴지를 일반적으로 개발할 때 거래에 세금이 부과될 수 있는 상업 지구를 고려해 개발 전략을 기획한다. ③소득세에 의존하는 도시는 개별 기업이나 개인에게 수입 또는 소득으로 인한 세금을 산정하는 것에 기초해 전략을 세운다. 도시의 수익 구조를 아는 것은 어떤 유휴지가 비용을 최소화해서 수익을 극대화할 수 있으며 도시가 시민들에게 더 나은 삶의 질을 보장해주는지를 예측할 수 있게 한다. 특히 토지가 개발되는 패턴을 보면, 재산세는 대부분 소비세나 소득세에 비중이 큰 도시와는 다르다. 예를 들어, 소비세에 의존하는 도시는 유휴지를 상업적 시설로 만들어서 활용하고자 하는 반면, 소득세에 의존하는 도시는 전문적인 오피스 빌딩을 지을 때 유휴지를 활용하기 때문이다.

도시가 이익을 만드는 활동은 도시의 정치적 전략에 영향을 미친다. 도시의 재정 정책은 상대적으로 주변 도시와 비교될 수 있기 때문에 도시들은 거주민의 세수 부담을 최대한 줄이며 그들의 수익을 극대화하고자 노력하는 정치적 전략을 추구한다. 따라서 공공 서비스를 효과적이고 효율적으로 꾸준히 유지하는 것이 필요하다. 시민들이 공공 서비스를 향유하는 데 발생되는 비용을 시민 스스로가 부담하는 별도의 메커니즘도 필요하다. 게다가 지난 25년 동안 지방자치단체들은 대규모의 서비스 비용을 부담해 왔기 때문에 시민들이 아닌 비거주자들에게도 세금을 부과하는 방법을 꾸준히 찾아 왔다. 특히 토지 중에서 유휴지는 도시의 수익을 극대화할 수 있는 전략 중에 하나이기에 유휴지를 개발하는 것은 도시 재정을 극

그림 2-5. 사회적 규범: 장벽과 완충제로서의 버려진 구조물

대화하는 데 큰 도움이 될 것이다.

사회적 규범

도시 내 버려진 땅과 공장은 '활력이 없는depressed', '쇠퇴한in decline', '위험한unsafe'이라는 부정적 이미지를 띤다. 결국, 도시의 허름한 다세대 주택과 철책선으로 폐쇄된 공터, 황량하고 카프카적인 도심은 역사책과 TV에 나오는 폐허가 된 도시와 크게 다를 바가 없는 것이다(〈그림 2-5〉참조). 이렇게 부정적인 유휴지의 시각적 이미지는 도시에 경각심을 준다. 그러나 도시의 공무원들은 유휴지를 보고도 모른 채 하는 것인지 더 이상 유휴지가 일말의 가치도 없는 것인지 의구심을 품게 한다. 어쩌면 도시를 회복시키기 위한 방안이 도저히 없는 것일 수도 있다.

유휴지에 관한 공무원들의 관심이 유휴지 활용과 개발에 깊은 상관성을 갖고 있지만, 다른 요인들도 깊은 연관을 갖고 있다. 벨패스트Belfast의 '평화 유지선peace line'(실제로는 벽)이나, 니코시아Nicosia에 있는 '선형 녹지 공간green line'이 종교적, 인종적 구분을 위해 만들어졌듯이, 유휴지와 버려진 구조물들은 특정 사회적 계층을 차단하고 구분하기 위한 목적을 가진다. 하지만 그것들이 구분된 별개의 것으로 치부되더라도 보호될 수 있다는 특징이 있는데, 유휴지의 경우 부동산 가치는 보호된다는 성질이 있기 때문이다.

도시의 토지 활용 전략은 중요하다. 토지 한 필지를 개발하는 것이 직접적인 이익을 만들지는 못할지라도 토지를 주택으로, 상업 시설로, 산업 시설로 개발하는 것 외에 주변 이웃과 사회의 복리를 증진시킬 수 있기 때문이다. 잘 가꿔진 도심의 공원처럼 관리되는 것과 동일한 가치로 유휴지가 그 자체로서 존재한다면, 다른 무언가가 들어올 가능성이 있기 때문에 지역 시민사회에서 의미하는 유휴지의 가치는 클 것이다. 그러나 시민의 세금으로 조성된 공원이나 사회적 비용을 유발시킬 수 있는 유휴지는 공공 용지에 해당하더라도 지역 주민들과 구역을 소득 계층에 따라 구분한다는 특징이 있다. 공공 용지 안에 존재하는 유휴지는 부동산의 가치가 높은 주거지와 상업 시설의 진입을 막는 방해 요소가 되기 때문이다.

절벽, 산, 강이 있는 도시들은 자연 요소가 그 자체로 방해 요소들이 될 수도 있다. 자연 요소가 없는 다른 도시에서는 도시의 시행령과 정책들에 의해 주민들을 소득 계층에 따라 구분하는 장벽이 인위적으로 만들어질 수도 있다. 후자에 해당하는 예로, 뉴욕 센트럴 파크는 주변 부동산 가치에 긍정적인 효과를 불러일으키며 부동산 시장으로부터 유익한 평가를 받았다.[22] 공원, 공공 용지, 때로는 교통 기반 시설이 도시에 의해 계획되면서 계층과 소득에 따라 집단과 개인을 구분하고 부동산 가치를 좌우할 수 있는 것이다. 이런 유휴지들은 사실 울타리나 벽의 역할도 해서 도시의 사회적 경관에 영향을 미칠 수 있기 때문에 공무원들은 유휴지들을 활용하거나 재개발할 때 경제적 관점뿐만 아니라 사회적 관계를 고려해야 한다.

개발의 규범

이와 같이 유휴지는 사회적 장벽을 만들 수도 있고 반대로 부동산 가치를 보호할 수도 있기에 도시들은 유휴지의 신중한 개발 정책으로 사회경제적 목적을 달성할 수 있다. 도시 정책의 중요한 역할에 대해서,[23] 폴 피터슨 Paul Peterson은 도시 활동으로 인해 효과적인 영향을 얻는 방법은 오직 '개발'뿐이라고 한다. 구체적으로 개발 비용 보조, 투자 환경 조성, 적법한 공공 기반 시설 제공, 그리고 개발과 관련된 다른 프로그램을 촉진하는 활동은 도시의 경제적 활동을 강화시켜 원활한 도시 개발이 진행되게 할 수 있다. 즉, 도시가 공공의 자원을 경제성의 목적으로만 활용할 수 있기 때문에 개발 자원이자 대상인 유휴지는 도시 정책에 의한 규제를 받으면서도 개발을 위해 조정된다(〈그림 2-6〉 참조).

개발 규범의 대표적인 예는 1995년까지 유휴지로 남겨져 있던 덴버의 스테이플톤 공항Stapleton Airport이다. 광활한 활주로(4,700에이커)는 재개발의 가능성이 있었기 때문에 도시는 이 오래된 공항을 10만 평방피트의 상업, 연

그림 2-6. 개발의 규범: 경제적 활력의 현실(그리고 상징)

구, 개발, 산업 공간으로 바꾸는 15년 장기 계획을 수립했다. 3만 제곱피트는 상업 공간, 12,000가구 이상의 주거지, 1,000에이커 이상의 공원 부지를 포함한다.[24] 이 프로젝트로 인한 잠재적 고용은 35,000개에 달한다.

도시가 유휴지 개발에 관한 전적인 권한을 가진 것은 아니다. 주 정부가 도시의 이윤 추구 권리를 그들의 중요한 재원으로 인정하고 있듯이, 주 정부는 도시가 영향력을 확장하는 것을 제어하고 경제적 성장과 개발을 제어한다. 잘 알려진 개발 관리 방안으로 '스마트 성장'이 있는데, 특히 1985년 플로리다의 성장관리법은 도시의 전략적 활동을 관리하는 중요한 목적을 갖는다. 사실, 스마트 성장의 목적은 무분별한 도시 확장 현상을 막으며 공공 기반 시설에 들어가는 비용을 줄이고 주 정부와 다른 지역 정부들을 위해 밀도를 높이는 데 있다.[25] 그렇기에 주의 법은 도시를 위한 개발법과 크게 다른 부분을 띄고 있다. 도시가 유휴지를 활용한다고 하더라도 어쩔 수 없이 상위 기관인 주 정부의 영향권에 제약을 받는다.

개발 규범에 대한 또 다른 관점은 사람들의 인식과 깊이 관련되거나 상징적인 특징이 있다. 도시의 지도자들은 도시의 이미지를 개선하여 외지인들로부터 도시의 긍정적인 면을 평가받음으로써 투자가 적극적으로 유치될 수 있도록 유휴지를 개발한다. 또한, 유휴지의 개발을 통해 낡은 지역이 개선되는 것은 단기적이고 즉각적인 경제 효과와 함께 거시적인 이익도 거둘 수 있다. 도시의 지도자들이 도시의 경제적 수준을 높이기 위해 유휴지를 개발하는 과정을 생각해보자.[26] 도시 경관이 개선된다면 도시의 이미지가 제고될 것이고 다른 도시와 경쟁할 수 있기 때문에 경제적인 이득이 뒤따라올 것이다. 게다가 도시에 활력이 생긴다면 도시의 선출직 공무원인 시장은 긍정적 여론을 통해 정치적으로도 많은 이점을 얻을 수 있다.

재정, 사회, 개발 규범의 연관 효과

도시 내 유휴지와 버려진 건물에 대한 정책 결정은 재정, 사회, 개발 규범에 어느 정도 영향을 받는다. 먼저 재정 규범으로 자원을 만들기 위해 도시의 재정을 건전하게 해야 할 필요가 있다. 사회 규범으로는 안정적인 커뮤니티를 만들어 부동산 가치를 보호해야 한다. 개발 규범의 관점에서는 지역 사회의 경제적 활력을 강화해야 한다. 이들 모두는 도시의 정책 결정에 중요하며 어느 한 가지 요소라도 배제되어서는 안 된다.

게다가 이 세 가지 규범의 기본적 요소들은 서로 아주 밀접하게 연관되어 있어, 도시의 정치적 환경에서 이들을 분리하기란 거의 불가능에 가깝다. 하지만 각 요소들의 영향력은 헌법에 근거한 주의 법에 큰 영향을 받는다. 실제로 주들은 지자체의 토지 이용과 개발구획 설정, 조세 재정, 부채 조달, 공공 시설, 보조금, 토지 병합 등 도시의 유휴지 개발과 직간접적으로 관련된 여러 정책들에 관여할 수 있다. 비록 재정, 사회, 개발 규범들이 전부 중요한 요소라고 해도 세 가지 중에 재정이 가장 중요한 요소로 여겨지며, 사회·개발 규범은 유휴지에 관한 도시의 전략 행동을 가장 잘 설명해주는 요소들이다.

맺으며

대도시의 전체 면적 중 평균 15%는 비어 있다. 어떤 이들은 이 비율이 너무 높거나 너무 낮은 것이 아닌지 물을 수 있지만, 이런 질문 자체가 잘못되었다. 중요한 것은 도시 내 15%의 유휴지 활용 방법이다. 이번 장에서 논의했듯이 도시들은 세 가지 규범에 영향을 받으며 유휴지의 이용과 재활용에 대한 전략적 결정을 내리고자 노력한다. 강한 재정 규범은 도시 공무원으로 하여금 특정 필지에 대한 특별한 선택을 하게 만들 수 있고, 다른 두 가지 규범(사회. 개발)은 기존에 선택된 바람직한 사항을 발전시킬 수 있다. 또 유휴지를 가지고 '무엇이든 하려는 것'은 그 도시가 처한 환경에 따라 달라질 수 있는데, 15%의 빈 땅은 15%의 오래되고 쇠퇴한 땅과는 다르기 때문이다.

게다가 15%의 수치는 한 도시와 다른 도시 사이에 격차가 크다. 예를 들어서 남부의 두 도시를 비교해보면, 애틀란타는 7%의 유휴지를 가지고 있고, 내쉬빌은 24%가 넘는 유휴지를 가지고 있다. 이 경우 한 도시가 다른 도시보다 더 이점이 있다고 말할 수 있을까? 그렇다면, 어느 도시가 더 우위에 있을까? 만약 어떤 이가 유휴지를 자원으로 본다면, 내쉬빌이 더 우위에 있을 것이다. 그래도 이것은 도시 관리자들이 이 자원을 어떻게 쓰는가에 달려있다. 예를 들어, 아틀란타 시의 아틀란타 토지은행제도Atlanta Land Bank Authority는 폴튼 카운티 시티Fulton County-City 개발에 큰 기여를 하며 유휴지 활용 방안의 대표적 사례를 보여 주었다. 이로써 당국은 1991년 지자체 간 협약에 의해 버려진 토지와 건물을 시장 가치가 있는 부동산으로 바꾸며[27] 지자체의 노력으로 사회적 의무와 개발의 의무를 실현시킬 수 있었다.

또한 유휴지의 상황에 따라 부지 내에 존재하는 방치된 건물은 각기 다른 시점으로 바라보아야 한다. 예를 들어, 북동부 도시들은 다른 지역의 도시들에 비해 유휴지 비율이 낮지만, 유휴지를 이용하지 않으며 많은 건물들을 방치해 두었다. 방치되거나 버려진 건축물들은 아무것도 없는 토지를 개발하는 것만큼이나 비용이 요구되며, 방치된 건물들이 있는 유휴지는 사실상 경제적 가치를 지닌 토지 자산으로 보기 어렵다. 게다가 버려지거나 방치된 건물들은 실제로 부동산 시장에 취약하기 때문에 민간 자본의 유입이 적다. 이런 관점에서 도시 공무원들은 이 방치된 건물들을 활용, 철거, 재개발하는 등 특단의 조치를 취해야 한다.

그러나 시 공무원들이 단기적인 유휴지 활용 및 개발 기획에서 정책을 끝내서는 안 된다. 장기적으로 봤을 때 민간 자본이 부족하다면 유휴지를 개발해 가치 있는 자산으로 만드는 데 상당한 어려움이 있을 것이다. 이러한 이유로 설문 조사에 나온 결과와 같이 도시의 토지 활용 정책은 장기적으로 유휴지를 줄여나가야 하는 데 초점을 맞춰야 한다. 특히 재정, 사회, 개발 규범은 이러한 과정과 깊은 연관성이 있다. 다음 세 번째 장에서 이에 대해 살펴보기로 한다.

1. Daniel Kemmis에 의해 인용된 Thomas Jefferson의 어록, *Community and the Politics of* Place (Norman: University of Oklahoma Press, 1990), 22.

2. 다음의 자료 참조, Frederick Jackson Turner, *The Frontier in American History* (Now York, H. Holt & Co., 1920).

3. Ann Whiston Spirn, *The Granite Garden* (New York: Basic Books, 1984), 18.

4. Richard M. Bernard, "Oklahoma City: Booming Sooner," in *Sunbelt Cities: Politics and Growth since World War II*, ed. Richard M. Bernard and Bradley R. Rice (Austin: University of Texas Press, 1983), 213-34.

5. David Rusk의 논의 참조, *Cities without Suburbs*, 2nd ed. (Balti- more: Johns Hopkins University Press, 1995). Rusk contends that a city's degree of elasticity strongly influences its economic health.

6. Dolores Hayden, *The Power of Place: Urban Landscapes as Public History* (Cambridge, Mass.: MIT Press, 1995); Sharon Zukin, *Landscapes of Power* (Berkeley: University of California Press, 1991).

7. Gary McDonough, "The Geography of Emptiness," in *The Cultural Meaning of Urban Space*, ed. Robert Rotenberg and Gary McDonough (Westport, Conn.: Bergin & Garvey, 1993), 3-15.

8. McDonough, "Geography of Emptiness," 15.

9. 조사 자료는 다음의 유휴지 정의를 참고: "Vacant land includes not only unused or abandoned land or land that once had structures on it, but also the land that supports structures that have been abandoned, derelict, boarded up, partially destroyed or razed, etc."

10. 도시 간 유의미한 비교를 나타내기 위해 도시의 전체 면적 중 유휴지들을 에이커 크기로 변환해 나타냈다. 이는 도시의 총 토지 면적 중 사용 가능한 유휴지를 나타낸 것으로써 유휴지의 에이커 변환 양 "vacant land acreage"을 직관적으로 인식할 수 있는 척도가 될 수 있었다.

11. Neidercorn과 Hearle는 48개의 대도시에 20.7%의 필지로 유휴지를 추정하였다. Manvel은 1968년 연구에서 25만 명 이상의 도시들 중 미개발의 토지는 12.5%로 조사하였는데 중간값은 오직 119 에이커에 불과했다. 세부 내용은 다음의 문항을 참조, John H. Niedercorn and Edward F. R. Hearle, *Recent Land-Use Trends in Forty-Eight Large American Cities*, Memorandum RM-3664-1-FF (Santa Monica, Calif.: RAND Corporation, 1963); and A. D. Manvel, "Land Use in 106 Large Cities," in *Three Land Research Studies*, Research Report 12 (Washington, D.C.: Prepared for the consideration of the National Commission on Urban Problems, 1968).

12. Neidercorn and Hearle, Recent Land-Use Trends.

13. 하지만 실질적인 데이터 조사에 의하면 오직 10개의 도시만이 유휴지 상승의 원인을 토지 합병이라고 응답했다.

14. 대도시일수록 더 많은 건물이 있고, 버려진 건물들에 대한 측정 방법이 있기 때문이고, 조사한 도시들 중 2/3 정도가 버려진 건물들에 대해 측정할 수 있다고 답하였다. 하지만 도시 필지의 용도가 전환되며 버려지는 건물의 양을 추정하는 것은 어려운데 정확히 지자체가 버려진 건물을 정의하며 시에서 그 수를 조사하는 것이 쉽지 않기 때문이다.

15. Ann'O'M. Bowman and Michael A. Pagano, "Transforming America's Cities: Policies and Conditions of Vacant Land," Urban Affairs Review 35 (March 2000): 559-81.

16. Anthony Downs, *An Economic Theory of Democracy* (New York: Harper & Row, 1957).

17. 이 주장은 다음 자료에 의해 논의되었다. Michael A. Pagano and Ann O'M. Bowman, *Cityscapes and Capital* (Baltimore: Johns Hopkins University Press, 1995).

18. 정확히 무엇이 지역의 공공복리를 구성하는지는 거주민들과 도시에 따라 다르다. 예를 들어 대도시의 경우 이를 미래에 대한 문제와 기회로서 접근할 수 있는데 필라델피아 인수위원회를 이끈 Mayor John 시장에 의하면 삶의 가치로써 다음의 사항들을 포함한다. (1) 시민사회와 시민들의 책임감, (2) 문화, 지성, 내적 함양을 위한 기회, (3) 경제 발전과 도시 경관, (4) 지역 사회에 대한 집행과 영향community control and enforcement, (5) 치안, (6) 도시의 기본적인 효용성과 합리성 (City of Philadelphia, Quality of Life, 2000; [June 2000]).

19. 전략적 행동은 사회과학 실험에서 광범위하게 사용되는데 다음의 참고문헌들을 참조, Kenneth A. Shepsle and Mark S. Bonchek, *Analyzing Politics: Rationality, Behavior, and Institutions* (New York: W. W. Norton, 1997); Avinash K. Dixit and Barry J. Nalebuss, Thinking Strategically (New York: W. W. Norton, 1991); David A. Lake and Robert Powell, eds., *Strategic Choice and International Relations* (Princeton, N.J.: Princeton University Press, 1999); Roy Meyers, *Strategic Budgeting* (Ann Arbor: University of Michigan Press, 1994); David Weimer and Aidan R. Vining, *Policy Analysis*, 3rd ed. (Upper Saddle River, N.J.: Prentice Hall, 1999).

20. 가치세 제도를 도입한 도시들은 발표된 것보다 수입의 차이가 생각보다 적다.

21. 다음의 문헌을 참조할 것, the findings of Mark Schneider in *The Competitive City* (Pittsburgh: University of Pittsburgh Press, 1989).

22. Blaine Harden, "Neighbors Give Central Park a Wealthy Glow," *New York Times*, November 22, 1999, A1, A29.

23. Paul Peterson, City Limits (Chicago: University of Chicago Press, 1981).

24. Diane Kittower, "Turning an Airport into an Urban Village," *Governing*, May 2000, 90.

25. Patricia E. Salkin, "Political Strategies for Modernizing State Land Use Statutes to Address Sprawl," paper presented at the Who Owns America? II Conference, Madison, Wisc., 1998.

26. Pagano and Bowman, Cityscapes and Capital.

27. Paul C. Brophy and Jennifer Vey, *Seizing City Assets: Ten Steps to Urban Land Reform*, Survey Series (Washington, D.C.: Brookings Institution and CEOS for Cities, 2002).

3장
도시 정책 결정: 토지-세금의 역학 관계

이번 장의 목적은 유휴지 개발에 관련된 도시 정책 전략과 수익 구조의 관계를 탐색하는 것이다. 우리는 도시 수익 구조가 유휴지의 개발에 미치는 영향에 대해 알아보고자, 특히 미국 내 도시세 중 부동산세, 판매세, 소득세에 초점을 맞추어 미국 조세 당국의 체계를 조사할 것이다. 일반적으로 조세 당국은 유휴지 부지가 어느 지자체에서 활용될지 조사하고, 이후 지자체는 유휴지의 지원, 보조 정책에 대한 업무 분장을 맡는다.

조세 당국의 제약과 기회

법적 정부 기관으로서 지방자치단체는 입법과 사법 서비스를 제공할 의무가 있다. 지자체가 제공하는 서비스의 법률적 근거로 세금을 부과할 수 있다. 비록 개별적인 세금의 부과 방법과 세금 징수량은 각 지자체마다 다르지만, 모든 지자체는 부동산세(오클라호마 주 정부는 추가 부당금을 부과하지 않지만)를 부과할 수 있고, 소매점에 소비세 혹은 소득세(소득, 임금, 급여 등)를 부과해 왔다. 세 개의 일반세를 모두 부과할 수 있는 도시는 몇 개 되지 않는다(예: 뉴욕시 용커스Yonkers, 필라델피아 세인트루이스, 캔사스시티, 미주리). 인구가 5만 명이 넘는 555개의 미국 도시들 중 34%는 재산세만 부과할 수 있고, 8% 도시만이 소득세를 부과할 수 있으며, 58%에 가까운 도시들은 소비세를 부과할 수 있다.[1]

도시는 고용 증진, 소득 증가, 도시 수익 증가 등 다양한 이유로 유휴지를 바꾸거나 개발 프로젝트를 진행한다. 그러나 드물지만, 인근 도시의 고용을 증진시키거나 재정 상황을 개선하기 위해 도시 투자 계획이 진행될 수도 있다. 도시는 투자 수익률이 투자자 도시에 이익이 될 것이라는 기대를 가지고 프로젝트에 투자한다. 만약 이런 관점이 도시가 유휴지 전환 프로젝트를 선택하는 데 영향을 미친다면, 그들이 부족한 투자금의 혜택을 극대화할 수 있는 도시에 투자하는 것도 합리적이라 할 수 있다. 실제로 경제학자들은 정부의 서비스 제공에서 비효율성이 발생할 수 있다고 주장하는데, 이는 지자체에 세금을 납부하는 주체[2]와 세금 사용의 결정권자가 다르기 때문에 발생한다고 말한다. 따라서 특정 구역의 재정 정책은 시민에게 보조금을 지급하는 긍정적인 효과를 가져 올 수도 있고, 인근 도시의 거주민에게 긍정적 영향을 끼칠 수도 있다.

재산세의 권한이 있는 도시는 유휴지 필지들을 재활용하는 데 자원을 투자할 만한 재정적 보상을 받는다. 도시들이 토지를 더 가치 있게 만든다면, 재산세 수익을 더 많이 창출할 수 있다. 즉 유휴지를 생산성 있는 토지로 바꾸는 데 성공한다면 주변 필지의 가치 또한 상승할 것이고, 도시는 그로 인한 혜택을 받는 것이다. 게다가 주변 필지들이 도시의 관할권 안에 있다면, 도시는 투자로 인한 모든 보상을 독점할 수 있다. 이런 이유에서 도시는 유휴지 개발에 대한 동기 부여를 받고, 개발이 끝난 후에는 재산세 수익을 최대화할 수 있다. 도시 경계부에 있는 유휴지 필지에 대한 투자는 투자가의 투자 수익을 줄일 수 있는데, 이는 인근 도시의 지자체가 향상된 토지 가치와 높아진 고용 기회에 대한 보상을 요구할 수 있기 때문이다.

도시의 수익 구조는 생각보다 단순하지는 않다. 가격 결정 메커니즘에 따라 비록 모든 세액이 동일하지는 않더라도, 일반적인 세금과 서비스 요금에서 허가 및 승인, 특별 과세까지 주민과 비거주민은 도시에 일종의 세입을 제공하게 된다. 수도세를 예로 들어보면, 이는 모든 사용자에게 부과되는데, 사용자가 도시 거주자가 아닌 도시 내 사무실을 렌트하고 있는 사람이더라도 부과된다. 건물 허가는 도시 안에 건물을 지은 사람이면 거주자이든 아니든 모두에게 부과된다. 소비세 수익은 어떤 사람의 사회적 지위에 기반하지 않고 거래에 따라 발생한다.[3] 이렇게 도시 내에 거주하는 사람만이 조세 대상에 해당하지 않기 때문에, 도시들은 인근 도시의 주민들에게도 서비스를 제공하는 경쟁 심리를 지속적으로 갖게 된다. 따라서 도시들은 그들의 이웃들에게도 납득할 만한 세금을 부과하며 서비스를 제공할 수밖에 없고, 이로써 벌어들인 수입은 거주자들의 세금을 낮추는 데 기여할 수 있게 된다.

도시는 시민들의 복지 증진을 위한 메커니즘을 끊임없이 탐구한다. 이는 도시 거주민들만의 세금으로는 불가능하며, 도시의 서비스를 이용하는 사람들에게도 세금을 부과하여 공공 복리를 증진시킬 수 있다. 도시의 유동성은 지자체 관할권 밖의 사람들에게도 소비자로서 도시 내 서비스를 이용할 수 있는 기회를 제공하고, 그들을 통해 도시의 영향력을 규정하며 지자체가 가진 조세 범위를 고찰할 수 있다.[4]

대부분의 지자체가 유휴지를 활용하고 재개발하도록 유도하는 것은 재산세 기반을 확장하여 도시 서비스의 재정 확보하려는 것이다. 그 예로 텍사스의 치외법권에 의한 재판관할권을 들 수 있다. 다른 도시들의 경우, 유휴지 재개발의 정치적 논리는 그들의 소비세를 확보하는 데 있다. 이는 지자체의 수익에 큰 부분을 차지하기 때문인데(예: 오클라호마 주의 도시들), 오하이오 주의 지자체들은 소득세를 주된 세수 수단으로 활용하므로 유휴지를 재개발하는 것은 소득세와 연관이 깊다. 유휴지의 개발을 가속화하는 전략 중 하나는 일반적으로 지자체의 세수 확보이다.[5] 하지만 세부적으로 도시의 정책 결정자들은 도시의 지리적 환경에 따라 유휴지 정책에 대한 전략을 각기 다르게 세우기 때문에 유휴지 개발에 대한 세수 체계는 도시마다 각각 다른 특징이 있다.

재산세 도시

토지 가격을 기준으로 세율을 정하는 토지세는 토지와 특정 장소에 있는 구조물에 대한 세금이다. 토지세에 따라 부동산의 소유주는 부동산의 가치를 평가하고, 이에 상응하는 세금을 부과해야 한다. 구체적으로 주 정부와 지자체의 법이 세율을 결정하는데, 만약 토지 소유주가 거주민인 경우 토지 소유주는 지자체에 서비스에 대한 대가로 세금을 납부한다. 소유주가 시설을 임대한 비거주민일 경우 도시가 제공하는 서비스는 소유주에게 부과되고, 비용은 부동산을 임대하는 수요자에게 전가된다. 예를 들어, 수요가 높은 경우 소유주는 세금 비용을 임대인에게 전가할 가능성이 높아진다. 그래서 부동산 세금에 관한 연구는 비거주자에게 세금을 전가하는 주거 시설 기반의 도시보다 상업과 산업 시설이 많은 도시에서 더 빈번히 이뤄지고 있다.[6]

영리를 추구하는 기업과 제조사는 최소한의 재산세를 통해 그들의 서비스와 제품을 제공하려는 경향이 있기 때문에, 소비자가 기업으로부터 재산세를 떠안게 된다. 하지만 교외 지역이나 베드타운은 재산세를 비거주자에게 전가하기 어려운데, 대부분의 거주자들이 각자의 집을 소유하고 있기 때문이다. 이런 논의는 재산세 자체가 상품을 통해 소비자에게 조세전가가 이뤄질 수 있음을 의미한다. 조세를 전가 받는 소비자는 거주민뿐만 아니라 대도시 권역 너머까지 존재한다. 미국 내 몇몇 대도시의 재산세전가는 평균적으로 0.52달러의 수준을 보이는데, 이는 부동산을 소유한 거주민에게 1달러의 재산세가 부과될 때 비거주민에게 0.52달러의 재산세가 부과된다는 것을 뜻한다.[7]

소비세 도시

지자체가 소매 영업이나 다른 상업적 거래에 세금을 부과할 때, 지자체는 소비자가 지자체 관할권 내에 있는 거주민인지 아닌지 구분하기 어렵다.[8] 이는 마치 소비세 납부자가 언제나 제품이 만들어진 관할권 안에 거주한다고 할 수 없는 것과 마찬가지이다. 일부 소비세의 경우, 상업과 소매점이 있는 지자체 내 거주하지 않는 이들에게 부과되기도 하기 때문인데, 그 결과 소비세를 부과할 수 있는 지자체들은 비거주민들에게 세금을 전가한다. 그러나 이런 지자체의 거주민들 또한 다른 관할권에 소비세를 납부한다. 주요 도시들의 경우, 헬렌 래드Helen Ladd와 존 잉거John Yinger에 의하면 이런 세금 이전에 대한 순이익은 거주자가 납부하는 소비세 수익이 1달러 증가하는 경우, 또 다른 0.21달러는 비거주자가 부담한다고 한다.[9]

주의 소비세율, 소비세, 부가세와 관련된 법령은 각 지자체 상황에 따라 달라질 수 있다. 미국 내의 17개 주에서는 일반적으로 주가 지자체에게 소비세의 권한을 분담해 주지만, 캘리포니아의 경우 지자체들과 소비세의 비율을 공동으로 분할해 책정한다.[10] 아이다호의 경우에 주 내에 존재하는 오직 세 개의 도시에 소비세 권한을 부여한 반면 펜실베이니아 주에서는 오직 필라델피아만이 소비세 권한을 갖는다.

다른 주들은 도시와 카운티(주의 하위 기관이지만, 도시의 상위 기관)가 상호 협의하에 소비세를 결정하기를 원한다. 예를 들어, 테네시 주는 만약 카운티가 1센트의 지역 소비세를 부과하지 않은 경우 지자체가 1센트까지 세금을 부과할 수 있다. 즉, 카운티가 소비세를 부과할 경우에 시의 세금은 이에 뒤따라야 하고, 이때 도시는 카운티가 최대 세율을 부과하지 않는다는 가정하에 카운티의 세율과 지역의 최대 세율 사이에서 세금을 징수할 수 있다. 10개의 테네시 도시들은 소비세를 부과하는데, 도시들은 입안에 따라 카운티 소비세에 일정 부분 영향을 받는다. 노스 캐롤라이나에서는 세금을 부과할 수 있는 모든 카운티는 2%의 지역세를 부과한다. 각 카운티에 있는 도시들은 조직과 인구에 따라(카운티의 공식에 따라) 소비세의 일정 부분을 받는다. 미네소타 주의 도시들은 소비세를 부과하기 전에 주 정부와 지자체의 승인이 필요하다. 현재 9개의 도시가 임시적으로 소비세를 받고 있고, 한 도시(둘루스Duluth)가 영구적인 승인을 받았다. 소비세 권한은 특별한 주 규정과 관련된 유권자들의 승인이 필요하다. 이는 지역적으로 유력한 프로젝트를 위해 승인될 수 있고, 프로젝트의 종료와 함께 권한이 소멸된다. 7개의 도시들이 추가로 소비세 승인을 기다리는 중이다.

세금 부과 대상 거래에 대한 정의는 주마다 다르다. 어떤 주는 음식과 처방전을 받은 약을 포함하고, 어떤 주는 의류 등을 포함한다. 거래에 대한 정의가 달라 소비세가 동일하지 않기 때문에 지자체마다 소비세 수입이 다르다. 특히 주 정부의 소비세를 포함하고 있는 주들의 경우 주의 수입을 분할하는 것이 더욱 어려울 것이다. 비록 주 정부가 인접 지역이 아닌 다른 주에서 온 외지인들에게 판매와 과세를 할 수 있지만, 우리는 유휴지 개발 정책의 외적인 요소로 주의 소비세를 포함시키지 않기로 한다.

소득세 도시

세 번째의 유형으로 소득세 즉, 소득, 임금, 급여에 부과되는 세금이 있다. 이 세금은 지자체가 개인 소득이나 개인 소득의 일부에 부과하는 것인데(예: 급여, 소득, 스톡 옵션), 주 정부들 중에 그들의 지자체가 이 수익 원천을 다룰 수 있게 허용하는 경우는 거의 없다.[11] 오하이오 주와 펜실베이니아 주에 있는 지자체가 소득세를 내는 모든 지자체의 90% 이상을 차지하고 있다. 이때 비거주민이 소득세를 지자체에 납부해야 하는지 아니면 거주민만이 지자체에 소득세를 납부해야 하는지는 주의 법령에 따라 매우 상이하다는 것에 주의해야 한다. 예를 들어 펜실베이니아 주는 거주민들 소득(순소득)의 1%까지 세금으로 부과할 수 있다. 오하이오 주는 개인(기업)에게 소득세를 부과하고 비거주민에게도 소득세를 부과한다. 또한, 오하이오의 일부 지자체는 거주민들이 그들 소득세의 일부 혹은 전부를 그들이 거주하는 곳에 납부하도록 한다.[12]

뉴욕 주에서는 단 두 개의 도시만이 소득세를 부과한다(용커스와 뉴욕 시). 뉴욕 주 고등법원은 1999년 주법에 따라 뉴욕 시가 통근자에게 소득세를 부과하는 것을 금지했고, 이는 뉴욕 주 통근자들로부터 210만 달러의 손실과 타 지역에 거주하는 통근자들로부터 150만 달러의 손실을 초래했다. 뉴욕처럼 특정 주는 일부 도시만을 선정해 소득세를 부과하게 하는데, 여기에는 윌밍턴, 델러웨어, 볼티모어, 세인트루이스, 캔자스시티가 포함된다. 알라바마와 미시건 주는 지자체가 소득세를 부과하는 것을 허락했기에 알라바마의 18개 도시와 미시건의 26개 도시가 세금을 부과할 수 있다. 조지아 주는 지자체가 유권자들로부터 과반수의 찬성이 나올 경우 소득세를 부과하도록 했기 때문에 투표율이 절반 이하로 떨어진 도시는 세금을 부과할 수 없다.

비거주자에게 소득세를 부과하는 것은 앞서 보았던 조세의 세 가지 유형 중 가장 큰 징수력을 지니고 있다고 볼 수 있다. 래드와 잉거에 의하면, 도시가 거주자에게 1달러의 소득세를 부과할 때 비거주자에게 1.27달러의 소득세를 부과하기 때문이다.[13]

소득을 정의하는 것은 소득세를 부과하는 방식에 따라 지자체별로 다르다. 오하이오와 펜실베이니아 주의 도시들은 임금을 기준으로 하고 자본 수익에는 세금을 부과하지 않는다. 1990년대에는 지자체와 달리 주에서 비근로 소득에도 세금을 부과했기 때문에 소득세수가 비약적으로 늘었지만,[14] 뉴욕 시의 경우 자본 수익도 소득세에 포함하여 1990년대 후반 세수를 충분히 확보할 수 있었다. 한 보고서는 "80%에 가까운 도시 PIT(개인 소득세를 부과하는 도시)의 세수는 최근(1994–97) 상류층의 세금 부과 확대로 인해 증가했다. …… 즉 PIT의 증가는 부를 재분배하는 것으로 분배 위주의 세금 정책 변화에 반대하는 이들의 소득을 반영한다."[15] 이 보고서는 도시의 백만장자들의 소득이 늘어나는 것에 대해 다음과 같이 측정했다. "1996년부터 1997년까지 자본 수익으로부터 162%의 세수를 확보했다."[16] 임금의 성장이 오히려 역으로 국가의 다른 소득세를 증가시킨 것이다.

유휴지 이용과 재활용의 이상적 패턴

어느 도시이건, 앞서 살펴본 일반적인 세수 확보 방식으로는 도시의 자체적인 세수를 충당할 수 없다. 지난 30년 간 도시들은 자체적인 수입을 만들기 위해 공공 서비스를 이용하는 대가로 사람들에게 부담금과 비용을 지불하게 했지만, 도시들은 특별한 성격을 지닌 목적세 또한 도입했다. 건물 허가, 재고에 대한 세금, 사업권 세금, 사용세, 오락 및 음식세 등 비록 많지는 않더라도 도시의 중요한 소득원이 될 수 있었다. 하지만 그럼에도 도시의 세금 수입 중에서 가장 큰 몫은 일반 세금(국세) 혹은 여러 방식이 혼재된 일반 세금으로부터 온다. 이러한 세금에는 ①부동산이나 개별 자산에 부과되는 세금, ②소비에 부과되는 세금, ③소득과 급여에 부과되는 세금 등이 있다.

그러나 단순화를 위해, 우리는 도시가 하나의 세원만 이용할 수 있다고 가정하여 토지 이용에 대한 이상적인 비전을 제시하고자 한다. 실제로 다양한 종류의 세금이 있고, 두 가지의 일반세를 부과하는 도시가 있지만(드문 경우지만 필라델피아. 뉴욕 시. 세인트루이스. 캔자스시티는 세 개의 세금을 부과), 토지를 가상적으로 분배해 활용하는 것은 더 많은 경우의 수를 낳을 수 있다. 게다가 우리의 모델은 도시의 토지 이용 전략에 대해 특별세를 부과하는 것을 제외한다. 이 책에서 우리가 주장하고자 하는 바는 마치 도시에 단 한 가지의 일반세 형식이 취해지는 것처럼 가장해 도시의 유휴지를 활용하고 재개발할 수 있는 가상의 전략을 제시하는 것이다.

유휴지 필지가 도시의 관할권에 균일하게 위치하고 어떤 특정 이웃이나 섹터에 집중되어 있지 않다고 가정하면, 도시는 유휴지 개발을 할 때 지리적으로 도시의 중심에 위치한 곳부터 시작할 것이다. 단, 이것은 도시가 형성되는 초기에 해당한다. 이는 투자로 인한 혜택을 최대화할 수 있기 때문에 결과적으로 재정적 외부 효과는 감소한다. 재산세에서 비롯된 재정적 외부 효과의 잠재적 효과는 유휴지를 전환하는 도시의 투자 방식에 고려되는 요인 중 하나일 뿐이다. 또한 오직 재산세에만 수익을 의존하는 도시는 없기에 다른 세금들의 재정적 외부 효과 잠재력은 도시가 유휴지 전환을 결정하는 데에 영향을 미친다. 예를 들어 소비세를 부과할 권한이 있는 도시들이 공통적으로 취하는 전략은 도시 경계에 있는 상업 시설을 개발해 비거주자들에게 세수를 거두는 것이다. 이런 형태의 재정적 외부 효과는 투자되는 도시에 혜택을 주는데, 세금 수입이 도시 외부에 사는 사람들로부터 발생하기 때문이다.

이는 비거주민에게 소비세를 높게 부과하고 거주민에게는 낮게 부과하는 동시에 소비자나 납세자에게 서비스를 소비할 기회를 부여하는 잠재적 효과를 가져올 수 있다. 비거주자들에게 경찰이나 공공 안전 서비스를 제공하는 것은 이런 종류의 재정적 외부 효과를 보여주는 예이다. 일부 중심 도시에서는 이러한 거주자들의 소비 선호도를 감안하여 주민들에게 적정하지 않은 비율로 세금을 부과하고, 실제로 필요한 정도보다 높은 수준의 공공 안전을 제공한다. 이로써 발생하는 문제들은 도시의 서비스를 사용하지만 거주하지 않는 사람들에게 세금과 비용을 부과하는 방식으로 해결할 수 있다. 실제로 도시들은 지난 반세기 동안 특정 서비스를 소비하는 이용자에게 세금을 부과하고(예: 수도, 교통, 쓰레기 수거), 혜택을 받는 개인에게는 세금의 성격을 지닌 비용을 청구해서(예: 특별 과세) 세금 구조를 다양화했다.

한 지자체의 재정적 조치가 관할권 경계선을 넘어 다른 지자체의 주민에게 이익이 될 확률은 유휴지를 활용하거나 재개발을 위한 도시의 결정에 반드시 고려되어야 한다. 그러나 이러한 고려 사항은 민간 개발자가 토지를 개발하거나 도시 개발자들과 협업하는 데 거의 영향을 미치지 않는다. 개발자들은 도시 프로젝트가 어느 구역에 걸치든 어느 지자체의 관할이든 간에 오직 시장 경제의 흐름에 반응하기 때문에 유휴지에 투자할 때 타 지역의 재정적 외부 효과를 굳이 고려할 필요가 없다. 실제로도 민간 개발자들은 활동 영역에 제한이 없기에, 그들은 다른 경제적 요소들과 유휴지를 전환하는 정부의 정책에 대해서만 신경을 쓰는 것이다.

반대로 지자체의 개발은 주변 도시의 기업 경계선에 의해 개발이 지연되거나 주 법령에 의해 경계 확장에 대한 의욕을 잃기도 한다. 실제로 일부 도시 관련 전문가들은 도시가 도시 영역 내에서 합법적인 행위를 진행하기 위해서는 도시 경제와 관련된 자원들에 집중해야 한다고 말한다.[17] 예를 들어, 시카고는 한 세기 동안 내륙에 갇혀 있었고, 미시건 호수Lake

Michigan 북동부 국경을 제외하고는 통합된 지자체들로 둘러 싸여 있다. 따라서 유휴지 '개발 가능성developability'에 대한 도시 공무원들의 관점은 잠재적인 재정 외부 효과에 영향을 받을 수 있지만, 개발자들의 '개발가능한 developable' 관점과는 다르다는 것을 알 수 있다.

재산세 도시의 전략 행동

재산세 도시는 유휴지를 개발할 때 시장 경제의 요소를 고려하고 다른 지자체의 관할 구역에 서비스 비용이 전가되는 재정적 외부 효과를 고려해야 한다.

"부동산 가치를 높이자!" 재산세에 의존하는 도시들은 유휴지를 일시적으로 개발할 때 부동산 가치 증대를 위해 높은 세금 수익을 얻을 수 있는 구조를 고려한다.[18] 모든 부동산에 대해 동일한 과세 평가 체계가 없는 도시들은 대체로 산업, 다목적 또는 공공 부지에 높은 세금을 부과한다. 그렇기 때문에 고부가 가치의 산업, 상업, 그리고 공익 부지들을 가진 도시의 정책 결정자들은 도시를 개발할 때 최대한의 수익을 창출하기 위해 구획을 나눈다.

또한 시의 공무원들은 높은 세금 수익(공공 서비스 소비)을 확보하고자 고소득층을 위한 주거 시설물에 가능한 많은 투자를 유치하려 노력한다. 그리고 유휴지 개발로 고소득층의 주거지 또는 고부가 가치의 부동산에 투자하는 것은 유휴지를 다른 목적으로 개발하는 것(오픈스페이스, 중소득-저소득 거주지)보다 더 높은 부동산 수익을 가져다 준다. 쉽게 생각해 보자면, 어느 도시든 낮은 가치의 구조물은 도시의 경계 부분에 위치해 있고 고부가 가치 건물은 도시의 중심에 있기 때문이다. 〈그림 3-1〉은 이런 공간적 패턴을 보여준다.

도시 A는 고급 건물들에 대한 수요가 증가하자 고급 건물과 같은 고부가 가치의 건물들을 도시의 중심지에 공급하기로 기획하였다. 그래서 부

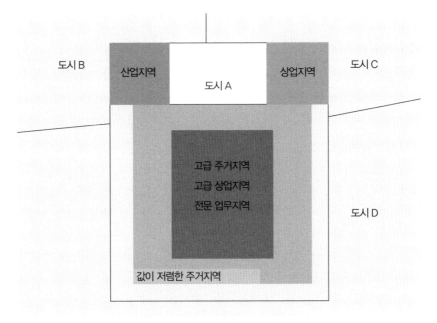

그림 3-1. 재산세에 의존하는 도시에서의 토지이용 가상공간 분배

동산 가치를 나타낸 등압선을 살펴보면 도심의 중심지에 높은 가치의 부동산이 집중되어 있고, 도시 주변부에 낮은 가치의 부동산과 건물들이 위치한 것을 알 수 있다. 하지만 부동산의 가치에 따른 개발 편중 현상은 거주지와 상업 시설에만 적용되는데, 산업 시설로부터 발생하는 기대 수익이 전혀 다르기 때문이다.

부동산 세수 극대화를 위해 도시는 고급 주거 건물, 고급 상점 혹은 산업 구조물을 개발한다. 투자로 인해 거둬들일 수 있는 수익은 도시의 부동산세로 취합될 수 있기 때문이다. 그러나 이러한 개발들은 종종 공공 부문에도 투자를 요구하는 경향이 있는데, 이는 특히 도시의 기반 시설에 대한 투자와 서비스 품질의 향상에 집중되었다. 구체적으로 도시의 거리, 보도, 가로등뿐만 아니라 경찰, 소방과 같은 요소들은 특히 도시의 새로 개발된 지역에서 필요한데, 비용을 절감하고자 하는 도시들은 이 비용을 인근 지자체나 다른 정부로부터 교부받을 수 있다. 교통 체증을 유발하는 상업 시설 쇼핑몰을 예로 들자면, 거리와 신호등, 교통 관련 비용들은 주체인 도시 A로부터 나오지만, 경계 근처에 개발을 배치하면, 인근 도시인 도시 B와 도시 C에 상승된 교통비를 요구하며 비용을 충당할 수 있는 것이다.

사우스 캐롤라이나 주 콜롬비아: 개발과 재산 가치

콜롬비아는 지역에서 부과하는 소비세나 소득세가 없다. 따라서 시가 부과할 수 있는 유일한 일반세는 재산세이며, 미국 평균과 비교할 때 재산세에 다소 높은 의존률을 보인다. 또한 콜롬비아의 재산세는 1990년대에는 9,900만 달러 정도였고, 2000년에는 부동산 평가 가치 증가로 인해 9,200만 달러로 하락했다.[19] 1967년의 경우 콜롬비아의 재산세는 도시가 창출하는 수익의 3/4에 이르렀지만, 도시의 수익은 지난 30년 동안 많은 부분 변화했다. 1997년까지 사용료와 수수료 이익이 재산세 수입의 증가를 앞질렀고, 결국 재산세를 뛰어넘어 콜롬비아의 주된 수입원이 되었다. 이후 사용료와 수수료는 전체 수입의 54.1%를 차지했고(미국 전체 평균은 40.7%), 재산세는 27.3%로 감소했다. 그럼에도 불구하고 콜롬비아 내 유휴지의 재활용 촉진을 위한 재산세는 과소 평가되어서는 안된다. 콜롬비아의 일반세의 원천으로서 재산세는 여전히 소도시 내의 유일한 세수이다.

콜롬비아의 유휴 부지와 버려진 건물의 개발은 거주 지역과 상업 및 산업 지역에 대한 투자에 균형을 맞추고자 했다. 시 관리자에 따르면 이런 프로젝트들은 오래되고 낡은 것들을 줄이고 재생을 촉진하며 부동산 가치를 재고하는 데 목적이 있다고 한다.[20] 예를 들어, 콜롬비아 산업 단지 Columbia Industrial Park 프로젝트의 경우, 기존 산업 단지를 넓히고 도시가 기반 시설 확장에 투자하게끔 했다. 특히 도시의 남쪽 경계부에 있는 긴 형태의 유휴지에 8개의 새로운 공장을 조성하였다. 이렇게 도심에 밀도 높은 투자를 진행함으로써 주도 주변의 100블럭 정도를 활성화시키고 낡은 상업 시설들과 주 정부 사무실이 개발될 수 있게 하였다. 또한 도심 내 상업 구역에 있는 메이시 백화점처럼 오랫동안 버려진 건물들을 활성화시키기 위해 도시의 적극적인 참여를 장려했다. 이런 투자 활동은 레스토랑, 박물관, 소매점과 다른 상업 활동들을 유입함으로써 도시의 상업적 매력도를 높이고 신규 주민의 유입을 높이며, 도시 중심에 '잠들지 않는' 공간을 만들 수 있었다. 〈그림 3-1〉이 보여주듯, 도시의 역사가 담긴 중심지는 이제 새로운 투자가 활발히 이루어지는 공간이 되었다.

콜롬비아 시의 목표와 프로젝트들이 다른 도시들의 목표와 특별히 상반되는 것은 아니다. 오래된 것들을 줄이고 재생을 촉진하고 재산 가치를 높이는 것은 콜롬비아뿐만 아니라 미국 전역에 있는 지자체들의 경제 프로그램의 목표 과제다. 시 관리자가 강조했듯이, 도시의 목표는 도시 전역의 재산 가치를 높이는 것이다. 그러나 소매점의 판매나 직업, 소득의 증대에 대한 직접적인 영향을 미치는 개발 프로젝트에 대해서는 거의 언급하지 않았다. 그 이유는 도시가 재정 상태를 보호하기 위해 필요로 하는 것들이 소매점의 판매, 직업의 소득보다 부동산 가치 상승과 직접적인 연관이 있기 때문이다.

하지만 직업, 소득, 판매액 등과 같은 요소도 충분한 가치를 지녔으며 강조될 필요가 있다. 콜롬비아의 관리자들은 만약 상업과 고용 문제에 관심을 두지 않는다면 도시의 부동산 가치도 위협을 받을 것으로 파악했고, 도시 개발 사업들은 '균형 잡힌' 정책적 접근 없이 진행되기 어렵기 때문이다. 그럼에도 불구하고 도시의 공공복리는 부동산 가치와 긴밀하게 직접적인 연관이 있다. 실제로 도시가 상업 시설, 산업 시설 혹은 거주지에서 시행하는 토지 재개발은 부동산 가치를 높이며 콜롬비아 경제에서 중요한 역할을 하고 있다.

콜롬비아의 정책들은 부동산세 및 재산세와 깊은 관계가 있다. 토지를 개발하는 토지 전환 계획은 궁극적으로 부동산 가치를 증가시켜 재정적 이익을 가져다 주기 때문이다. 특히 산업 시설과 상업에 대한 토지 개발 계획은 '균형 잡힌 개발'과 '재산 가치 보호'라는 도시의 목적을 달성하기 위해 기획된다. 또한 프로젝트로부터 거둬들일 수 있는 세금 수입은 도시의 재정적 건전성과 질을 높이는 데 일조한다.

뉴저지 주 캠든의 투자 중단과 주 정부 보조금

필라델피아로부터 델러웨어강을 가로질러 위치한 뉴저지 주의 캠든Camden 시는 콜롬비아처럼 재산세에 의존하는 지자체이고, 20세기 동안 미국 산업의 주축이 된 오래된 도시이다. 그러나 1950년대부터 캠든은 심각한 수준의 일자리 상실과 주민 이주를 경험했다.[21] 도시의 민간 개발자들은 1950년부터 1997년까지 60% 이상 쇠퇴했고, 같은 기간 동안 인구는 1/3로 줄어들었으며,[22] 부동산 가치는 주에서 가장 낮았다. 캠든은 뉴저지의 다른 도시들과 마찬가지로 재산세가 도시 재정의 대부분을 차지했는데,[23] 도시의 한정된 토지(10평방 마일보다 작은)와 비과세 재산으로 인해 이미 경색되어 있던 과세 기반은 부동산 가치의 하락으로 인해 더욱 어려움을 겪었다.

도시의 경제가 하락하면 높은 세금 연체율로 인해 세수 확보가 어려워진다. 실제로 1990년대까지 뉴저지 주 정부가 캠든 시의 재정을 관리했다. 게다가 도시에 전례 없이 많은 유휴지가 발생했는데, 그 대부분은 빈 건물들과 함께 방치됐다. 이러한 재정 및 경제 문제는 재산세의 도시인 캠든을 더욱 난항에 처하게 하였다.[24] 하지만 캠든의 특별한 사례 덕분에 몇몇 토지 개발 방식들이 가능성을 보였고, 그 외에는 별 다른 대안을 찾을 수 없었다.

캠든 시는 캠든 카운티의 남서쪽에 위치한다. 역사적으로, 캠든은 대부분의 산업 시설을 도시 경계인 강변부에 집중시켰다. 현재는 많은 부분이 비어 있다. 특히 강변 쪽에는 두 가지 주된 투자처인 주립 수족관과 주립 교도소가 있고, 다른 쪽으로는 주립 대학교가 도시의 중심부에 위치한다. 재산세에 의존하는 도시에서 기대되듯이 이곳에는 여가 시설이나 숲이 우거진 공공 용지를 찾기 어렵다. 그러나 어떤 면에서는 독특한 점을 보인다. 그중 하나는 도시 중심에 고급 주택과 오피스 건물이 부족하다는 점이다. 도시 중심에는 초라한 상업 시설과 저부가 다가구 주택이 넘쳐난다. 또 재산세에 의존하는 도시와 달리 캠든의 고급 주택들은 도시 외부 경계부에 있다.

실제로 인터뷰에서 도시 지도자들은 유휴지 재개발에 대한 그들의 관심이 고급 주거지와 오피스에 있다고 인정했다.[25] 도시 중심에서 진행되는 재개발 사업은 이런 선호도를 반영한다. 게다가 도시는 새로운 지역별 유형을 분류해서 도시의 중심을 개발에 유연한 지역으로 만들고, 혼합 개발을 장려한다. 따라서 도시 관리자들은 재산세 논리로부터 파생된 전략을 추진하는데, 이는 도시가 주 정부의 대규모 보조금에 의해 재산세 의존도가 감소했음에도 그러하다. 그러나 이런 노력에도 불구하고, 캠든의 토지 개발 방식은 여전히 시의 정책 결정자들에게 반려되고 있는 상황이다. 그나마 최근에는 경제적 상황과 재산세 의존도를 개선하기 위해 캠든의 토지 개발 방식이 급부상할 것으로 예상되고 있다.

2000년에 뉴저지 주 정부는 낡은 창고, 빈 공간, 합판 건물들로 둘러싸인 도심에 위치한 철길을 나무가 우거진 녹색길로 개발하는 데 자금을 지원했다. 나무를 식재해 조성한 선형 공간은 직접적인 수익 효과는 없지만, 이는 도시가 쇠퇴하는지 아닌지 알려주는 지표가 될 수 있기에 선호된다. 그리고 이는 부동산 가치를 높여주며 주변부의 추가 투자와 긍정적인 수익을 올리는 데 도움이 된다. 하지만 침체된 지역 경제와 도시의 재정적인 어려움은 이러한 노력을 퇴색시켰다.

최종적으로 분석하자면, 위에서 언급했듯이 캠든의 경우는 재산세 의존 도시들의 전략적 행동과는 다르다. 캠든의 극심한 경제난과 주 정부의 재정 지원은 토지-세금의 역학 관계를 예측할 수 있도록 변화시켰기 때문에 현재 캠든의 토지세 상황은 미국 도시들과 다르게 가상의 공간 개발 방식을 보이지 않는다. 과거 1990년대, 대부분의 도시가 재정 상황을 개선하고 공고히 한 것처럼 캠든의 재정 구조는 무너지고 주 정부의 개입이 필요했다. 특히 〈그림 3-1〉의 재산세 모델은 세금에 의존하는 도시들의 이상적인 유형인데, 이는 캠든의 현재 상황과 맞지 않는다는 것을 알 수 있다. 또한, 1988년 뉴저지는 캠든이 "위기에 처했다"고 선언했는데, 이는 도시의 재산세 의존도를 줄이겠다는 의지뿐만 아니라 공간 구조에서 재산세 논리의 중요도를 점차 줄이겠다는 것을 의미한다.[26]

소비세 도시의 전략 행동

소비세 도시들은 유휴지의 일시적 개발에 대한 전략을 구성할 때 도시의 상권 구조를 중심으로 세입을 거둘 수 있는 시장 거래에 중점을 둔다.

"주거지 대신 쇼핑몰을 만들자!" 소비세 의존 도시들의 정치적 전략은 도시의 관할 구역을 넘어서까지 재정적 이득을 취할 수 있는 도시 개발을 추구하는 것이다. 도시는 소비세를 최대화함으로써 거주민의 조세 부담을 덜어준다. 이는 도시 경계에 있는 유휴지를 개발하는 것을 촉진하며 많은 방문객이 올 수 있는 교통 시설을 갖추는 것으로 가능하다. 만약 쇼핑몰이 자동차로 접근 가능한 위치에 있다면 지역의 공공 복리와 도시의 세수를 최대화할 수 있기 때문이다.[27]

하지만 이때 만약 교통 비용이 소비자와 구매자의 비용에 많은 비중을 차지한다면, 그들은 교통 비용을 최소화하는 판매점을 선택할 것이다. 그래서 소비세에 의존하는 도시들은 도시의 모서리(이는 '쇼핑 공간'을 흡수할 뿐만 아니라 조세 수출을 극대화하기 위함)와 모서리 사이에 있는 토지를 상업 시설로 개발해 주민들의 구매 욕구를 충족시켜야 한다.

〈그림 3-2〉는 도시 A의 경계에 있는 쇼핑센터 6개를 가정한 것이다. 각 쇼핑센터는 원형으로 표시되어 있다. 각 쇼핑센터의 영역에 속하는 주민들의 범주는 육각형으로 표현했다. 각 쇼핑센터 영역은 주민들의 소비 욕구를 충족시킬 뿐만 아니라(점선) 비거주자들의 소비 욕구도 만족시킨다. 각 쇼핑 구역 내에 위치한 소매점은 쇼핑 권역 내에 있는 주민들을 주로 만족시키고, 그들의 이동 비용을 최소화한다. 결과적으로 소비세에 의존하는 도시가 반드시 신경 써야 하는 것은 '상업적 개발'일지라도 지자체들

은 정부의 입장에서 그래도 주민들에게 복지와 편익을 제공할 수 있어야 한다는 점이다. 그러나 이런 도시들은 재산세보다 소비세에 더 의존하고 있기 때문에, 재산세에 의존한 도시들처럼 부동산의 가치 상승 목표는 중시되지 않는 경우가 있다.

하지만 이 다이어그램에서는 도시 중심에 상업적 개발을 할 정치적 당위성이 없으며 도시의 경계에 소매점들을 입점시키는 토지 개발에는 충분한 논리가 있다. 도시 A의 전략은 A부터 F까지의 판매점들을 각 영역에 거주민과 비거주민 모두를 끌어들이기 위한 개발을 촉진한다. 게다가, 각각의 영역들은 이 가상적인 사례에서 다른 도시 B, C, D에 있는 판매점들이 도시 A의 소비자들을 끌어가지 못하게 설계되어 있다. A도시는 주민뿐만 아니라 비거주자의 세금 수입(주민보다는 낮은 조세 부담일지라도)을 얻을 수 있다. 게다가 이 사례에서, A의 전략은 여섯 지역의 판매 점포 개발을 지원

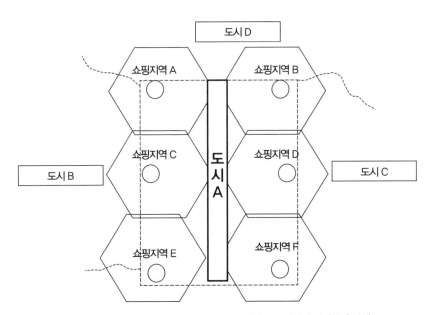

그림 3-2. 법인 토지로 둘러싸인 소비세에 의존하는 도시에서의 쇼핑지역 가상공간 분배

하거나 보조하는 것으로, 상권 A와 B, 상권 C와 D, 상권 E와 F 사이의 다른 위치에 보조금을 지급하는 것보다 바람직하다.

소비세에 의존하는 도시 중 다른 지자체가 인접하지 않은 경우는 앞의 정책적 전략과 다르다. 도시 전략은 이웃 지자체가 받아들인 (혹은 실제의) 정치적 대응에 대한 응답으로 진행되는데, 다른 도시로 둘러싸여 있지 않은 도시의 경우(혹은 텍사스 주 지자체들의 경우처럼 독특한 관할권이 있어서 주변 도시의 토지 이용도 통제가 가능한 경우)에는 다른 토지 이용 논리를 만들게 된다. 〈그림 3-3〉은 도시 A의 유휴지 전략이 도시 A에 있는 쇼핑 구역 내에 상업적 발전을 촉진하는 경우를 보여준다. 유휴지가 쇼핑 구역 B로 변하는 경우에라도 도시 A는 쇼핑 구역 A의 영역 개발을 촉진한다. 쇼핑 구역 B는 다른 도시에 존

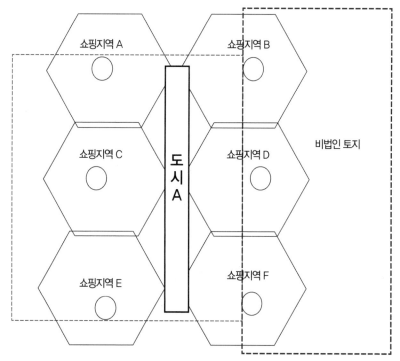

그림 3-3. 비법인 토지로 둘러싸인 소비세에 의존하는 도시에서의 쇼핑지역 가상공간 분배

재하게 되고, 도시 A는 추후에 쇼핑 구역 B의 영역 너머에 개발을 하며 좀 더 많은 합병 효과를 누린다.

애리조나 주의 템페: 다른 도시들에 둘러싸인 경우

애리조나 주는 지자체가 재산세를 부과할 수 있게 허락하지만 소비세가 대부분의 소득을 차지한다. 템페Tempe와 피닉스의 공무원에 따르면, 가구당 재산세는 일반 가구가 부담하는 공공 서비스 비용의 절반 이하를 차지하는 것으로 나타났다. 이때 개발 중 주거 개발은 학교 지역에 긍정적인 영향을 끼치지만, 학교는 정부 기관도 아니며 따라서 어떤 유인책도 제공하지 못한다. 그래서 도시들은 자동차 판매점과 같은 고급 상점들을 유치하기 위해 절감 혜택, 특히 소비세 절감 혜택을 상업 단지 개발자들에게 제공한다. 그러나 판매에는 대규모의 소비자들이 필요하기 때문에 지자체들은 교통 인프라를 설치하고 판매점 인근에 주거 시설을 개발하는 방식 등으로 이웃 거주민들을 유인한다.

따라서 템페의 전략은 도시의 경계부에 소매점의 개발을 촉진하는 것이다. 도시 중심이 아닌 경계를 개발하는 것의 이점은 전적으로 소매점들이 주민뿐만 아니라 비거주자의 수요도 포함할 수 있다는 기대에 있다. 또한 약간의 서비스 비용이 비거주자들에게 전가되어 주민들에게 세금 절감 효과를 줄 수 있다. 물론 템페의 주민들도 다른 지역에서 소비를 할 수 있고, 템페 주민들의 세금 절감 효과는 다른 지역에도 해당될 수 있다. 그러나 도시의 전략은 세금을 부과할 수 있는 소비를 도시의 경계 내에 두는 것을 가정한다. 따라서 도시의 경계에 소매점을 위치시켜, '중심지'의 주민들은 도시 내에서 쇼핑을 하며 쇼핑을 위한 이동 비용을 줄일 수 있다. 이로써 도시 경계부에 상업 개발을 할 경우, 여행 비용을 줄이고 싶은 주변 주민들은 그들의 도시에 있는 상점보다 템페의 경계에 있는 더 가까운 상점을 선택하게 된다.

정치적 논리로 접근했을 때, 만약 지자체가 별 다른 방도를 찾지 못한다

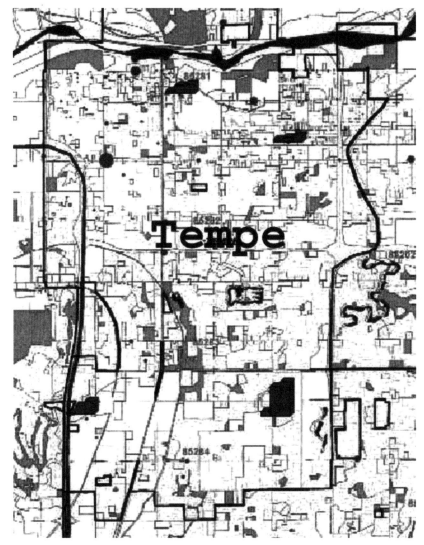

그림 3-4. 1992년부터 1999년까지의 템페의 소비세 증가

면 이웃 지자체들과 연합하여 상업 시설의 지역별 구획을 설정하는 것이
가장 합리적인 방법일 것이다. 다시 말해서, 경쟁은 지자체 간의 일시적인
연합을 이끌며 그들이 도시를 개발하기 위한 유인책을 가지게 하고 개발

에 집중할 수 있도록 도와준다. 즉, 국제적으로 맺는 동맹처럼 애리조나에 있는 도시들 또는 판매세나 도시의 지역 합병이 우세한 도시들은 보드 게임처럼 일시적으로 공격을 숨기고 적들과 협력해 그들이 가진 자원을 최대한 활용하려 노력하는 것이다.

〈그림 3-2〉에 있는 소매점의 가상적 공간 분배는 템페의 실제 상황과 유사하다(〈그림 3-4〉). 한 가지 다른 점은 도시의 주된 상점들이 남서쪽 모서리에 있고, 남동쪽 모서리에 가깝게 서쪽으로 확장되어 있다는 점이다. 북동쪽 모서리 부분은 대학과 관련된 건물이 대부분이고, 상업 시설들은 북서부 모서리에 있다. 템페의 중심부는(쇼핑 지역 C와 D에 해당) 쇼핑 상업 개발로 8차선 고속도로가 남쪽으로 이전되었다. 그럼에도 불구하고 템페의 상업 시설들은 이론적 기대치를 증명한다(쇼핑 지역 A, B, E, F에 해당). 또한, 도시는 도시의 중심부에 버려진 구조물들을 재개발하였고, 유휴지가 많은 남서부는 1990년대에 상업 시설로 개발되었다.

경계에 있는 유휴지를 개발함으로써 수익을 극대화하는 방법은 납득할 만하다. 1992년 네 지역(템페의 주 업무 지구인 북서부, 남서부 코너, 남동부, 지금은 버려진 고속도로가 있는 중앙부)의 소비세 소득은 전체 도시 소비세 수익의 14%를 차지한다. 1999년 소비세 수익은 각각의 막대 그래프에서 세 번째 막대를 통해 알 수 있고, 1998년은 각 막대 그래프의 두 번째 막대를 통해 알 수 있다. 1999년까지, 이 네 개의 쇼핑 구역에서 전체 도시 소비세 소득의 1/3 이상(36%)이 발생했다.

색이 칠해진 원들은 템페에 있는 유휴지의 위치를 시 도시계획 부서에서 표시한 것이다. 유휴지의 가치는 원의 크기로 표현되어 있다(원이 큰 경우, 높은 가치를 의미). 오늘날 템페에 있는 몇몇 필지는 높은 가치를 가지고 있으며 대부분은 도시의 유휴지가 갖는 상업적 개발 잠재력에 따라 재개발되었다.

애리조나 주 피오리아의 과잉 유휴지와 합병

피오리아Peoria의 토지 합병 전략은 주변 지자체에 의해 둘러싸이지 않은 소비세 도시들의 정책적 논리와 유사하다. 전략은 두 가지인데, 첫째로 피오리아의 세금 수익은 1980년 후반까지 주민에게 있었다. 하지만 대부분의 주민은 이웃인 글렌데일Glendale에서 쇼핑을 했다. 성장과 번영을 위해 피오리아는 세수를 더 확보해야 했다. 또한 선 시티Sun City의 은퇴한 잠재적 소비자들의 수요를 얻기 위함도 있었다. 1990년대에 피오리아는 주변의 농장 일대를 상업적 목적으로 적극 합병하기 시작했다. 소비세의 감면과 더불어 글렌데일과 피오리아의 경계에 자동차 쇼핑몰을 배치했다. 그런 다음, 피오리아는 많은 대형 쇼핑몰이 이미 위치한 글렌데일의 경계인 남부 쪽에 쇼핑몰을 개발할 것을 장려했다.

둘째로, 글렌데일이 더 많은 상점을 인접한 사용 가능한 토지를 차지할 수 있다는 불안감과 함께 피닉스가 17번 국도의 북부 방향으로 빠르게 확장하고 있다는 두려움에 피오리아는 북쪽으로 확장했다. 도시는 기존의 영토보다 세 배가 되는 크기로 유휴지를 점점 합병해 갔다. 이렇게 공격적인 합병은 피닉스의 서부 확장과 글렌데일의 확장을 방어하는 전략이었다. 이러한 전략은 피닉스와 글렌데일의 확장을 막았다. 피오리아의 북부 확장은 휴양과 관광 산업을 발전시키기 위한 도시의 장기적인 계획을 충족시키기 위한 것으로, 이웃 카운티에 위치한 호수를 가져왔다. 또한 수익과 관련된 토지 합병 중 호수 주변부의 개발은 호수 주위에 소매점들을 입점시키며 상업적인 지구로 발전시키는 계획을 갖고 있었다. 결과적으로 이러한 추가적인 판매세 수입은 보트 장비와 같은 고부가 가치의 상품들을 장려하게 되었고, 비거주민들을 중점적인 대상으로 삼게 되었다. 피오리아의 전략은 〈그림3-3〉에 나온 것과 같이 판매세에 의존하는 도시들의 특징을 잘 보여준다.

오클라호마 시티의 소비세 확대

소비세와 사용세 수익은 오클라호마 시티Oklahoma City의 일반 세금 수입에 대부분을 차지하며, 자본 투자에 따른 재산세는 약간을 차지한다. 그러나 이전의 인구통계 조사에 따르면, 1967년 오클라호마 시티는 수익의 1/3을 재산세에서 확보했고, 일반 판매세에서 20%를 약간 밑도는 수입을 충당했다. 시간이 지나며 1992년까지 재산세는 전체 세수의 8% 아래로 떨어졌으며 20세기 말에는 재산세로부터 수익을 얻지 못해 소비세에 의존하기 시작했다. 2001년부터 2002년까지 도시의 264만 달러 소득 중 소비세로 143만 달러가 확보되었고, 사용세로 18만 달러를 걷었다. 오클라호마 시티가 토지 재생 프로젝트로 인해 받는 재정적 인센티브는 재산세에 의존하는 도시들과는 다르다. 만약 토지 가치를 재산세로 자본화하지 못한다면, 오클라호마와 같은 도시들은 재정 인센티브를 판매세를 높일 수 있는 프로젝트에 주력해 토지를 개발해야 한다.[28]

시는 유휴지 개발 프로젝트를 위해 브릭타운Bricktown 재개발 지역에서 가장 중요한 소매점인 바스 프로 샵Bass Pro Shops과 협의를 거쳤다. 이로 인해 이전에는 유동 인구가 적었던 도시 지역에 특화 소매점을 유치하여 고객을 끌어 모을 수 있었다. 2002년 초까지는 도시의 주요 재개발 목표가 여가 부분과 경기장, 예술 극장과 같은 공공 부분에 있었다. 그러나 11만 평방피트에 달하는 소매점을 건설하는 것은 매년 95만 명의 소비자를 유입시키는 효과가 있어서 도심을 상업 중심으로 바꿀 수 있었다. 시 당국은 바스 프로 샵이 임대할 수 있는 공간을 지어주고 자금을 조달했는데, 주된 비용은 세금을 통해 조달되었다. 이는 오클라호마가 최근 법적 제약을 거둬낸 것과 일치하고, 해당 프로젝트로 인해 특별구역empowerment zone이 별도로 지정될 수 있었다.

바스 프로 샵은 도시 개발에 혁신적인 접근일 뿐만 아니라 소비세에 의존하는 도시들의 재정적 인센티브 관계를 보여줬으며, 재산에 의존하는 도시들이 다른 방식으로도 수익을 창출할 수 있다는 것을 깨닫게 해주었다. 프로젝트를 위해 시가 바스 프로 샵 임대 건물을 지어 주었는데, 시가 건물에 대한 소유권을 가지고 있었기 때문에 바스 프로 샵은 재산세를 낼 근거가 없었다(도시의 자본 증가 프로그램에서 상대적으로 낮은 평가를 받았다). 그러나 도시의 재정은 크게 증가하는 효과를 거둘 수 있었는데, 이는 전문점인 바스 프로 샵에 매년 100만 이상의 소비자가 방문했기 때문이었다. 이렇게 벌어들인 소비세는 이전에 재산세로부터 충당하지 못했던 부족분을 충분히 상쇄할 수 있었다.

오클라호마의 경제 발전 촉진에 대한 접근은 시 공무원의 논평에도 강조되어 있다. "우리를 움직이게 한 것은 소비세이다." 오클라호마 시의 관할구역은 607.8평방 마일로 굉장히 넓다. 시의 관할 구역 중 특히 경계 지역은 경제적 개발 가능성이 크기 때문에 경계 지역의 도심을 경제 활성화 지구로 만드는 것이 목표가 되었다. 하지만 시의 경계에서는 '월마트 전쟁 Wal-Mart Wars'과 같은 교외의 대형 할인점들의 출혈 경쟁이 발생할 수 있다. 그럼에도 도시 재생과 재개발은 바스 프로 샵 프로젝트가 강조한 것과 같이 중요한 의의를 갖는다.

오클라호마 시의 광대한 토지 개발 전략은 도시의 경계 지역에 판매점들이 입점을 장려하는 한편, 도시 중심에는 문화, 오락, 야간 문화에 관련된 시설들을 건설하였다. 400만 달러의 다운타운 개발 프로젝트에는 아트 센터와 아레나 경기장이 포함되어 있는데, 이곳은 보행자와 이용자가 잘 접근할 수 있도록 설계하는 데 중점을 두었고 판매 시설에도 신경을 썼다. 도시는 기반시설과 주도 개선 프로젝트에 필요한 300만 달러를 조달할 목적으로 소비세를 1센트 증가시키는 투표를 진행했다. 이 전략은 도시의 수도권 프로젝트의 일부이다. 도심에 대한 관심을 증진시키고 1센트 소비세로 자본을 확대할 뿐만 아니라 판매점들을 유치해 소비세를 증가시키는 것 등이 포함되었다.

소득세 도시들의 전략 행동

소득세 도시들은 개인이나 기업의 수입 증대를 위해 유휴지를 전략적으로 활용한다.

"고소득자와 대기업을 유치하자!" 소득세 기반 도시들의 정책적 전략은 도시가 소득세를 징수하는 방법에 따라 두 가지 유형 중 하나이다. 고용된 곳을 기준으로 개인에게 부과하는 세금인 경우, 도시들은 유휴지를 고소득자들이 근무하는 회사로 개발하고자 한다(예: 대기업 본사, 법률사무소, 병원, 재무, 보험, 부동산 건물). 거주하는 주민들의 소득에 세금을 부과하는 경우, 유휴지를 주거 단지와 오피스 건물로 바꾼다(주민들과 고소득자들을 동시에 유치하기 위해).

몇 가지 시나리오를 생각해 볼 수 있는데, 첫째로 도시가 주민에게 소득세를 부과하는 경우(회사원이나 통근하는 자들은 제외), 그리고 그 세금이 이웃 도시보다 높은 경우를 생각해보자. 이런 도시들에서 우리는 도시의 가장 중심에는 대기업 본사와 같은 오피스 공간이 있을 것으로 기대한다. 실제로 오피스 타워가 있기 때문에 도시의 경계에 가까울수록, 고소득자들이 사무실 이웃 도시로 이전하도록 할 것이다. 게다가 도시는 고소득자들이 그곳에 거주할 것이라는 가정 아래 오피스 타워 주변에 고부가 가치 건물을 짓도록 토지를 보호할 것이다. 소득세 도시에서는 재산세와 같은 재산 가치를 거주민에게 요구하지 않기 때문에 거주민 개개인은 효율적인 경제생활을 영위하고자 주거지를 도시의 경계 쪽으로 선택하는 것이다. 장기적으로 도시는 주거지들을 오피스 근처에 위치시켜 통근 비용을 절감시킬 수 있는데, 고소득자들이 개인의 복지를 위해 도시 구역 내로 이동할 것이기 때문이다. 이때 개인의 소득세 비용은 이동 비용을 포함할 수 있고, 그들이 누리는 공공 서비스 비용에 해당하기도 한다.

〈그림 3-5〉를 보면, 도시 A는 고소득 주거지역을 전문직 오피스 타워 근처로 옮겨 교통 비용을 줄일 수 있다. 고소득을 받는 주민들은 고소득을 받는 직장 옆에 거주하기를 원하기 때문에 도시들의 유휴지 개발과 필지 계획에 대한 정책적 전략은 고소득 주민들을 유인하는 것이다. 도시 B, C, D의 경우 도시 A의 경계에 가까운 유휴지를 주거 목적으로 개발한다. 이런 도시들의 가장 합리적인 의사 결정은 가능한 도시 A의 경계에 가깝게 고소득자들을 유인하는 것이다. 이런 전략은 그들의 주민에 부과하는 소

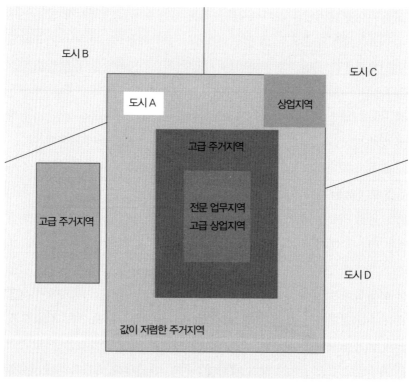

그림 3-5. 통근세 없는 소득세에 의존하는 도시에서의 토지이용 가상공간 분배

득세를 더 증가시킬 수 있다. 도시 A의 정책적 전략은 전문가 오피스 빌딩들을 짓고 그 건물 주변에 주거지를 개발하는 것이다.

다음으로 고용된 곳을 기준 삼아 소득세를 부과하는 도시를 가정해보자. 도시의 인센티브는 도시 중심뿐만 아니라 도시 어디든 유휴지를 기업용으로 개발하는 데 있을 것이다. 고급 건물을 지어 고소득자들을 유인하려는 전략은 여기서 유효하지 않다. 이런 도시들이 수익을 얻는 방법은 주민들의 세금이 아니기 때문이다. 그보다는 이 도시의 영역 내에서 일하는 자들의 소득일 것이다. 이 수익은 도시 공무원들의 의사 결정에 영향을 미치는데, 예를 들어 연금 소득과 자본 소득에 세금을 부과하지 않는 경우,

유휴지를 은퇴자들을 위한 커뮤니티로 개발하는 것은 현명하지 못한 결정이다. 사실 세금 수입이 없는 애리조나, 플로리다, 텍사스의 중심에는 은퇴자들의 커뮤니티가 성장하고 있다. 소득세 도시들은 '고급 주거 단지'에 사는 주민들이 은퇴하기보다 고소득을 올리기를 바란다.

그럼에도 불구하고 도시의 정책적 전략은 수익을 극대화하는 것뿐만 아니라 비용을 최소화하는 것이기 때문에 도시는 거주자의 혼합을 원한다. 이는 오직 주민들에게서만 세금을 받는 도시와 다른 점이다. 고급 주택을 짓는 주민들은 도시의 경계 밖에 짓는 것을 꺼려하는데, 왜냐하면 소득세가 도시의 거주지 기준이 아닌 고용을 기준으로 삼기 때문에 도심 밖에 거주한다고 해도 절세 효과를 누리지 못하기 때문이다. 그래서 도시들은 유휴지를 주거지로 개발하는데, 이는 개인이 계속 도시 내에서 일하게끔 만드는 유인책이다. 도시는 모든 인센티브와 보조금으로 유휴지가 근무 환경을 갖춘 장소가 되도록 개발한다. 하지만 인근 도시들의 소득세율이 도심의 세율과 같다면 이런 형태의 세금 부과는 위치를 결정하는 데 아무 영향을 주지 못한다. 따라서 유휴지를 이용하거나 재활용하는 의사 결정에는 수익을 극대화하는 방향뿐만 아니라 비용을 최소화하는 전략으로 간주되어야 한다.

시애틀: 유휴지와 사업 및 점유세

시애틀Seattle의 주된 세금 수입원은 소비세와 사업 및 점유세(B&O), 그리고 재산세이다. 사업세 및 점유세는 도시 내에서 영업하는 모든 사업체의 총수입에 부과되는 세금으로 법인 소득세 개념과 유사하다. 소매업, 판매, 인쇄업, 출판업은 총 수입의 0.215%를 세금으로 부과하는 반면, 전문 서비스는(예: 재무, 물리치료사, 회계사, 변호사) 0.415%를 부과한다. 주 정부는 지자체들이 소매와 사용세에 대해 0.5에서 1%(음식은 제외)를 부과할 수 있게 허용했다. 시애틀은 1%의 소비세를 부과하는데, 여기서 15%를 킹 카운티King County에 납부한다. 그래서 순 세율은 0.85%라고 할 수 있다.

시애틀의 세금 수입 구조에서 가장 큰 부분을 차지하고 가장 중요한 세금은 사업 및 점유세이다. 이는 소비세와 비교해 "경제 성장세가 강한 시기에는 빠르게 증가하고, 감소 또는 침체의 시기에는 더 느리게 증가했다."[29] 1997년 소득세가 전체 수익의 8.8%를 차지할 때 사업 및 점유세는 11.3%를 차지했다. 같은 해 재산세는 157만 달러였는데, 이는 도시 세금 수익의 33%로 1988년 37%를 차지했던 것과 비교해 더 떨어졌다. 1997년 157만 불을 기록한 재산세는 1996년 대비 5.7% 성장한 기록이었다.[30]

〈그림 3-6〉은 지난 10년 간 도시의 주된 세금 수입원을 기록한 것이다. 재산세 부과금의 증가는 연간 6% 정도로 제한되는데(신축 건물은 제외), 만약 60%의 유권자가 동의하면 이를 초과할 수도 있다. 모든 부동산은 균일한 세율과 전체 시장 가치를 기준으로 세금이 부과된다. 1998년 재산세율은 0.369%로 제한되었다(천 달러당 3.693달러). 토지 시장의 수요가 급증하고 신축 및 리모델링 건물에 대한 수요가 상승하면서 재산세는 소비세와 사

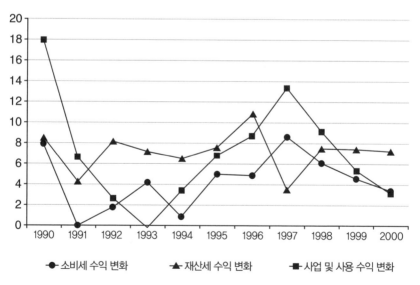

그림 3-6. 주요 세금 수입원으로 본 시애틀 세입 징수액의 연간 백분율 변화(1990~2000년)

업 및 점유세 수익을 초과했다. 인구 성장과 고용 증진으로 인해 도시의 수익 구조가 개선되었고, 유휴지의 공급도 활용 가능한 토지의 4% 수준으로 감소됐다.

피닉스와 마찬가지로 시애틀도 재산세 외의 수입이 2/3를 차지한다. 그러나 두 도시의 유사점은 그뿐이다. 시애틀이 유휴지를 이용하고 재활용하는 논리는 피닉스나 다른 애리조나의 도시들의 토지 합병 및 쇼핑몰 전략과는 사뭇 다르다. 시애틀은 육지로 둘러싸여 토지를 합병할 수 있는 가능성이 매우 적다. 사업 및 점유세는 가능한 많은 토지를 상업 시설로 바꾸길 요구한다. 시애틀은 1999년 처음 실행된 다가구 주택에 대한 재산세 감면 외에는 재정적 인센티브를 제공할 수 없다. 그러나 제한된 재산세 법 때문에 도시는 시내와 지정된 도심지에 있는 사무용 건물의 수와 상업용 부동산의 양을 늘리는 것에 매우 큰 관심을 갖고 있다.

사업 및 점유세는 고급 서비스를 포함한 서비스에 부과되는 세금으로 주민과 비거주자 모두에게 부과되는 세금이기 때문에 소득세를 비거주자에게 부과하는 도시의 정책적 전략과 같은 효과를 기대할 수 있다. 다시 말해서, 고부가 가치의 건물을 짓는 것만큼 고소득(혹은 높은 사업 및 점유세)을 내는 기업을 도시 내에 유지하는 것이 중요하다. 사실 도시의 수익 구조는 재산세보다 사업 및 점유세와 소비세에 의존하기 때문에 정책 결정자들은 비공간적 정책(소득세 도시에서 중요)보다 상업 및 전문 시설의 공간적 위치에 초점을 맞추고 있다.

다른 중심 도시들처럼 시애틀도 도시 내 비거주 직원들에게도 일반적인 서비스를 제공한다(예: 화재 보호, 공공 안전, 가로등, 보도). 많은 도시는 비거주자로부터 세금을 확보하는 전략을 채택하는데 종종 비거주자에게도 소비세와 소득세를 부과한다. 사업 및 점유세는 모든 상업적 거래(전문 서비스를 포함)에 부과한다. 그리고 도시가 비거주자에게 세금을 전가하는 데 꽤 좋은 선택이다. 예를 들어, 도시 관리 및 계획 부서는 사업 및 점유세를 납부한 기업들 중 12% 이상이 도시에 거주하지 않는 것으로 추정했다.

도시 내 소매점의 소비세와 사업 및 점유세의 조화는 도시의 정책 결정 자들에게 전통적인 도심CBD뿐만 아니라 도시 경계에도 상업 시설들을 개발하고자 하는 유인을 제공한다. 도시 내 경계부의 상업 시설은 도시의 주민들뿐만 아니라 비거주민들도 소비자로 유인할 수 있다. 비거주민들은 중심 도시의 소비세에 기여할 수 있다. 도시의 중간 관리자들은 서비스를 제공하는 비용이 주거 지역으로부터 받는 재산세를 초과한다고 지적한다. "당신이 고급 주택을 가지고 있더라도 도시는 사업 및 점유세와 소비세를 필요로 한다. 그렇지 않을 경우 수익이 부족하기 때문이다." 도시 수익의 1/3은 시애틀 중심부에서 나오고, 나머지 1/3은 일부 상업 시설과 산업 시설에서 나온다.

도시 내 중요한 상업 활동이 발생하는 북부와 남부 경계에 있는 네 곳 (동부와 서부의 경계는 각각 워싱턴 호수Lake Washington와 퓨짓 사운드Puget Sound이다)의 사업 및 점유세와 소비세 자료는 유휴지에 대한 이용과 재활용에 대한 정책

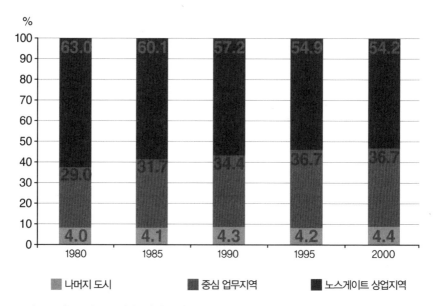

그림 3-7. 인구조사로 본 시애틀의 사업 및 점유세 수익
출처 : 시애틀에서 제공한 자료를 재가공

적 전략을 지지한다. 〈그림 3-7〉은 CBD, 노스게이트 지역(북동부 코너)과 나머지 지역의 원래 사업 및 점유세 수익을 보여준다. 〈그림 3-8〉은 도시의 북부와 남부 경계에 있는 네 곳의 상업 시설 내 소비세 수익을 보여준다. 도시 예산과가 발표한 사업 및 점유세 자료는 도시 전체 인구 통계적 자료인 그들의 고용 형태(사업 및 점유세의 추정을 위한), 그리고 인구(소비세 추정을 위한)와 관련이 있다.[31]

〈그림 3-7〉과 〈그림 3-8〉은 경계에 있는 상업 구역이 1980년대 이래

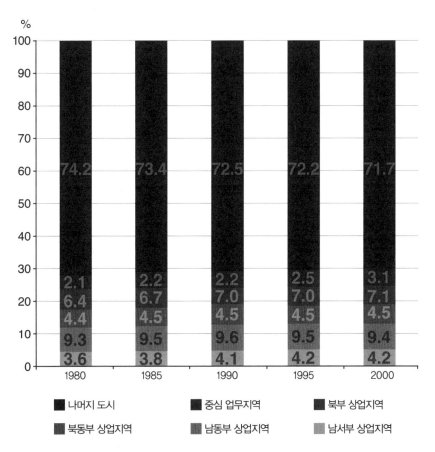

그림 3-8. 인구조사로 본 시애틀의 상업시설 내 소비세 수익
출처 : 시애틀에서 제공한 자료를 재가공

로 시의 재정에 관련된 수익에 기여도가 매우 적게 증가하고 있음을 보여 준다. 비록 이 네 개의 구역으로부터 얻는 기여도는 미미했지만, 시애틀의 도심이 놀랍도록 성장한 것은 사실이다. 수익을 창출하는 것과 관련된 것은 중요하고 네 개의 구역이 기여한 바도 있다. 실제로, 도시의 성장 중심지 캐피털 힐과 퍼스트 힐은 건강과 관련된 서비스를 제공하고, 두 도심은 전통적인 중심의 역할을 한다(시애틀 다운타운과 시애틀 센터). 이런 지역들은 1980년 전체 시애틀의 직업인 309,438개 중에서 178,373개인 57.6%를 차지했다. 1990년에는 그들은 도시 전체 386,187개의 일자리 중 230,744개를 차지했고(59.7%), 2000년 자료에서는 전체 도시의 431,491개 중 260,659(60.4%)개로 증가했다.

도시 중심 지역의 고용 기회는 사업 및 점유세 증가에 따라 계속 증가할 것으로 예측된다. 도시의 예산은 1998년 서비스 분야로부터 약 30만 불의 사업 및 점유세 수익을 확보했는데(전체 사업 및 점유세의 32%에 해당한다), 이는 1988년 25%에서 증가한 수치이다. 만약 도시의 중심 지역이 전체 세금 수입에서 제외된다면, 경계부는 도시 재정에 중요한 기여 지역으로 부상할 것이다.

〈그림 3-9〉는 〈그림 3-7〉과 〈그림 3-8〉의 막대그래프('도시의 나머지 부분' 자료는 제외)를 공간 형태로 보여 주고 도시의 1인당 소득 자료를 인구 통계로부터 가져 와서 중첩시킨 것이다. 도시의 네 구역에 소매점들을 설립하는 것은 주변 지자체들로부터 소비세를 가져올 수 있도록 한다. 게다가 고급 주거 지역은 일반적으로 도시의 중심인 북부 지역에 있는 반면, 남쪽 끝 지점은 중간 정도의 소득을 가진 주민들이 거주한다. 시애틀의 복합적인 사례는 토지세 역학 구조의 단순한 사례와는 다르다(피닉스 사례와 비교). 소득에 따른 주민들의 배치는 가상적 모델과 일치하지 않는다(저소득층이 북쪽과 남쪽 끝에 거주할 것으로 예측).

따라서 도시에 있는 유휴지를 다시 활용하는 전략은 복합적인 수익 시스템을 반영한다. 도시는 전문 오피스 빌딩과 고급 상업 시설을 도시 중

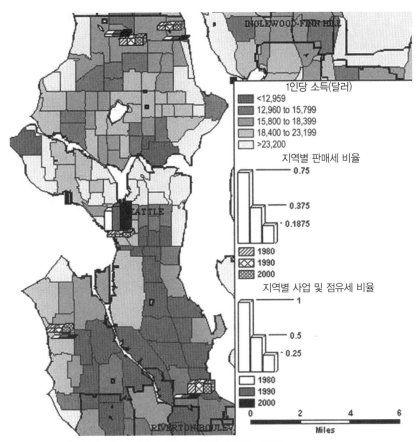

그림 3-9. 수입 구역에 의한 시애틀의 추정 소비세와 사업 및 직업세

심에 배치에서 20년 동안 도시 CBD에서 사업 및 점유세가 증가했다〈〈그림 3-7〉〉. 1980년부터 사업 및 점유세 수집된 그래프는 도시 전체의 사업 및 점유세의 비율이 점차 증가하고 있음을 보여준다. 〈그림 3-9〉는 소득 집단에 따른 도시의 인구 통계와 사업 및 점유세와 소비세 비율을 1980, 1990, 2000년을 구분해서 보여준다. 이는 〈그림 3-7〉과 〈그림 3-8〉의 내용을 포함하며, 다섯 개의 공간적 범위(도시에 있는 네 개의 구역과 CBD)에 고용 과 소비를 보여준다. 각 막대그래프의 높이는 1980, 1990, 2000년, 각 해

의 소비세 소득 또는 총 사업 및 점유세의 비율을 보여준다. 이 지도는 네 개 구역에 있는 소매점 개발이 20여 년 동안 급속히 증가해왔음을 보여준다. 도시의 소비세 소득이 같은 기간 동안 크게 증가하지 않았음에도 말이다. 게다가 시애틀 CBD의 소비세가 작은데 비해 각 구역의 소비세 막대그래프는 굉장히 크다. 이에 대해서는 5장에서 다시 논의할 것이다.

필라델피아의 버려진 건물 이야기

2000년 필라델피아Philadelphia의 일반 기금에서 발생한 15억 달러의 자체 수입 중 10억 달러 이상이 주민과 비거주자 모두에게 부과된 소득세에서 비롯되었다(소득, 수입, 순수익 세금). 도시수익위원회의 최고 의사 결정권자는 소득세의 38% 정도가 비거주자로부터 추정된 것으로 추측하였는데, 같은 해 재산세는 일반 기금에 3억 5천만 달러 정도를 기부했고 소비세는 1억 달러 이상 확보되었다.[32]

필라델피아가 소득세에 상당 부분 의존하는 것은 고소득 회사원들을 유인하는 전략을 개발하도록 했다. 소비세가 소득세보다 도시에 훨씬 적은 수익을 주기 때문에, 도시의 정책적 전략은 소득세의 비교 우위를 반영해야 할 것이다. 그렇기에 상점과 상업 개발은 전문직 오피스를 만드는 것보다 덜 생산적인 유휴지 활용 방안이다. 도시에 가장 좋은 선택은 고급 주거지에 거주하게 될 고소득 전문직들을 위한 사무용 건물을 개발하는 것이다. 재산세는 평가 가치의 3.7%로, 시장 가치의 24%에 해당한다.

필라델피아 시는 31,000개의 유휴지가 도시 영역 내에 있는 것으로 추산한다. 유휴지를 재개발하는 것은 도시의 근본적인 수익 구조, 즉 소득세에도 영향을 받는다. 도시가 세금의 상당 부분을 비거주자들에게 징수하기 때문에 도시의 수익 극대화 전략은 고소득 거주자들을 위해 유휴지를 활용하는 것이라 할 수 있다. 전문직 건물들을 짓거나 보유하는 것은 필라델피아에 적합한 전략이다. 특히 필라델피아의 시장 에드워드 렌델Edward Rendell은 도시 중심에 오피스 지역을 개발할 것을 주장했다. 저소득 주거

지역에서 추구하는 전략은 수익을 극대화하는 것이 아니라(도시 내 유휴지를 주거 지역으로 바꾸고자 하는 시장 수요는 꽤 적다), 비용을 최소화하는 것이기 때문이다.

빈 주거용 부지는 재산세 수입은 사실상 거의 없고, 고소득자들은 유휴지에 대한 염려가 없는 도시의 북서부나 북동부 지역에 살고 싶어 한다. 도시의 거주지(주로 연립 주택)가 계속해서 버려지며 더 많은 토지가 활용 가능해졌고, 교외지역에 있는 주거지들은 고층 빌딩으로 대체되고 있으며, 대부분은 철거될 예정이다. 시는 그로 인해 발생하는 부지를 이웃들에게 옆 뜰이나 주차 공간으로 구매하도록 장려한다.[33] 이런 부지의 대부분은 세금이 연체되어 있고, 더럽고 안전하지 않기 때문에 시는 별도의 비용을 투자해 문제를 해결해야 한다. 하지만 대부분의 세금 징수는 시에서 해결할 수 없기 때문에 손실이 발생하게 된다. 구체적으로 재산을 주인에게 돌려주는 전략은 페어몬트 벤처스Fairmont Ventures의 추정에 따르면, 단지 80달러 정도의 재산세만을 부과할 수 있기 때문에 수익을 최대화하려는 전략보다는 비용을 최소화하는 전략이 필요하다. 예를 들어, 도시는 유휴지를 깨끗하게 유지하는 데 매년 180만 달러에 가까운 비용이 든다고 예측하는데, 이것은 다 허물어져가는 집들을 철거하는 비용인 800만 달러는 제외된 금액이다.[34] 유휴지 문제의 또 다른 해결안은 가드닝으로, 이는 4장에서 더 깊이 있게 다룰 것이다. 펜실베이니아 원예협회The Pennsylvanian Horticultural Society는 유휴지에 원예를 제안하고, 도시 내 활용되지 않는 수백 개의 필지들을 공원으로 성공적으로 바꿨다. '도시 미화'로의 접근은 도시의 이미지를 개선할 뿐만 아니라 인근 지역의 재산의 노후화를 줄이고 재산 가치를 유지할 것으로 기대된다.

〈그림 3-10〉은 필라델피아 시와 시장 렌델의 8년 임기 동안 중심업무지구CBD를 중심으로 개발하는 1999년의 유휴지를 보여준다.[35] 점의 크기는 부지의 시장가치를 반영한다. 가치가 높은 유휴지들은 두 강 사이에 있는 도심 비즈니스 지역에 집중되어 있다. 〈그림 3-5〉에 제시된 모델과 함께, 유휴지의 대부분은 전문직 오피스와 공연 예술을 위한 공간으로 개발

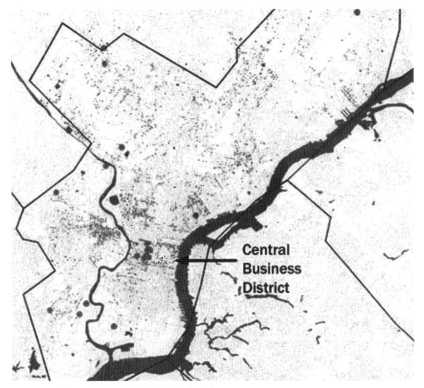

그림 3-10. 필라델피아 유휴지의 위치와 시장 가치

되었다. 도시의 수익 전략은 유휴지의 개발을 위해 고소득자를 고용하도록 하는 기업체를 유인하는 것이다. 게다가, 〈그림 3-10〉에 있는 수천 개의 작은 점들은 작고 가치가 낮은 유휴지인 철거된 저층 주거지나 공원이 있는 유휴지를 의미한다.

오피스 타워와 고급 주거지의 개발 혹은 다른 방식의 유휴지 활용은 도시의 수익을 극대화할 것이다. 시는 유휴지의 95% 이상이 '작고' 대부분 다른 유휴지와 떨어져 있는 경우, 인접한 저층 주거지의 옆 뜰이나 '예술작품'을 위한 공간 등에 사용을 허가했다. 오피스 타워의 경우 도시 중심에 있는 대규모의 필지를 필요로 한다.

콜럼버스의 유휴지 관리

콜럼버스는 오하이오 주에 있는 540개의 다른 지자체와 마찬가지로 소득에 따라 세금을 부과한다. 도시 내에서 사업을 하는 사업체의 순수익에도 세금을 부과하고 도시 경계 내에서 일하는 사람들의 주거지가 도시 바깥이더라도 모든 소득에 세금을 징수한다. 모든 도시는 소득과 수익에 1%를 세금으로 부과하도록 시의회가 결정했다. 이 세율을 높이기 위해서는 투표가 필요하다.

1967년, 소득세는 콜럼버스 전체 수익의 46%가 채 안 되었다.[36] 2000년까지 도시의 소득세 부과금(현재 소득세율은 2%이다)은 2000년 일반 기금으로 총 3억 1,800만 달러를 획득했는데, 이는 일반 기금 수익의 63%에 해당한다. 도시가 비거주자로부터 걷는 세금은 1999년 1억 3,000만 달러에 달했다.[37] 재산세는 그보다 현저히 적은 3,700만 달러로, 이는 2000년 일반 기금 수익의 10%가 채 되지 않았다.[38] 콜럼버스에서 토지 이용 프로젝트 이면에 있는 재정 수익은 토지와 건물이 만드는 수익에서 미미한 수준이지만, 주로 얼마나 고용을 창출하는가가 수익을 결정한다.

콜럼버스는 오하이오 주의 주도로 주에서 가장 큰 학교가 있는 곳이다. 2장에서 언급했듯, 도시 관할권 내에 비과세 토지와 건물이 많다. 비록 콜럼버스의 비과세 토지의 추정 가치가 66억 달러이긴 하지만, 콜럼버스가 과세 표준에서 국유, 비과세 토지를 제거할 경우 재정에 미치는 영향은 미미하다. 주 건물, 학교와 병원, 그 외에 비과세 토지 및 구조물 확장은 도시 개발 부서에서 지원을 받는데 이는 더 많은 직업, 직장인, 고소득자를 불러오는 효과가 있기 때문이다.

소득세에 의존하는 도시들과 마찬가지로, 콜럼버스는 도심이 쇠퇴하는 것을 막고 일자리를 창출하는 데 집중한다는 점이 중요하다. 예를 들어, 도시는 도심의 네이션와이드 경기장Nationwide Arena과 네이션와이드 엔터테인먼트 지역Nationwide Entertainment District 프로젝트에 참여하여 인프라 개선을 위한 조세 담보 기금TIF을 조성했다. 재산세 도시에 대한 수익에 대한 조세 담보 기금은 세입에 거의 의존하지 않지만, 다른 지방 정부들은(특히 학교가 있는 경우) 재산세에 의존하는 정도가 높다. 학교 지역에 높은 수익 손실이 발생할 잠재력은 정치적으로 받아들여지기 어렵고, 이 프로젝트를 위해 조성된 조세 담보 기금 지역은 학교 지역의 재산세 수익을 상쇄하지 못한다. 프로젝트의 전체 비용은 조세 담보 기금으로 만드는 기반 시설을 제외하고는 민간 부문에서 조달한다. 이는 95에이커에 달하는 유휴지 필지들을 30만 평방 피트의 상점과 여가 시설, 130만 평방 피트의 오피스 공간을 만드는 것이다. 이 프로젝트는 도시의 고용을 진작시키고 여가 목적의 지역을 활성화하며 도시에 건전한 세금 환급을 제공했다.

고용 기회를 촉진하는 데 관심이 있다고 해서 다른 유형의 활동이 중요하지 않다는 것을 의미하지는 않는다. 모든 도시는 주거 지역 청렴도와 상업 및 고용 문제 사이에 균형을 이루어야 한다. 콜럼버스 또한 웨스트 엣지 비즈니스 파크West Edge Business Park, 이스턴 타운 센터Easton Town Center와 같이, 오래된 지역들을 개선하거나 고용 기회를 증가시키는 프로젝트들에 투자한다. 이런 프로젝트들은 도시의 투자가 토지 가치를 향상시킬 뿐만 아니라 상업과 고용 기회를 증가시켜서 주변에 '활력'을 증가시킨다. 도시의 동쪽 경계부에 위치한 이스턴 타운 센터 프로젝트는 사무용 복합 건물의 확장과 함께 레스토랑, 상점을 확장한다. 1987년 시작된 1,700에이커의 프로젝트는 조세 담보 기금과 함께 비소매업에 대한 재산세 감면을 포함한다. 만 명에 가까운 사람들이 이스턴 타운 센터에서 근무한다. 웨스트 엣지 비즈니스 파크는 이전에 공공 주택이었던 도시 중심에서 남쪽으로 1마일 떨어진 곳에 위치한다. 이웃과 도시들은 새로 발생한 유휴지를 고용 기회가 많은 곳으로 바꿔서 주변을 강화시키려고 했다. 도시 재생 기금 프로그램의 일부인 이 프로젝트는 42에이커에 달하는 부분에 대한 세금을 감면하고 천여 개의 새로운 직업을 창출했다.

재산세에 의존하는 도시들이 주변 지역 활성화를 위해 재정적 조치를 취하듯이, 콜럼버스와 소득세에 의존하는 도시들도 마찬가지이다. 그럼에도 불구하고 콜럼버스의 임무는 원칙적으로 일자리, 특히 고소득 일자리를 창출하는 데 초점이 맞춰져 있다. 고소득 주민들은 도시가 주는 서비스를 소비하는 것에 비해 도시에 더 많은 수익을 가져다 준다. 그러나 고소득자들을 유인하는 전략의 중요성은 도시 경관에 따라 다르다. 재산세에 의존하는 도시들은 고소득자들이 높은 가치의 부동산을 소유한 경우에 도시 재정에 영향을 미친다. 다시 말해서, 도시에서 일하는 기업 경영자이든 교외에서 사는 경영자이든 도시의 재정에 영향을 미치는 자는 도시 내에 부동산을 가진 자이다. 도시의 재정 방향은 부동산 가치와 직접적으로 관련된다.

그러나 콜럼버스의 소득세처럼 통근자에게 세금을 부과하는 경우, 주거지와 고소득자에 대한 재정상 의무는 줄어든다. 콜럼버스는 교외 지역에 사는 경영자들을 고려할 필요가 없는데, 이는 그들의 세금은 근무지를 기준으로 부과되기 때문이다. 이런 이슈들에는 양면이 있다. 만약 A가 부동산이나 주거지를 도시 내에 가지고 있다면, 이는 도시의 재정상 의무에 대한 부차적인 문제가 된다. 재정상 의무는 A가 콜럼버스에서 일을 하기 때문에 유효하다. 따라서 유휴지를 고용 창출을 목적으로 활용하는 것이 선호된다.

토지-세금 역학 관계의 반영

토지-세금의 역학 관계에서 우리는 기본적인 논의를 시작했다. 도시들은 그들의 수익을 극대화하거나 비용을 최소화해서 주민들의 개인적 및 집단적인 요구를 충족시키려고 한다. 이렇게 함으로써 선출된 지도자들은 재당선이 될 가능성이 높아진다. 유휴지를 개발하는 의사 결정은 어느 정도 정치적 전략으로 그들이 원하는 목적을 달성 가능하게 한다. 유휴지는 도시들에게 기회를 제공한다. 우리가 주장한 것은 도시가 유휴지를 개발하는 의사 결정은 그들의 수익 구조와 밀접한 관계가 있다는 점이다.

이 장에서 우리는 세 가지 기본적인 세금 구조를 살펴봤다. 재산세, 소비세, 소득세. 여기에 제시된 도시 중 어느 도시도 이들 중 완전히 한 가지 유형에 속하는 곳은 없다. 미국 내 모든 도시들이 그러하듯 이들은 혼합된 수익 구조를 가지고 있다. 그러나 도시들은 그들의 다양한 세원에 대한 의존도가 다르고 유형에 따라 합리적인 측정 방식이 다르다. 이런 수익 구조의 차이에 따라 유휴지를 활용할 때, 각각 다른 정책적 전략을 사용해야 한다.

공간적 원천에 따라 수익 자료를 수집하는 것은 어렵지만, 문제적 모델의 검증을 통해 수익을 예측할 수 있다. 결과적으로, 이런 관계는 더 많은 도시의 사례와 함께 통시적 분석을 요구하지만, 공간적 수익 구조는 가설적 패턴과 밀접한 관계를 보이며 유휴지의 개발 논리를 지지한다. 그리고 도시들의 사례를 범주화하자면, 콜롬비아와 캠든의 초기 개발 사례, 템페·피오리아·오클라호마의 사례, 시애틀·필라델피아·콜럼버스의 사례로 나눌 수 있다. 또한 앞에서 살펴본 사례들이 타당하다면, 유휴지를 개발해 비용을 최소화하고 수익을 극대화하는 것이 시민의 삶을 윤택하게 만들어줄 수 있으므로 우리는 도시의 수익 구조를 파악할 수 있어야만 한다.

토지-세금(또는 공간-수익) 이면에 있는 정치적 논리가 유휴지의 특정 필지의 이용과 재활용에 대한 중요한 결정 요소들을 설명한다고 할지라도, 도시의 정책과 전략이 언제나 가설과 일치하는 것은 아니다. 예를 들어, 소비세에 의존하는 도시들이 왜 유휴지의 필지들을 소매점 목적으로 개발하지 않고 대신 여가 목적 공간을 만들어서 추가적인 소비세 확보를 하지 않는 것일까? 비록 도시가 수익을 최대화하거나 소비를 최소화하려는 전략이 도시가 커뮤니티의 복지를 극대화하기 위해서 유휴지를 이용하고 재활용하는 의사 결정에 중요한 예측 요소이긴 하지만, 도시의 유휴지와 토지 활용 정책은 두 가지 다른 요인에 제한을 받는다. 첫째, 도시는 사회적 개입을 최소화하고 주민과 기업의 재산 가치를 보호한다. 둘째, 도시는 도시의 경제적 활력을 증가시키거나 유지해야 한다. 이제 우리는 도시의 수익을 극대화하는 전략의 제약들에 대해 4장과 5장에서 살펴보고자 한다.

1. 저자에 의해 계산되었으며 종합적인 과세 권한은 다음을 참조. Michael A. Pagano, *City Fiscal Conditions in 1999* (Washington, D.C.: National League of Cities, 1999), appendix A, and revised by the authors; city population figures are from the U.S. Bureau of the Census, 1990.

2. David Weimer and Aidan Vining, *Policy Analysis* 3rd ed. (Upper Saddle River, N.J.: Prentice Hall, 1999).

3. 통신 판매의 경우, 세율은 고객들의 거주지를 기준으로 하는데 거래가 그곳에서 발생되었다고 간주하기 때문이다.

4. 재정과 정치적 논의는 다음에서 이루어졌다. Michael A. Pagano "Metropolitan Limits: Intrametropolitan Disparities and Governance in US Laboratories of Democracy," in *Governance and Opportunity in Metropolitan America*, ed. Alan Altshuler, William Morrill, Harold Wolman, and Faith Mitchell (Washington, D.C.: National Academy Press, 1999), 253-92.

5. 토지 활용의 재정화에 대한 논의는 다음을 참조. Paul G. Lewis, "Retail Politics: Local Sales Taxes and the Fiscalization of Land Use," Economic Development Quarterly 15, no. 1 (February 2001): 21-35; and Robert W. Wassmer, "Influences of the 'Fiscalization of Land Use' and Urban-Growth Boundaries," California Senate Office of Research, Sacramento, August 2001 (revised).

6. 다음의 자료 참조. e.g., Helen Ladd and John Yinger, *America's Ailing Cities* (Baltimore: Johns Hopkins University Press, 1989).

7. Ladd and Yinger, *America's Ailing Cities*, 51.

8. 이용세를 활용하기 위해서는 소비자들의 위치를 파악할 수 있어야 하는데, 이러한 이용세들은 비용이 많이 드는 품목으로부터 효과적으로 징수될 수 있다.

9. Ladd and Yinger, America's Ailing Cities, 54.

10. California returns one cent to the city in which the sale originated.

11. 다음의 자료 참조. e.g., Nonna Noto, "Local Income Taxes on Nonresidents in the Nation's 25 Largest Cities," *Congressional Research Service memorandum*, March 4, 2002 (draft).

12. Michael A. Pagano and Richard G. Forgette, "Regionalism and Municipal Tax Structures: Assessing Tax-Base Sharing in Ohio Metropolitan Areas," paper presented at the annual meeting of the Association for Budgeting and Financial Management, Kansas City, October 10, 2002.

13. Michael A. Pagano and Richard G. Forgette, "Regionalism and Municipal Tax Structures: Assessing Tax-Base Sharing in Ohio Metropolitan Areas," paper presented at the annual meeting of the Association for Budgeting and Financial Management, Kansas City, October 10, 2002.

14. National Association of State Budget Officers, Fiscal Survey of the States, December 2000 (Washington, D.C.: National Association of State Budget Officers, 2000).

15. New York City Independent Budget Office, Big City, Big Bucks: NYC's Changing Income Distribution" (New York: New York City Independent Budget Office, 2000), 5.

16. New York City Independent Budget Office, Big City, Big Bucks, 1.

17. Paul Peterson, City Limits (Chicago: University of Chicago Press 1981).

18. 두 단계의 조세 체계를 적용한 정치적 전략은 다음의 논리를 따르지는 않는다. 유휴지의 소유주나 가치가 상승된 필지의 소유주는 토지에 관한 아주 높은 세금을 납부하여야 한다. 지자체는 경찰서와 같은 보건과 안전을 위한 곳을 제외하고, 유휴지나 유휴 건물을 개발하기 위해 약간의 완화된 인센티브를 제공해야 한다. 수익 증대 인센티브보다 최소 비용의 인센티브는 이중 조세 체계를 통해 유휴지를 재개발하는 유인책이 될 것이다.

19. City of Columbia, Planning and Development Services, Columbia, SC Demographics, Development and Growth, March 2001; www.columbiasc.net/city/adobeforms/grfinl01.pdf (May 2002).

20. 시 행정 담당관과의 인터뷰, Leona Plaugh, January 2002.

21. Neil Smith, Paul Caris, and Elvin Wyly, "The 'Camden Syndrome' and the Menace of Suburban Decline: Residential Disinvestment and Its Discontents in Camden County, New Jersey," Urban Affairs Review 36 (March 2001): 497-531.

22. Camden Department of Development and Planning, Overall Economic Development Program 1998–2004 (Camden, N.J.: City of Camden, Department of Development and Planning, 1998).

23. 뉴저지의 다른 도시들과 다르게 캠든은 조세 체계가 미약하여 기초적인 공공 서비스 운용을 위한 재정을 주에 의존할 수밖에 없었다. 1994년에는 시의 3분의 2정도 되는 수입이 주의 지원금으로부터 왔고 재산세가 그나마 시의 가장 큰 수입원이 됐다.

24. 캠든 시의 걱정은 경제가 아니라 주의 감독 위원회와 마찰이었다. 자세한 내용은 다음을 참조, Judith Havemann, "A City that Good Times Forgot: Blighted Camden, N.J. Reflects Inner Cities' Resistance to Renewal," Washington Post, April 1, 1999, A3.

25. 다음의 자료를 참조할 것, Camden Department of Development and Planning, Overall Economic Development Program 1998-2004.

26. 보고서에 기록된 사항들: "Although real estate taxes comprise over two-thirds of locally generated revenues, the City does not rigorously enforce collection, with the result that it receives only about 77% of its levy on a current basis. Out of the 26,668 parcels of land in the city, nearly three out of ten (7,786) are in serious tax arrears. Delinquent taxes increased steadily in the 1990s, and there is

now more than a full year's municipal taxes in arrears" (City of Camden, Multi-Year Recovery Plan, Fiscal Years 2001-2003, 2001, p. 3; www.state.nj.us/dca/camdensummary.pdf [June 1, 2003]) The report goes further and claims that roughly 65 percent of Camden's 2001 operating budget is supported by state aid. In effect, then, the strategic behavior of the City of Camden in reusing its vacant land appears not to support the expected strategic behavior of cities that depend on the property tax, as comes to depend less on the property tax and more on state aid.

27. 더욱 자세한 도시의 판매세에 대한 내용과 "Sales Tax Canyon"에 대해서는 다음을 참조할 것, William Fulton, *The Reluctant Metropolis: The Politics of Urban Growth in Los Angeles* (Baltimore: Johns Hopkins University Press, 1997).

28. City of Oklahoma City, Department of Finance, *FY2001-2002 Budget Revenue Summary*, 2002; www.okc-cityhall.org/ (May 2002).

29. City of Seattle, *Comprehensive Annual Financial Report*, 1997 (Seattle: City of Seattle, 1997), 19.

30. Data are derived from the City of Seattle, *1999-2000 Proposed Budget*; www.ci.seattle.wa.us/budget/99_00bud/REVENUE.htm (March 2001).

31. B&O와 소매판매세의 출처는 부정확하고 확실하지 않다. 그렇지만 시 재정부서의 분석가들과 의논한 결과 고용의 장소(출처)는 정확하지 않더라도 B&O 세금 출처를 위해 적절히 대응될 수 있어야 한다는 것이다. 퓨짓 사운드 지역 위원회로(PSRC)부터 고용 자료를 얻을 수 있었는데 판매세의 출처는 수집되지 않았다. 그리고 대부분의 판매세는 거주지와 연관되어 있을 것이라 는 추측에 판매세 수입은 인구 자료에 따른 국세 조사에 맞게 할당되었으며 인구수 조사와 추 정치들은 PSRC에 의해 작성된 것이다.

32. City of Philadelphia, *Comprehensive Annual Financial Report*, 2000; www.phila.gov/atservice/reports/annual99 (June 2000).

33. 당연히 관료적 형식주의가 문제이고, Mark Allan Hughes는 15개의 공공 에이전시들에 필라텔 피아의 유휴 자산을 책임져야 한다고 말하였다, ("Dirt Into Dollars," Brookings Review, summer 2000, 36-39). 황폐화된 구조물들을 재개발 부서로 인가하는 데 걸리는 시간은 2년에서 6개월 로 줄었는데 이는 펜실베이니아 주의 "spot condemnation" law를 따른다. (Act 94/39) 법령은 재 개발 부서가 유휴지, 세금 체납 그리고 황폐화된 재산들에 대한 권한을 얻도록 해준다. 하지 만 spot condemnation law는 구매자나 지역 개발 회사와 연관되는 법령이기에 시는 이외의 방법 으로 법적인 소유권을 얻어야 한다. 유휴지를 인접의 소유주에게 이전하는 데는 관료적 비효 율성으로 인해 25년까지 걸릴 수 있으며 적지 않은 사례가 있다, (Stephen Seplow, "Too Many Houses, Too Few Residents," Philadelphia Inquirer, May 10, 1999, 1).

34. Seplow, "Too Many Houses," 1.

35. 63만이 넘는 필지들의 자료는 the City of Philadelphia's Board of Revision of Taxes에 의해 제공되었다.

36. 1966-67년도의 국세 조사국의 도시 재정 보고서는 소득세 수입과 다른 세금의 수입을 구분하지 않았으며 46퍼센트의 수치는 모든 다른 세수들이 소득세와 관련될 것이라고 추측한다. 이는 실제보다 과대평가된 것인데 도시는 호텔 또는 모텔의 세금을 징수하거나 기타 세금에 속하는 것들을 포함할 수 있기 때문이다.

37. Richard Forgette and Michael Pagano, "Fiscal Structures and Metropolitan Tax Base Sharing," paper presented at the annual meeting of the American Political Science Association, San Francisco, September 1, 2001.

38. City of Columbus, *City of Columbus 2002 Budget*, 2002; http://mayor.ci.columbus.oh.us/2002Budget/PDF/Financialoverview.pdf (June 1, 2003).

4장
유휴지의 사회적 가치

토지 이용과 관련된 세 가지 규범 중 아마 도시의 재정 규범이 가장 중요할 것이다. 하지만 이번 장에서는 유휴지의 사회적 가치와 관련된 규범으로 초점을 옮긴다. 2장에서 언급했듯이 도시들은 사회적 개입을 최소화하고 자산의 가치를 보호한다. 유휴지는 이런 사회적 규범을 달성하는 목적을 위해 다양하게 활용된다. 예를 들어 습지나 절벽을 생각해보자. 이런 토지는 건축이 가능한 특성을 가지고 있지 않기 때문에 영구적으로 비어 있기 마련이다.

그러나 이런 필지가 직접적인 개발 가치는 없지만 적어도 관례적인 의미에서는 높은 사회적 가치를 가지고 있다.[1] 습지와 절벽은 펜스나 장벽의 역할을 하기 때문에 한 토지를 다른 토지와 구분하여 토지 가치를 보존한다. 이와 유사하게 도시는 유휴지를 공원으로 바꿔서 다른 두 지역 사이의 완충 역할을 하게 한다. 도시의 유휴지가 한번 오픈스페이스로 지정되면, 공식적인 구역 지정zoning이 토지 가치 하락의 가능성을 차단한다. 사회적 장벽과 경계를 만들고 사회적 이익까지 창출하는 유휴지 활용은 지금까지 거의 탐구되지 않았는데, 이 장에서 해결하고자 하는 내용이다.

유휴지를 사회적 목적으로 이용하는 것은 자산 소유주에 대한 근본적인 의문을 들게 한다. 경제학자와 정치학자들은 도시의 재정 정책과 개인 혹은 기업의 입지에 대해 오랫동안 연구해왔는데, 찰스 티보트Charles Tiebout의 약 반 세기에 걸친 주장에 따르면 도시 간 경쟁이 상품 묶음에 대한 세금을 공정하게 부과하게 할 것이라고 한다.[2] 만약 세금이나 서비스가 일정 기준을 충족시키지 못한다면 사유 재산 소유자도 그들의 이익을 보전하기 위해 항의할 것이다.[3] 또한 도시는 사유 자산 가치를 보호하기 위해 경쟁한다. 윌리엄 피셸William Fischel은 티보트의 가설을 정교하게 발전시켰다.[4] 개인 투표권은 그들의 자산을 이웃들의 집단적인 효과로부터 지키고자 하는 '유권자' 논리로 움직인다는 것이다. 따라서 자산 소유주들은 이웃 효과로 인한 부정적인 결과를 줄이고자 할 것이며 유권자들은 각자 자산 가치를 지키기 위해 개인적이고 집단적인 행동을 할 것이다.

우리의 논의는 유권자들의 개인적인 수준의 동기에서 유휴지의 이용과 재활용에 대한 도시 정책으로 확장한다. 예를 들어, 시의 토지은행제도는 대부분 공원과 같은 도시의 시설물을 운영하는 데 쓰인다. 그러나 일반적으로 시 공무원들은 유휴지 과잉 공급으로 인한 축적을 꺼리는데, 이는 시장에서 매입을 하거나 세금을 통한 담보권 행사 등을 모두 포함한다. 특히 샌디에이고는 1998년 조사에서 유휴지를 가지고 있지 않다고 답했지만, 디트로이트는 3만 필지의 빈 땅과 버려진 건물들을 가지고 있다고 말했다.[5]

또한 도시들이 유휴지를 얻는 방식에서도 차이가 난다. 예를 들어 도시가 세금 압류를 통한 토지와 건물의 취득은, 로체스터의 경우 거의 100%에 가까웠고, 캘리포니아의 리버사이드는 5% 미만, 포틀랜드, 오레곤은 1% 미만이었다. 대도시(인구 10만 명 이상)의 경우 55%가 세금 연체로 인해 자산의 소유권을 확보하는 경우는 드물다고 답했다. 하지만 많은 주에서 주 정부가 미납 세금에 대한 회수권을 가지고 있었고, 도시 내 유휴지를 주가 소유하게 되는 경우가 발생하였다. 그러므로 여러 도시의 상황과 맥락에 따라 유휴지의 활용은 다양한 사회적 목적을 가지게 된다. 도시가 택할 수 있는 유휴지 활용 방법은 다양하다. 유휴지를 보호지로 활용하거나 토지를 구분하기 위한 일종의 펜스로 이용하거나, 다른 지역을 잇는 다리로도 활용할 수 있다. 뿐만 아니라 유휴지 활용을 위해 밀도를 높이는 정책을 수용하거나 반대로 밀도를 낮추는 정책을 채택하기도 한다. 한편으로 공공 용지의 경제적 가치를 위해 개발하거나 자연 자원을 지키기 위해 유지하기도 한다. 이번 장에서는 이 주제들에 대해 다룰 것이다.

심상 지도

유휴지가 도시의 물리적 구조에만 영향을 미치는 것은 아니다. 유휴지는 도시의 이미지에 영향을 미치기 때문에 도시 경관은 전체적으로 의미를 담고 있으며, 보는 사람들의 반응을 일으킨다.[6] 이런 의미들과 반응들은 위치와 관찰자에 따라 다르다. "도시 경관은 사람들을 즐겁게 하는 원천이자 일상 속 스트레스들로부터 회복하는 데 도움이 된다."[7] 같은 의미에서 도시 경관은 정신적 고통의 원천이 될 수 있다. 유휴지는 도시 경관에 긍정적인 반응과 부정적인 반응 모두에 영향을 미친다고 할 수 있다. 하지만 가장 친숙한 역할은 스트레스를 유발하는 것이다.

유휴지에 대한 생각

유휴지라는 용어는 대체로 부정적인 의미인 '버려진, 빈, 위험한'과 같은 이미지를 떠올리게 하고, 투자 가치가 없는 낡은 것을 상징한다.[8] 이런 종류의 유휴지는 관찰자로 하여금 유휴지를 지역 사회의 파괴자로 인식하게 한다. 디트로이트 프리 프레스Detroit Free Press의 보고서는 디트로이트가 소유한 유휴지를 조사했는데, 시가 소유한 유휴지로 둘러싸인 블록들은 크게 증가하고 있다. 이 공터의 대부분은 폐쇄된 건물들과 쓰레기가 버려진 부지로, 이런 유형의 유휴지는 시민에게 유휴지에 대한 부정적인 인식을 심어준다. 예를 들어 필라델피아 의원은 버려진 건물들과 방치된 유휴지들에 대해 "이곳이 점차 쇠락하게 되는 '적신호'"라고 설명했다.

시애틀의 주거와 상업 건물 안전을 관리하는 건설 토지 관리 사무국 DCLU 직원들은 유휴지의 부정적인 이미지에 대해 '깨진 유리창 이론'을 언급한다.[9] 시민들은 깨진 유리창, 관리가 되지 않은 건물, 위협 받는 안전 및 다른 문제들에 대해 DCLU에 신고하고 불편을 호소한다. 도시 안전에 문제가 되는 건물이라는 신고가 접수되면, 소유주는 이 점에 대해 바로잡아야 하고, 즉각적인 처리가 이뤄지지 않을 경우, 해당 건물은 유휴 건물 모니터링 프로그램에 등록이 되어 세 달마다 다시 확인을 받아야 한다. 소유주는 그들의 재산이 모니터링 프로그램에 등재되면 벌금을 지불해야 하며, 3분기 동안 위반 사항이 없으면 소유주의 이름은 모니터링 명단에서 제외된다. 시애틀에서는 거의 모든 불편 사항들이 등록되어 있다. 도시 분석 프로그램 자료에 따르면 778곳의 자산이 1996년부터 1999년까지 약 3년 반 동안 모니터링 프로그램에 등록, 관리되었고 그중 300여 곳이 여전히 유휴 상태로 남았으며 모니터링 리스트에는 65곳만이 남았다.

피닉스는 유휴지의 안전과 보안 문제에 대해 고심한 또 다른 도시이다. 도시의 주민 서비스 부서 관리자들은 1993년 도시에서 진행하는 포럼을 지원했고, 참여자들은 이 유휴지에 대한 환경들을 문제로 언급했다. 어떤 이들은 도시가 주인이 없어 관리되지 않는 자산들을 시가 현황 파악하길 원했고, 적극적으로 건물의 그래피티를 없애며 빈 건물을 공공 용도로 사용하길 요구했다.[10] 일반적으로 유휴지와 방치된 건물들은 지역 사회의 분위기를 해친다는 문제점이 있기 때문이다. 지역 사회 도시에 유입 또는 유출되는 주민들이 많아질수록 유휴지와 방치된 건물들은 도시를 더욱 황폐하게 만들 것이다.

도시의 물리적 구조 요소 중 하나는 도시의 가장자리 또는 경계이다. 이것들은 도시 내 흐름을 끊는 특징을 갖고 있다. 케빈 린치에 따르면 "이러한 가장자리는 장벽이 될 수 있고, 한 지역에서 다른 지역을 관통할 수 있게 하거나 없게 할 수 있으며, 두 지역을 연결시키거나 결합하는 솔기가 되기도 한다."[11] 경계는 분리되어 있지만 또한 통합될 수 있다는 것이다. 유휴지와 버려진 건물은 계층, 인종으로 사람들을 분리하는 '철도'로 알려져 있다. 즉, 유휴지는 종종 이웃들을 구분하여 거주지 사이에 경계를 만든다.

버려진 건물들과 유휴지의 물리적 경관은 우리의 심상 지도에 사회 경제적인 측면을 형성한다. 이는 휴스Hughes와 로이질론Loizillon이 말한 "정주 구조"로 "건물과 거리의 물리적 경관, 그리고 경계와 길의 사회적 경관을 의미한다."[12] 정주 구조는 물리적이고 사회적인 경계나 장벽을 인식하는 데 기여한다. 하지만 유휴지가 큰 잠재력을 가졌더라도 모두 같은 우선순위가 있는 것은 아니며, 잡동사니로 가득 찬 유휴지를 활용할 수 있다는 것은 아니다. 하지만 실제로 도시의 유휴지는 심상 지도에서 희망보다는 절망적인 요소를 더 중시한다.

테네시 사람들은 깨끗하며 잘 정돈되거나 풍부한 수목이 즐비한 오픈스페이스 또는 좋은 경치가 있는 곳을 긍정적으로 평가한다.[13] 버려지고 더럽고 관리가 잘 되지 않는 곳과 붐비는 지역에 대해서는 부정적으로 평가하였다. 이를 통해 도시의 외관을 정돈하는 방법에 대한 흥미로운 결과를 볼 수 있다. 가장 언급이 많이 된 다섯 개의 답은 오래된 건물을 개조 또는 교체하고, 쓰레기를 치우며, 공공 녹지 공간을 늘려야 한다는 것이다. 이런 답변들은 유휴지와 버려진 건물에 대한 도시의 정책에 중요한 시사점을 제공한다. 도시들은 유휴지를 긍정적인 가치를 최대화하고 부정적인 것을 최소화하며 심상 지도에 희망 요소를 더욱 심어줘야 한다는 것이다.

많은 도시의 유휴지는 주민과 커뮤니티와 연관된다. 지역 사회는 대도시의 운영 방식이 통합적인지 단편적인지에 관한 연구들과도 연관이 있다. 하지만 중요한 것은 대도시 정부들이 이익 분배에 관한 법적인 논의가 있을 때, 유휴지의 정주 구조와 같은 주거지들은 지자체의 관할에 속한다는 것이다.[14] 하지만 결국, 유휴지의 영역과 장벽에 대해 정치적으로 접근하자면 분열과 통합이라는 문제가 포함된다. 쉽게 말하자면, 개인들은 자신의 개인적 또는 가족의 욕구를 극대화하기 위해 거주지를 선택한다. 많은 경우 자녀들의 교육 욕구를 극대화하기 위한 것이다. 그러나 이런 과정은 소득과 인종 간 분리를 유발한다.

구분된 주거지와 커뮤니티가 인종 간 분리라는 목적을 가지고 있든, 개인적 복지를 최대화하기 위한 개인 선택의 결과이든,[15] 최근 인구 총조사는 비슷한 소득, 인종, 종교, 교육을 받은 개인들이 도시 내 커뮤니티를 구성한다는 것을 뒷받침한다. 도시는 비슷한 특성을 가진 커뮤니티 정체성이 위협을 받지 않는 방향으로 토지를 관리한다. 결국 완벽한 자산 가치를 위한 정책은 커뮤니티의 인종이나 소득, 계층, 종교적 유사성을 더욱 고착화시킨다.

유휴지를 이용하고 재활용하는 도시 정책은 자산 가치를 보전하거나 상승시키는 목적을 갖는다. 비록 유휴지가 아닌 장벽이나 경계(예: 길과 수로)가 분리, 또는 분리와 유사한 기능을 한다고 할지라도, 유휴지는 지역 사회의 자산 가치를 분리하고 지키는 역할을 한다. 이는 그리 놀라운 일이 아닌데 도시들은 언제나 유휴지를 '생산적'이거나 수익을 창출하는 목적으로 사용하지 않고, 토지가 비어있거나 활용되지 않는 상황에서 자산 가치를 증대시키거나 유지시키기 때문이다. 예를 들어, 오픈스페이스, 그린웨이, 공원, 놀이터와 같은 형태의 유휴지는 인종 간 혹은 계층 간의 분리를 더욱 강화한다.

이런 관점에서, 도시 공원이 단지 개방된 여가 공간이 아니라 '녹색 장벽' 혹은 '녹색 자석green magnets'의 역할인지를 검증하는 것이 더 가치가 높다. 예를 들어, 뉴욕 시의 모닝사이드 공원은 가난하고 소수자들이 사는 서쪽 할렘과 중산층과 백인이 주로 사는 모닝사이드 헤이츠 사이의 장벽 역할을 하는가? 아니면 공원이 두 이웃을 연결하는 역할을 하는가? 연구에서는 전자가 공원의 기능을 보다 적절하게 특정 짓는 것이라고 보았다. 두 이웃 집단은 거의 상호작용이 일어나지 않고, 따라서 공원이 사회적 통제의 메커니즘을 제공한다고 보았다.[16] 보스턴에 있는 네 개의 공원에 관한 연구도 이와 유사한 결과를 보이는데, 그곳의 공원들은 효과적으로 서로 다른 이웃 사이에 녹색 장벽을 만들었다.[17]

그러나 시카고를 대상으로 한 연구는 다른 관점을 보여준다.[18] 갑스터Gobster의 연구는 시카고의 북쪽 끝에 위치한 워렌 공원이 백인과 다른 인종의 경계로 작동하지만, 장벽의 역할은 아님을 밝혔다. 이 공원은 장벽보다는 자석으로 작동하며 주변 지역의 주민들에게 사회적이고 문화적인 다양성을 제공한다. 외적, 내적 조건들은(예: 안정적인 지역 사회 집단과 활발한 공원 관리) 워렌 공원이 갖는 통합적 역할을 더욱 강화한다. 시카고는 오픈스페이스나 공원이 반드시 장벽의 역할만 하는 것이 아님을 발견한 것이다. 그럼에도 불구하고 우리의 연구가 정확하다면, 워렌 공원과 같은 곳이라 할지라도 녹색 공간이 경계로 작동할 수 있는 것은 개인의 재산 가치가 위협받지 않도록 지역 사회를 구성하는 도시의 정책 덕분이다.

경계이자 사회적 완충제

피닉스 도심에 있는 운하는 특별히 넓지는 않지만, 특정 교차점에서만 건너갈 수 있다는 점에서 도시의 물리적인 장벽이다. 같은 관점에서 이 도시는 운하로 인해 구분된 도시이며, 운하는 커뮤니티를 구분하고 토지 이용을 결정짓는다는 면에서 사회적 완충제라고도 할 수 있다. 이들은 개발 활동의 시작점이자 끝점을 제공하며 이웃 내 펜스의 역할을 하고 이웃들을 더 작은 커뮤니티로 구분한다. 〈그림 4-1〉과 〈그림 4-2〉는 운하의 모습과 펜스의 역할을 보여준다. 〈그림 4-1〉은 운하의 일부를 보여주며 운하의 양옆에 위치한 유휴지를 보여준다. 〈그림 4-2〉는 한 편에는 중간 가격

그림 4-1. 피닉스의 운하와 유휴지   그림 4-2. 애리조나 피오리아의 펜스와 소득 계층 분류

의 주거지를, 길 건너에는 낮은 가격의 집들을 보여준다. 운하들의 조합과 펜스의 역할은 시각적으로 특이한 점을 보인다. 피닉스 외곽의 높은 벽은 주택 가치에 따라 이웃을 구분하는데, 이는 지역사회주거협회와 분리된 지역 사회를 원하는 개발자들에 의한 것이다.[19] 높은 담은 소득 계층을 구분하는데, 종종 유휴지는 이런 분리를 하지 않는 경우도 있다. 분리 기능은 외부인 출입이 제한된 지역 사회의 주거 가치에 따라 구분되기 때문이다. 그럼에도 불구하고 자산의 가치를 보호하고자 하는 수요나 외부인 출입을 제한하는 지역 사회들은 유휴지를 공원이나 오픈스페이스로 바꾼다.

도시는 의도적으로 오픈스페이스, 녹색 공간, 공원들을 한 쪽에 배치함으로써 주거 구조에 영향을 미치고자 한다. 오픈스페이스의 경우, 때로 '물리적 경관'이라고 생각될 수 있지만, 이는 '사회적 경관'을 만드는 데도 기여한다. 사실, 오픈스페이스는 주변 부동산 가치를 보호하거나 증가시킬 수 있는데 애리조나 템페의 토지 이용과 소득 지도는(〈그림 4-3〉) 운하, 기찻길, 공원(오픈스페이스)이 소득 계층의 분리에 미치는 중요성을 보여준다. 지도의 중심에 있는 공원은 운하와 평행하게 배치되어 있으며, 공원 동쪽에 있는 고소득 주민들과 서쪽에 있는 저소득 주민들을 자연적으로 구분한다. 이 인구 통계 분석은 공원의 양측의 재산을 포함하기 때문에 두 지역 사회의 돋보이는 차이는 〈그림 4-3〉에 나타나지 않는다. 단지 공원의 동쪽 편에 있는 인당 평균 소득은 서쪽보다 현격히 높다.

게다가 서부 부분의 필지들은 세 개의 중요한 장벽으로 구분되어 있다. 기차 트랙, 운하, 공원이다. 지도의 중심에서 이 세 개가 만드는 공간은 산업적 고려를 하며, 고소득자들의 주거지를 공원과 운하로 경계 짓는다. 두 가지 경우 모두 동쪽으로 확장하는 산업 시설들을 막는 경계를 만든다. 이렇게 함으로써 기찻길과 운하의 서쪽에 있는 유휴지들의 남은 부지들은 사회적 경계를 만드는 것으로 고려되지 않는다. 그보다 이들의 활용과 재활용은 주거지와 같은 전통적인 방식을 따른다. 비록 저소득층과 중간 소득자들을 위한 주거지라 할지라도 말이다. 그리고 산업 부지 서쪽으로 인

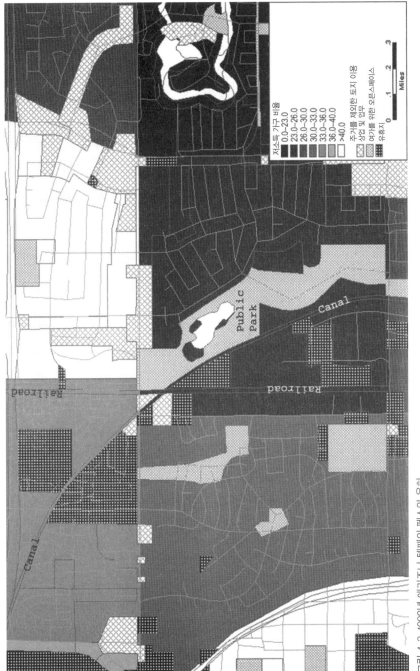

저소득 가구 비율
▨ 0.0–23.0
▨ 23.0–26.0
▨ 26.0–30.0
▨ 30.0–33.0
▨ 33.0–36.0
▨ 36.0–40.0
▨ >40.0

주거를 제외한 토지 이용
상업 및 업무
여가를 위한 오픈스페이스
유휴지

0 .1 .2 .3
Miles

Public Park

Canal

Railroad

Railroad

Canal

그림 4-3. 1998년 애리조나 템페이 펜스와 운하

접한 유휴지들은 산업 용도로 쓰인다.

이어 나오는 세 개의 지도는 필라델피아와 그 인구 통계를 보여준다. 검은 선으로 표현된 도시의 경계는 델라웨어 강의 동측을 경계 짓는다. 〈그림 4-4〉와 〈그림 4-5〉의 점은 유휴 필지들을 보여주는 것으로 1999년 31,000 필지 이상이 비었다(도시 전체의 경우 60만 필지 이상). 도시의 서측과 중심에 유휴지가 많다. 이는 마치 인상주의 화가의 작품 같다. 〈그림 4-4〉는 도시의 유휴지 위치와 소수자 가구 비율을 의미한다. 이 지도를 보면, 필

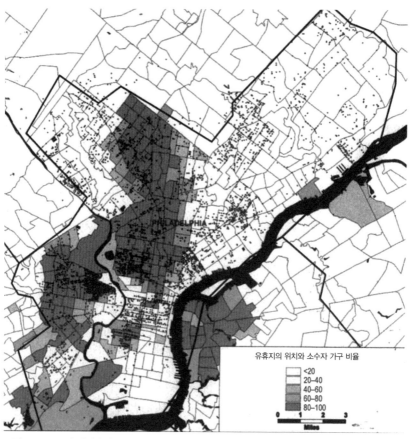

그림 4-4. 1999년 필라델피아의 빈 필지와 소수자 가구

라델피아 전역에 유휴지가 존재하며 소외 계층의 주거지들이 특히 많다는 것을 알 수 있다. 이런 지역 사회에서 유휴지는 평범한 부지가 아니고, 거의 개입을 할 수 없는 정도의 필지이다.

〈그림 4-5〉에 나타난 지도는 유휴지와 인구 통계상 1인당 소득을 보여준다. 이 패턴에 따르면 필라델피아에 있는 대부분의 유휴지가 1인당 소득이 낮은 지역에서 발견된다는 것을 보여준다. 그러나 이 도시의 중심에 있는 고소득 지역에도 꽤 많은 수준의 유휴지가 있다. 스쿨킬 강Schuylkill

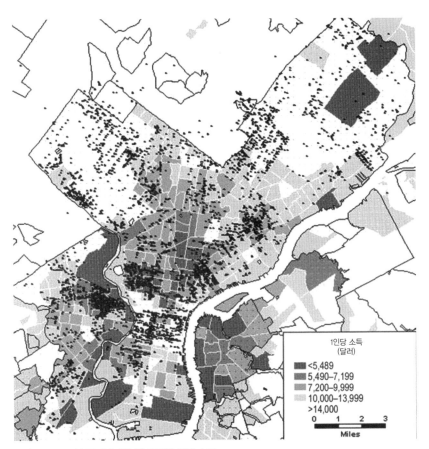

그림 4-5. 1999년 필라델피아 빈 필지와 인당 소득

River(도시에서 가장 서쪽에 있는 강)의 서쪽에 보이는 점으로 이루어진 군집은 지역 자산 수준은 높더라도 소득은 낮은 대학생 계층을 보여준다. 두 강 사이에 있는 도시의 좁은 부분은 도시의 중심으로 남부나 북부의 이웃들보다 더 높은 1인당 소득을 가지고 있다. 이 중심 업무 지구의 유휴지는 상당한 시장 가치를 가지고 있다. 지도에 남아있는 거의 모든 점들은 2,000달러 이하의 유휴 필지들이고 경우에 따라 이 가치는 더욱 낮다. 북부에서 중심 업무 지구의 북동쪽까지는 켄싱턴 지역과 같이 도시의 저소득층이 거주하는 곳으로 이 지역은 유휴지로 가득하다.

　〈그림 4-6〉은 유휴지와 소득 수준의 분포에 관련된 다른 관점을 제공한다. 지도는 도시의 유휴지의 시장 가치를 보여주고 이를 1인당 소득과 연관시켜 시각화했다. 이 지도에 있는 작은 점들은 대부분의 경우 거주 지역에 있는 유휴지들로 대부분의 경우 주거용 건물이 철거된 곳이다. 이렇게 낮은 가치의 작은 유휴지들의 집합은 북부 지역의 어두운 지역과 서측 지역까지 연결된다. 위에 언급했듯이 중심 업무지구의 북쪽 지역은 도시 내 가장 저소득 가구들이 있는 곳이다. 반면, 서쪽은 도시의 학교가 있는 지역이다. 도시 중심에 위치한 어두운 사각형은 높은 가치를 갖는 유휴지를 보여주며 이는 상업 시설로 활용되어 이 지역을 활성화하는 데 도움이 될 만한 곳들이다.

유휴지와 가치 보존

거주용이든 상업용이든 버려진 건물들은 주민들의 삶에 지장을 준다. 만약 계속해서 건물들이 버려진다면, 주민들의 특성 또한 그에 맞게 변할 것이다. 그 지역은 새로운 형태와 기능으로 탈바꿈할 수 있겠지만, 본질적인 지역의 환경은 그 이전의 모습과는 다르다. 결국 과거는 기억 속에만 남을 뿐이다. 돌로레스 헤이든Dolores Hayden은 "장소의 힘"을 말하며, 평범한 도시 경관에서 시민들의 공공 기억에까지 공유된 영토의 형태로 지속되는 시간에 대해 설명했다.[20]

버려진 구조들은 그 과거의 지역을 털어내고, 이웃에게 황량하고 황폐한 기분이 들게 한다. 쇠퇴한 지역들은 급기야 쇳덩이로 부수는 대상이 되고 장소의 역사성을 쓸어버리며, 이곳의 사회적 역사와 건축적 과거 또한 함께 쓸어버린다. 문화 경관, 종종 자연 경관이라고 하는 것은 불분명하다. 헤이든은 일반적인 경관을 보존하는 것이 과거의 진짜 모습을 제공하는 것이라고 주장했다. 그녀는 유휴지가 중요한 구조물이었던 것을 가리

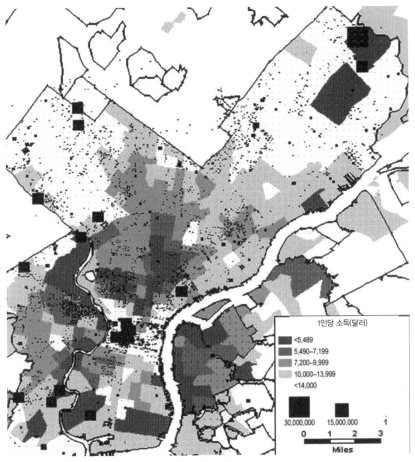

그림 4-6. 1999년 필라델피아 유휴지의 가치와 인당 소득

는 경우, 과거의 모습을 기억하게 하는 새로운 공공 예술이나 오픈스페이스 설계가 필요하다고 제안한다.

필라델피아의 도시벽화예술프로그램은 헤이든이 강조한 것들 중 일부를 수행한다. 이 프로그램은 곧 비어지고 노출될 구조물의 벽면에 벽화를 그리는 기금을 조성한다. 예술 대학교의 교수인 릴리 예Lilly Yeh는 북부 필라델피아의 유휴지에 벽화를 만들고 예술 작업을 진행했다. 〈그림 4-7〉은 벽화예술프로그램을 통해 진행된 눈길을 사로잡는 예시이다. 도시 공무원들은 벽화예술프로그램이 이웃과 잠재적 이웃들에게 주민들이 그 동네 주변의 청결함과 안전에 대해 관심을 갖는 신호를 보낼 것이라고 기대한다. 재산 가치는 안정될 것이고, 이웃들은 그들의 주택뿐만 아니라 인접한 곳까지 관리를 하게 해서 주민들 스스로가 안전해지는 것을 즐길 수 있다. 사실 벽화 예술 프로그램은 펜실베이니아 원예협회의 도시 가든 프로그램과 함께 지역 사회와 이웃의 보존을 위한 희망으로 조직되었다. 그러나 이런 프로젝트가 성공을 거두려면 재산 가치가 안정되어야 한다.

그림 4-7. 필라델피아 벽화예술프로그램 예시

불법 거주자와 버려진 건물

유휴지와 버려진 건물들이 처한 또 다른 사회적 이슈 중 하나는 무단 거주자의 존재이다. 디트로이트는 가장 극단적인 사례를 제시한다. 디트로이트 시가 소유한 4만 이상의 필지 중 대부분은 유휴지이고 사용하지 않는 건물들인데[21] 누가 보아도 이 필지들을 관리하는 것은 끔찍한 일이다. 특히 문제가 되는 3,000개에 가까운 도시 소유 건물들이 불법 점유되고 있다. 일부 무단 점유자들은 세금 체납으로 인해 소유권을 잃었지만, 그 집에 상주하고 있는 경우이다. 다른 이들은 안전한 건물에 침범한 자들이다. 이런 무단 점유자들의 일부는 법적으로 소유주라 주장하는 가짜 주인들에게 렌트를 지불하는 경우도 있다. 이렇게 점거된 건물들의 대부분은 단수와 단전으로 인해 매우 열악하다.

그러나 시의회가 대부분 퇴거를 유예하고 있기 때문에,[22] 공무원들은 이 문제를 다루기 어렵다. 한편, 가난한 사람들을 옹호하는 일부 사람들은 이런 점거가 저소득층을 보호하는 것이며 사회적 요구를 충족시킨다고 주장한다. 디트로이트에는 대략 5,300명의 노숙자가 있는데 이들이 쫓겨난다면 더 많은 이들이 거리로 내몰릴 것이다. 2000년에 디트로이트의 계획부서 공무원은 무단 점유자들에게 도시가 소유한 자산을 살 수 있는 기회를 제공하는 프로그램을 시행했다. 구매에 인센티브를 제공하기 위해 해당 부서는 의회를 설득해서 퇴거 명령을 재고하도록 했다.

디트로이트와 같은 상황에 직면한 다른 몇몇 도시들에게도 이는 중요한 문제이다. 무단 점유를 합법화해야 하는가? 도시는 비 점유된 건물들을 노숙자들을 위한 쉼터로 써야 하는가? 이런 질문들에 대답을 하기 위해서는 혼란을 최소화하고 재산 가치를 보호하는 데 중점을 두면서 사회적 규범을 다시 생각해 볼 필요가 있다.

사회적 전략으로서 공지 이용

공지 이용은 수익과 개발의 필요성 모두를 충족시키지만, 사회적 규범도 충족시킨다. 많은 중심 도시들이 더 큰 대도시들에 비해 인구 유출을 겪었음에도, 많은 도심들은 주거 성장을 보이고 있다. 레베카 소머Rebecca Sohmer 와 로버트 랭Robert Lang이 연구한 24개의 도시 중 1/3이 1990년대에 도심 인구가 성장했다.[23] 보스턴, 시카고, 덴버, 로스엔젤레스, 멤피스와 같은 다양한 도시들이 도심에 인구 증가를 경험했다. 도심 지역의 성장은 인구(예: 자녀를 독립시킨 부모와 젊은 전문직 종사자의 수), 독특성(예: 역사성과 장소성), 지리(예: 중심 지역) 등을 포함한 독특한 특성을 보였다.[24]

거주지의 증가는 공지 이용을 통해 즉각적으로 공급된다. 공지 이용의 과정은 공식적인 도시 프로그램들을 통해 이루어졌는데, 이는 유휴지나 저이용 부지를 주거지로 바꾸는 것이다.[25] 공지 이용은 기반 시설의 효율성을 높이고 인구 밀도를 증가시키기에 이 자체로도 도시 확산의 반대 효과를 주었다. 그러나 공지 이용 프로그램은 또 다른 효과를 보였다. 이 지역의 백인 인구 증가와 같은 것인데, 1990~2000년대 대부분의 미국 내 대도시가 백인 인구를 잃었지만 몇몇의 도시에서는 도심에 백인 인구가 증가한 것이다.[26] 소머와 랭의 연구에서 24개의 도심에는 백인이 1999년 대비 7.5% 성장했다. 도심에 거주하는 히스패닉과 흑인의 수도 각각 4.8%, 6% 증가했다. 이런 도심의 변화에 주목할 만한 이유는 전반적으로 동일한 도시에서 1990년 대비 백인은 10.5% 감소했지만, 히스패닉은 43% 증가, 흑인은 2.4% 더 많아졌다는 점이다.

필라델피아, 피닉스, 시애틀 도심 지역도 놀랍도록 다른 결과를 보인다. 1990년대부터 2000년대까지 시애틀에서는 도시와 도심 지역의 인구가 각각 증가했다. 그러나 도심의 성장률은 더욱 분명했다(67~9%). 같은 기간 동안 필라델피아의 인구는 감소했는데(-4.3%), 도심의 인구는 증가했다(4.9%). 피닉스는 정반대의 상황을 경험했다. 도시의 인구가 급격히 늘었지만(34%), 도심 지역의 인구는 감소했다(-9.1%). 따라서 이런 세 개의 도시들에서 도심은 크게 성장하고(시애틀), 다른 지역보다 더 낮은 쇠퇴율을 보이며(필라델피아), 도시의 성장에도 불구하고 도심을 지탱하지 못하고 있다(피닉스).

피닉스의 공지 이용

도심의 인구 유출 가속화를 막기 위한 노력으로, 피닉스는 1995년 공격적인 공지 이용 주거 프로그램을 시작했다. 이 프로그램의 목표는 아래와 같다.

- 피닉스 도심에 있는 유휴지와 저이용 토지의 개발 촉진
- 다양한 주거 양식, 유형, 가격대, 적합한 이웃 주민들의 독려
- 자가 주택을 공급해서 도시 내 소유권을 명확히 하고 도시의 쇠퇴와 쇠락을 막고자 함[27]

공지 주택 개발자들은 계획의 신속한 검토, 불필요한 행위 축소, 비용 감면과 같은 재정 지원 등을 통해 일련의 인센티브를 제공받는다. 그러나 이 공지 이용 프로그램은 독신을 위한 프로젝트로 다가구나 상업 시설 개발이 아닌 단독 주택 개발에 적용된다. 도시의 특정 중심에만 공지 이용 지역을 지정했지만, 시간이 지날수록 정책적으로 경계를 확장해 거의 모든 도시 지역에 개발 적합한 재산들이 포함되었다.

비록 그것의 수익과 개발 요소들이 도시가 공지 이용을 선호하게 하지만, 공지 이용 프로젝트의 일부 측면들, 예를 들어, 저렴한 가격의 주택 건설과 같은 측면들 또한 그것을 사회적 차원으로 만든다. 대부분의 주거지는 시장 가치를 갖지만 몇몇은 보조금을 지원받고, 높은 개발 비용과 높은 시장 위험과 같은 단순한 경제적 요인들 이면에는 장벽이 존재한다. 1990년대 중반에 피닉스에서는 공지 개발 지역의 많은 부분이 범죄 위험이 높은 곳이었다. 가장 문제가 심각한 곳은 도심이었으며, 범죄와 범죄에 대한 인식 외에도, 인근 학교의 질과 노숙자들의 존재에 대한 우려는 공지 이용의 범위를 제한했다.

도시 재생 지역으로 선정된 곳 중 한 곳은 피닉스 남부의 목표 지역 TAB^{Target Area B}로 알려진 3평방 마일의 지역이다. 14,000명의 주민들이 사는 이곳에서 중간 소득은 도시 전체 소득의 중앙값의 절반이었고, 최빈

층은 도시 전체보다 세 배 많았다.[28] TAB 지역의 30%에 가까운 토지가 비어 있었고, 이는 1978년 37%에서 감소한 수치였다. 대부분의 유휴지는 TAB 전체에 걸쳐 흩어져 있었고, 불법 쓰레기 투기와 버려진 자동차, 개발의 제한 등과 같은 안 좋은 조건들이 혼재했다.

1993년 도시는 18개의 모든 부동산을 팔려고 광고했지만, 여기에 아무도 관심이 없었다. 특히 이 지역에 대한 부정적인 인식이 팽배한 데다가 다른 지역에 활용 가능한 필지들이 있었기 때문이다. 1996년, 피닉스는 TAB 지역의 재생을 위해 2,500만 달러 이상을 투자하고, 필요한 자산의 일부를 바꾸기 시작했다. 물론 도시 소유의 유휴지 개발이 추가적인 투자를 촉진할 것이라는 취지에서이다. 이 목적을 달성하기 위해서, 이 도시는 쇠퇴한 곳을 지우고 TAB지역을 강화하는 전략을 썼다.

시애틀의 고밀화

시애틀의 주거 문제와 공지 이용 전략은 피닉스와는 다른데, 시애틀은 합병할 수 있는 토지가 없기 때문이다(혹은 아주 적었기 때문이다). 1900년, 80,671명이었던 시애틀의 인구는 1920년부터 급속한 성장 기간 동안 315,312명으로 급증했고, 도시는 열 개의 중요한 지역의 토지를 합병했다. 마지막 토지 합병은 1950년대 초에 이뤄졌고, 이때 시애틀의 인구는 50만 명을 넘기고 있었다.[29] 시애틀의 경계선이 현상 유지되고 경제가 완화되면서, 인구 증가가 둔화되기 시작하였다. 이후 1970년에서 71년까지 우주 산업이 급격히 침체한 이후, 보잉사가 직원 10만 명 중 2/3를 해고하고 인구는 50만 명 이하로 떨어졌지만, 1970년대 후반에는 경제적 건전성을 되찾기 시작했다.

1997년에 지역은 경제 성장 시기를 맞아 극심한 고통을 겪었다. 1997년까지 인구 증가는 지난 30년간의 인구 감소를 뒤집을 정도로 536,600명에 달했고, 실업률은 3% 미만으로 떨어졌다. 시애틀의 총 일자리 수는 1980년대 21% 증가했고 1990년대에는 469,802개로 급증했다. 시애틀은

2010년까지 첨단 과학 산업이 빠르게 성장함에 따라 60만 개 이상의 일자리가 창출될 것으로 기대했다.[30] 1980년대에 4.5%로 다소 느린 인구 성장률(1980년에 493,000명에서 1990년대에는 516,000명)은 고용 증가의 상당 부분이 도시 외곽 지역에 일어났음을 반증한다. 퓨짓 사운드지역위원회PSRC 프로젝트는 2010년 시애틀의 인구가 60만 명에 불과할 것이라고 예측했다.

시애틀의 복지사업부는 중위층 소득이 모기지로 부담하는 금액이 1990년 1만 달러 이상으로(도시가 '재정 격차'라고 부르는 것), 이는 1960년 3,000달러를 훌쩍 뛰어 넘는다.[31] 도시가 주거 수요 조사를 한 바에 따르면 30.2%의 사람들이 소득의 30% 이상을 주거를 위해 소비한다고 한다. 시애틀의 1998년 종합 계획은 평균 주거 가격이 1970년대 이래로 850% 증가했지만, 가구 소득은 500%만 증가했음을 보여준다. 이 지역의 집값 상승은 1990년에 승인되고 그 이후로 여러 차례 개정된 워싱턴의 성장관리법GMA에 영향을 받는다. GMA에 따라 킹 카운티King County의 도시화된 지역을 중심으로 '도시 성장 경계선'을 설정하여, 개발 가능한 토지를 제한하고 농지 및 기타 미사용 토지가 추가 개발되지 않도록 보호하였다.

GMA는 지역과 카운티 전반의 성장 관리 정책, 계획 및 규제를 하는 곳으로 도시가 성장할 지역을 지정하고 성장과 기반 시설을 계획하는 곳이다. GMA는 도시 확산 현상을 줄이며 현재 활성화된 중심을 더 지원하고, 현재 도시 내 서비스 구조를 유지하며, 효율적인 교통 시스템을 만드는 것을 목적으로 한다.[32] 킹 카운티는 1993년 종합 계획을 채택하고 다른 카운티들과 함께 PSRC를 통해 '비전 2020'을 개발했다.

GMA는 카운티들과 지역들이 도시 성장 지역 또는 도시 성장이 억제되고 '외곽 농촌의 특성이 유지될 수 있는' 경계를 만들도록 요구하였다.[33] 시애틀에 위치한 킹 카운티에서 도시 성장 지역은 1997년 461평방 마일 정도로 전체 카운티의 21.6%에 해당했지만, 인구의 90% 정도가 이곳에 거주했다.[34]

GMA는 카운티종합계획CPP이 가구와 일자리의 20년 성장 목표를 설정할 것을 의무화했다. 킹 카운티의 CPP는 12개의 '도시 중심지UCs'를 만들어서 성장을 집중시키고 독려했다.[35] 시애틀 시에 다섯 곳의 도시 중심지가 지정되었다. 첫 번째 중심지는 노스게이트Northgate라는 도시의 북쪽에 위치한 대규모 쇼핑센터가 있는 곳이고, 두 번째 중심은 워싱턴 대학University of Washington이 위치한 대학가이다. 세 번째 도시 중심지UCs는 퍼스트 힐First Hill과 캐피털 힐Capitol Hill 지역으로 시애틀의 중심 업무 지구 인근이며, 의료 관련 산업이 급속히 성장하는 곳이다. 네 번째 중심지는 시애틀의 중심으로 중심 업무 지구의 바로 북쪽 지역에 스페이스 니들Space Needle이 핵심으로 꼽힌다. 마지막으로 다섯 번째 중심은 시애틀의 다운타운이다.

시애틀의 다운타운은 인구와 일자리에 있어 독보적인 도시 중심지이다. 1998년, 다운타운 도시 중심에는 12,193명의 주민이 살았고, 이는 2020년 27,000명으로 증가할 것으로 예측된다. 일자리의 수는 163,000개이고 비전 2020은 2020년까지 62,000개의 일자리가 추가로 만들어질 것으로 내다봤다.[36] 퍼스트 힐–캐피탈 힐 도시 중심에는 28,975명의 주민들이 있으며, 이는 도시 중심들 중 두 번째로 많은 인구이다. 인구는 2020년까지 거의 36,000명으로 증가할 것이다. 레드몬드와 벨뷰 근처에 있는 다운타운도 도시 중심에 해당한다. 이곳은 킹 카운티 다섯 곳의 중심을 따라 위치하며 PSRC 계획 지역인 21개 중 4개의 카운티가 이에 속한다.

네 카운티의 도시 중심들은 지역 인구의 2%를 차지하지만, 도시 성장 지역 노동력의 29.7%를 고용하고 있다. 지역 계획인 비전 2020은 2020년까지 8%의 인구가 도시 중심 지역에 거주할 것이며, 이곳에 31.8%의 일자리가 집중될 것으로 내다봤다. GMA와 인구 이동의 결과로 도시와 대도시 권역의 인구는 고밀화되고 앞으로도 그러할 것이다. PSRC는 시애틀에 있는 21개의 모든 도시 중심들이 2020년까지 계속해서 인구가 증가할 것으로 예측했다.[37]

고밀화는 GMA의 의도된 효과 중 하나이다. 시애틀 시는 또한 도시 중심들을 세부 지역인 어반 빌리지로 나누고 고밀화를 장려했다. 도시 중심 지역들과 어반 빌리지의 높은 지가는 시애틀의 주거 문제와 오픈스페이스 부족 문제의 원인이 되었다. 1997년 시장 폴 쉘Paul Shell의 선거 공약은 주거 가격 안정화에 초점을 맞췄다. 고가의 주거 비용과 제한된 공급을 비난하며, 그는 '장모 아파트mother-in-law apartments'(역자 주: '장모 아파트'는 게스트 하우스나 작은 규모의 단층 주택을 의미한다. 이 책에서는 작은 규모의 임대주택을 의미한다)를 주장했는데 이는 일층에 소매점을 둔 다세대 아파트, 소형 주택과 같이 복합용도의 건물을 확대하자는 것이었다.[38] 그는 고밀화에 대한 명쾌한 답을 내놨다.

부동산 연구Real Estate Research를 하는 워싱턴 센터Washington Center는 1997년 시애틀 주거지의 5.5%가 8만 달러 미만임을 확인했다.[39] 극심한 주거난과 유휴지의 제한된 공급은 급격한 경사가 있는 곳도 건물을 지을 수 있을지 다시 고려하게 했다. 한 공무원은 GMA의 영향에 대해 "사람들을 도시로 밀어 넣는다"고 한 적도 있다. 주거 담당 공무원들은 저소득과 중간 소득 주거들을 시애틀 정치 상황의 문제점으로 지정했다. 그 결과 시애틀의 남은 유휴지는 적당한 가격의 주거지로 공급되었다. 예를 들어, 주 정부가 90번 고속도로 교차로 옆의 매입한 토지를 모두 사용하지 못하자, 시 당국은 이를 시에 양도하고 그곳에 저렴한 주거지를 만들어 공급했다.

토지와 주거에 대한 이러한 시장의 압력은 개발자와 도시 모두에 이익이 되었다. 개발자들은 렌트비를 올리는 것으로 이익을 봤다. 1997년 3월부터 1998년 3월까지 렌트비는 평균 9% 상승했다.[40] 이들은 또한 시애틀의 '고밀화 보너스' 프로그램으로 인한 혜택을 봤다. 보너스는 저소득 가구뿐만 아니라 고수요 토지 시장인 오픈스페이스와 역사적 장소의 보전에 관련된 개발을 하는 개발자들에게 혜택을 주었다. 밀도에 관한 보너스는 다음과 같다. 첫째로, 개발자들은 복합 용도 지역을 개발하는 경우 밀도를 증가시킬 수 있다. 그들이 만든 조건은 이 빌딩의 일층이 상점이어야 한다는 것이다. 둘째, 개발자들은 저소득층을 위한 주거 프로그램을 공급하는 데 기여하거나 오픈스페이스를 만들거나 역사적 장소를 보정하는 경우, 그들의 용적률을 높일 수 있었다. 이익을 발생시키는 행위들은 아닐지라도 이런 고밀화 보너스는 도시가 그들의 주민들을 배려하고, 자연 자원과 그 역사를 보전한다는 이미지를 제공했다.

개발자들은 개발권 이양제transfer of development rights(TDR, 역자 주: 토지 개발권을 토지 소유권으로부터 분리하여 시장을 통해 거래하는 제도로, 주로 토지 소유자에게 개발권을 행사하지 못하게 하는 대신 다른 지역의 개발권을 주는 제도로 사용된다)를 통해 한 부지에서 다른 부지로 개발 기회를 이전한다. 따라서 좀 더 선호하는 지역에 밀도를 높이고 다른 곳은 오픈스페이스로 둔다.[41] 1985년 허용된 개발 권리 이전권은 사용하지 않는 층을 수용 지역으로 줘서 다른 지역의 밀도를 높이는 것이다. 도시가 고성장 시기에 개발 권리 이전권을 사용하는 것은 다가구 주택 건물들을 더 높은 오피스 빌딩으로 개발하는 것을 허용함으로써 저소득층과 낮은 가격의 주거지들을 보전한다. 이 개발 권리 이전권으로 1985년부터 1987년 사이에 156개의 저소득 가구를 확보했고, 1991년부터 1993년 사이에는 추가로 181호를 공급했다.

시애틀은 도시의 일부가 좋지 않은 상황이라고 해서 건물들을 부수고 지역을 개발할 재개발 권한이 없었다. 오히려 주요 개발 권한은 시장이 갖고 있었다. 이후 1998년, 시는 재산세 감면을 통해 좀 더 많은 가구를 공급하고자 했다. 대상은 아홉 곳에 위치한 다가구 주택이었다. 저소득과 중간 소득의 가구들에게 다가구 주택을 공급하고자 한 이 계획은 "현존하는 유휴지와 저이용 건물을 다가구 주택으로 바꾸자"는 계획을 포함한다.[42] 도시의 새로운 세금 감면 정책은 저렴한 가격의 다가구 주택을 공급하는 데 충분하지 않다. 사실 이 효과는 주거 밀도를 높이는 데 있다.

도시는 추가적인 주거지ADUs에 대한 규제를 완화하고자 한다. 잘 알려진 장모 아파트의 경우와 같이 그 이용을 활성화하기 위해서이다. ADUs의 규정 완화에 반대하는 사람들은 그것이 주거지를 이중 주택으로 바꾸고 부재 지주의 비율을 상승시키며 지역 사회의 환경을 저해할 것이라고 주장한다. 또한 시애틀의 자가 주택자 비율은 미국 대도시들 중에서도 상위권에 속한다. 그렇기 때문에 만약 투기가 벌어진다면 토지와 주택 가격을 빠른 속도로 높일 것이고, 이는 주민들이 살 수 있는 주택의 수를 줄일 것이며, 주택 소유권도 이에 따라 감소할 수 있다는 것이다.

따라서 시애틀에서는 경제 성장, 유휴지의 제한된 공급, 그리고 지역 공무원과의 규제와 함께 GMA의 엄격함이 결합되어 고밀화를 예견 가능한 결과로 만들었다.

필라델피아의 밀도 문제

오래된 도시들이 경험한 인구 유출 문제는 낮은 인구 밀도라는 결과를 초래했다. 반대로 어떤 도시들은 '평방 마일당 더 적은 인구'를 그들의 이점으로 활용하고자 한다. 특히 뉴욕 시 사우스 브롱스South Bronx의 샬롯 가든 Charlotte Garden과 디트로이트의 빅토리아 파크Victoria Park와 같은 지역에서는 저밀도 주거 단지 개발을 도입했다. 그러나 저밀도 주거 단지 개발은 인구 유입 전략의 반대 전략이며 도시 내부를 주택화한다는 비난을 받았다.[43] 필라델피아 시의 주택과 직원들은 이러한 비난을 무시하고, 저밀도 정책을 신중히 시작했다. 그렇게 기존에 진행되던 에이커당 20에서 35인 가구 수는 에이커당 10가구를 목표로 하는 지역 재개발 계획으로 변경되었다. 이러한 필라델피아의 저밀화 전략은 필라델피아의 유휴지 문제에 대한 해결안이 될 수 있다고 개발 계획자는 응답하였다.

고밀화 전략이 워싱턴 주의 GMA의 목표였다면, 필라델피아의 전후 역사는 다르게 설명한다. 1950년 필라델피아는 2백만의 인구와 30만 개에 가까운 제조업 일자리를 보유하고 있었다. 50년이 채 지나기 전에 인구는 150만으로 감소했고, 제조업 수는 5만으로 감소했다. 도시의 탈산업화는 오래된 제조업의 중심지를 가장 심하게 강타했지만, 필라델피아에서는 거의 모든 부문에서 고용 감소가 느껴졌다. 시의 주거·지역사회관리과OHCD 는 1969년과 1994년 사이에 필라델피아의 총 고용이 95만 개에서 70만 개 미만으로 25만 개가 감소했다고 발표했다.[44] 인구와 일자리 감소는 주

그림 4-8. 필라델피아의 옆 마당

거지 쇠퇴로 이어졌다. 1990년대 중반까지 27,000이 넘는 가구가 비워지거나 버려졌고, 그 중 2/3는 위험한 상황에 놓여서 철거만이 답인 심각한 상황이었다.[45] 그러나 OHCD에 따르면 도시의 예산은 1년에 단지 1,500가구만 관리할 수 있기 때문에 대부분의 건물들은 그대로 내버려졌다.

버려진 가구들의 영향에 대한 도시의 접근은 기본적으로 두 가지이다. ①오래된 건물들을 재활용하도록 하는 것, ②옆 마당, 커뮤니티 가든 혹은 철거를 장려하는 것이다. 두 번째 정책의 경우 유휴지를 증가시키고 밀도를 감소시켰다. 부분적으로 이런 전략은 두 가지 영향을 받는다. 첫째는 도시가 재정적으로 재산세 수익에 의존하지 않을 경우여야 한다. 따라서 재산세를 받지 못하는 부분이 아주 작아서 유휴지 내 건물에 대해서도 세금을 부과하기 어려워야 한다. 당초 그 재산에 대한 세금 채무는 존재하지 않는다고 가정한다. 게다가 주민들의 부와 안전을 보호하는 비용이 건물의 세금 가치를 초과하는 경우가 많다.

두 번째 요인은 판자로 둘러싸이고 버려진 구조물에 대한 시각적 이미지이다. 비록 주택이 잠재적으로 가치가 있고 수리할 수 있다고 하더라도 낮은 두 건물 사이에 있는 좁은 필지에 있는 커뮤니티 가든보다 확실히 덜 매력적이다. 〈그림 4-8〉에서 보듯, 옆 마당에 있는 가든은 쓰레기로 어질러진 곳에서 바뀐 것이다. 펜스가 둘러쳐진 가든은 이웃들을 안정시키는데, 가든 활동을 위해 버려진 구조물을 철거하는 것에 대해 도시 계획가는 "이는 지역에 대한 재투자를 촉진시킬 것이다. 확장과 추가 가능성, 그리고 은행의 투자"가 있기 때문이라고 말하였다. 즉, 반 고밀도 전략을 쓰는 도시의 임무는 도시의 경관을 바꾸고 주민들에게 활력을 주며, 유휴지를 통해 주민들의 통합과 함께 재산 가치를 증진시키는 것이다. 도시 내 특정 부분에서는 주민들은 전체적으로 교외와 같은 주택화 사업을 진행하고 있다. 잔디밭과 수목이 즐비한 거리, 차량 통행에 적합한 거리는 고밀도의 주거지를 대체하였다.[46] 오히려 유휴지 공급의 증가는 필라델피아의 '반 고밀화' 전략을 통해 도시의 재성장에 기여한 것이다.

오픈스페이스로서 유휴지

공공 공간public space은 우리의 삶과 연관되어 있다. 그것은 지역 사회가 상호 교류할 수 있는 공공의 장소를 제공하기 때문이다. 스테픈 카Stephen Carr와 연구진들은 공공 공간은 "공공의 삶이 펼쳐지는 장"이라고 설명했다.[47] 유휴지는 종종 공공의 공간이 되고, 비공식적인 사용의 결과로 인해 혹은 공식적인 지정의 결과로 인해 좁아지는 경우가 있다. 접근이 가능한 유휴지는 모이기 좋은 장소가 되거나 다른 지역을 가기 위한 지름길로 사용될 수 있다. 법적 책임 등 다양한 이유에서 사유지의 출입을 금하는 민간 소유주들은 유휴지를 울타리로 구분하기도 한다. 대부분의 도시들은 소유주가 해야 하는 사안들에 대한 정책을 가지고 있는데. 필지를 잘 관리하지 못할 경우 정부 차원에서 사유지에 펜스를 치고 소유주에게 벌금을 부과하는 등의 제재를 가한다.

어떤 도시에서는 지역 정부와 개발자들이 공공이 접근할 수 있도록 빈사 상태의 산업용 수변을 개발하기도 한다. 보스턴과 볼티모어의 축제가 열리는 시장 공간은 이런 변화가 이뤄진 첫 번째 장소이다. 버려진 건물들은 철거되고 역사적인 건물의 경우 재활용되었다. 축제는 사람들을 재개발된 지역을 이끌기 위해 기획되었다. 산업용 수변 재개발은 결국 많은 상점을 유치하지만 주된 개발 목표는 공용 공간을 제공한다는 점에 있다.

공용 공간을 조성하는 근거는 생태학적 명목 개발과 환경 개선 등과 같은 공공 복지의 실현이 가장 중요한 동인으로 꼽힌다. 공용 공간은 그곳을 사용하는 사람들에게 의미 있고, 그들의 필요에 반응해야 한다. 비좁은 집에 살거나 집이 없는 노숙자들에게 공용 공간은 여가와 사회적 활동을 위한 공간이 된다.[48] 따라서 계층에 따라 활용의 정도가 다르고 관리 문제가 발생할 수 있다. 일부 도시들에서는 관리 문제로 인해 높은 담장을 치고, 잠글 수 있는 문을 설치하는 등 공용 공간 접근이 제한되고 있다.

사실상 정부, 비영리 단체 및 영리 단체가 유휴지를 관리하기 위한 대안이 있다. 바로 지역 사회 오픈스페이스이다. 지역 주민들은 유휴지를 인수하고 작은 공원이나 공동체 가든으로 개발하여 지속적인 관리와 운영에 대한 책임을 질 수 있다. 이는 풀뿌리 민주주의의 한 형태라고도 볼 수 있다. 지역 사회가 관리하는 이런 프로젝트들은 주민들을 위한 오픈스페이스를 제공하고, 직접 이용할 자들이 설계하고, 만들고, 운영하고, 소유하는 또 다른 형태의 공원이기도 하다.[49]

지역 사회가 관리하는 오픈스페이스에 관련된 중요한 문제는 소유권이다. 버려진 건물들이 대부분 내버려지는 이유는 복잡하게 얽힌 소유권 때문이다. 법적 소유권이 깨끗하지 않을 수도 있고, 시에서 개입에 신중할 수도 있다. 특히 소유권이 부재인 상태일 때, 지역 사회 단체나 종종 비공식적인 주민 협회들이 그 빈틈을 메우려 한다. 그들은 필지들을 가꾸거나, 필지를 작은 공원 또는 가든으로 바꾸며 소유권을 주장할 수 있다. 별도의 시장 압력이 없다면 그들은 적어도 일시적으로 부지들의 실질적인 소유주가 될 수 있는 것이다.

수년 간, 뉴욕시는 이런 주민 집단이 시 소유의 유휴지를 공원과 가든의 형태로 유지하는 것을 허용했다. 그러나 2000년, 시가 개발 목적으로 그 부지를 매립하려고 했을 때, 그 부지를 자신의 소유로 여긴 그 단체들로부터 거센 저항에 부딪쳤다. 루돌프 길리아니$^{Rudolph Giuliani}$ 시장과 시 의회는 정치적 어려움을 실감하고, 영향력 있는 주민들과 수차례의 협의를 통해 문제를 해결할 수 있었다. 그동안 통용되던 것과 다르게, 이후 유휴지는 더 이상 지역 사회의 자산에 속하지 않게 되었다.

펜실베이니아 주 벅스 카운티의 오픈스페이스 보호

필라델피아 카운티 중 한 교외 지역은 농장 보호 조치로 인해 오픈스페이스를 계속해서 보호했다. 1950년 벅스 카운티 토지의 66%는 경작지였는데, 1990년 농장지의 수치가 20%대로 감소했다. 카운티 내 많은 농업 지역들은 작은 필지와 거리 상점으로 전환되고 있었다. 현지 관리들은 변화의 속도뿐만 아니라 변화의 방향에 대해서도 주의를 주기 위해 펜실베이니아 주의 농업지보존프로그램을 실행했다. 주의 프로그램은 카운티로 하여금 농업지 보존을 위해 농지들을 개발로부터 보호했다. 1999년 벅스 카운티는 36개의 농장, 3,213에이커의 농업 지역을 보호할 수 있었다. 이들의 목표는 2007년까지 1만 에이커를 보호하는 것이다.

이런 연장선에서 벅스 카운티의 유권자들은 1997년 오픈스페이스 보전 기금(10년, 5,900백만 달러)을 모았다. 이 기금은 농장 지역을 보전하고 공원과 여가 활동 공간을 공급하며 카운티의 특별한 자연과 환경 특성들을 보호한다. 이 계획에는 몇 가지 원칙들이 있지만, 가장 중요한 목적은 아래의 세 가지이다.

- 공개 공지와 자연 자원이 벅스 카운티 내 삶의 질에 미치는 가치를 인식하기 위함
- 농경지 보호를 위해 펜실베이니아 농업 지역 보전 프로그램을 최대한 활용하여 농장을 영구적으로 보전하기 위함[50]
- 그린웨이, 공원, 트레일, 자연 지역, 아름다운 길, 경관 체계를 보전하기 위함

카운티가 45개의 지방 정부들과 오픈스페이스 계획 및 개발에 대한 파트너십을 체결하고 토지 합병에 대한 기금을 지원했다. 농경지를 주거지와 상업시설로 바꾸는 개발들은 계속되고 있지만, 그 속도는 충분히 느려졌다.

피닉스의 오픈스페이스 매입과 보전

피닉스 시는 그 엄청난 규모(1998년에 470평방 마일)뿐만 아니라 엄청난 인구 성장률(34.3%, 1990년 983,403명에서 2000년 1,321,045명)로 흥미로운 사례를 보여준다. 다른 두 가지 특징들도 이 사례를 돋보이게 한다. 이 도시가 오픈스페이스에 초기 투자한 것과 애리조나 주의 토지 신탁을 활용한 사례이다. 피닉스는 오픈스페이스 매입과 보전에 오랜 전통을 가지고 있다. 1925년 시는 13,000에이커의 끊임없이 이어지는 사막을 구매해서 사우스 마운틴 공원 South Mountain Park을 만들었다. 지금은 16,500에이커인 이곳은 미국 내에서 가장 큰 지자체 공원이다.[51] 다른 큰 필지들을 매입해서 총 27,000에이커의 산과 사막을 공원이라는 명목으로 시의 관리 아래 뒀다.

1998년, 시는 "우리의 가장 소중한 자산, 소노란 사막Sonoran Desert"을 보존하기 위해 도시 북쪽 지역에 있는 손 타지 않은 사막들을 매입할 계획을 세웠다.[52] 이런 매입에는 많은 이유들이 있었다. 여가 기회를 제공하고 관광 산업에 긍정적인 영향을 미치기 위해, 그리고 오픈스페이스 인근의 부동산 가치 상승 기대 등이다. 그러나 이런 혜택들 중에 독특한 점은 사막보전으로 인한 사회문화적 효과였다.

모든 시민들과 방문자들은 소노란 사막에 대한 과거 문화와 우리의 고유 문화에 대해 감탄하고 역사성에 대한 경외를 가질 것이다. 사막을 보존하는 것은 실외 여가 활동과 교육 프로그램을 제공함으로 인해 가족 간 단결을 할 수 있는 기회를 제공하는 것이다. 전문적인 연구 정보들이 종합적으로 표현된 프로그램과 상호 반응을 하는 전시를 통해 소노란 보호 구역Sonoran Preserve은 우리 지역 문화에 대한 자긍심을 높인다.[53]

그림 4-9. 소노란 보호구역 부근 애니조나 주 토지 신탁 토지
출처: J.Burke and J.M. Ewan, 소노란 보존 기본 계획(템페, 아리조나: CAED 허버거 센터, 1998)

시가 토지 매입을 하는 규모는 피닉스의 기준인 21,000에이커보다 컸
다. 이러한 대규모의 인수를 가능케 한 요인 중에 하나는 소노란 보호 계
획Sonoran Preserve Plan의 75%의 토지가 애리조나 주 토지과Arizona State Land
Department가 소유한 애리조나 주 토지 신탁Arizona State Trust Lands 소유라는 점
이다. 법적으로 신탁 토지는 주 심의관의 허락 아래 판매를 할 수 있고,
이는 시장 가치 중 최상의 가격으로 매각하거나 임대해야 한다. 애리조나
보존령Arizona Preserve Initiative에 의하면 토지 처분에 관한 조건 중 하나는 보
존용 토지이다. 이 점이 시가 토지를 매입하는 데 근거가 되었다. 〈그림
4-9〉는 소노란 보호 구역 부근에 토지 신탁이 소유한 토지를 보여준다.

즉각적으로 확인할 수 있는 점은 아직 피닉스 도심은 주 토지과의 관리 아래 있다는 점이다.

소노란 보호 구역에 대한 세 가지 개념은 공공의 입장에서 고려되었다. 한 가지 개념은 필지가 큰 부지들을 연속해서 매입하여 큰 규모의 공원을 만드는 것이다. 이는 분산된 필지들을 모아 하나의 개발된 지역으로 통합하여 이용자들이 각자의 집이나 일터에서 더 접근하기 쉽게 했다는 점이다. 반 집중 개념은 다른 두 개를 혼합한 관점이다. 어떤 부지는 보존을 하지 않는 반면 다른 부지는 인접한 개발지로부터 접근할 수 있도록 개발한다. 어떤 개념이든 상관없이, 토지의 매입은 순서에 따라 간단한 비용과 TDR을 통해 체결되었다. 도시는 기금을 포함해서 매입세, 사막 보호 기금과 기반 시설 비용 등 다양한 수의 선택권을 가지고 있다. 게다가 도시는 보조금과 기금 구성, 토지 교환, 기부를 보조적인 펀딩 수단으로 추구할 수 있다.

비록 어떤 토지들은 여가의 목적과 환경 교육을 목적으로 지정되기도 하지만, 대부분은 오픈스페이스로 활용된다. 소노란 보호 구역의 광대한 구역은 사막 그대로 건드리지 않은 채 남겨져 있어서 현재를 그대로 유지하고 있다.

워싱턴 주 벨뷰의 오픈스페이스로서 공원

워싱턴 벨뷰 시에서 오픈스페이스 문제는 중요하다. 유휴지의 공급이 거의 없는 곳에서 토지 합병의 제한된 기회와 도시의 성장관리법의 압력은 토지 이용의 효율성을 중시하게 했다. 도시는 오픈스페이스의 적당한 공급 유지라는 의미에서 공원 부지를 합병하기 시작했다. 도시의 공원 지역 사회 서비스과 직원은 "오픈스페이스를 보호하기 위해서 용도지역지구제 Zoning에 의존할 수는 없다. 이는 다음 선거까지만 안전할 뿐이기에 소유권만이 답이다"라고 했다.

벨뷰는 이 철학을 적극적으로 수용했다. 1990년대 말까지 도시의 지역 중 대략 10%가 공원 지역이었다. 이런 접근은 단순하다. 오픈스페이스를 사고 단계별로 개발하는 것, 산책로의 시점을 만들고 새로 매입한 토지를 산책로로 연결하는 것은 사람들을 공원으로 이끄는 중요한 방법이다. 또한, 일련의 그린웨이, 야생 생태통, 그리고 산책로를 통해 공원을 연결하는 것은 도시가 오픈스페이스 계획을 세우는 장기적인 목표이기도 하다. 계획에 따르면, "태평양 북서부의 문화적 유산은 성당이나 박물관이 아니라 산, 물, 호수, 숲, 그리고 이를 보는 정경과 다른 자연 유산이 우리의 유산이다."[54] 따라서 도시의 오픈스페이스 계획은 "오픈스페이스를 관리하고 환경적으로 예민한 구간을 우리 지역 사회 내의 독특한 자연 시스템으로 특화"[55]할 필요가 있다.

〈그림 4-10〉은 벨뷰의 아름다운 자연을 보여준다. 사진에 있는 공원은 수직적인 경관을 강조하며 워싱턴 호수로 내려가는 길을 보여준다. 도시는 적극적으로 토지를 매입해서 충분한 천연 자원 기지를 소유하고자 한다. 벨뷰의 오픈스페이스 규제는 자연보호론자인 알도 레오폴드Aldo

그림 4-10. 워싱턴 벨뷰 공원의 경관

Leopold[56]의 주장과 비슷한 윤리에 의해 만들어지지만, '공원을 위한 공원'만을 추구하지 않는다. '사람들을 위한 공원'이라는 더 중요한 의도 또한 존재한다.

유휴지 내 커뮤니티 가든

필라델피아에서는 유휴지를 자원이자 사회적 혜택으로서 활용하고자 한다. 필라델피아는 유휴 필지들과 버려진 건물들이 수없이 많다. 펜실베이니아 원예협회PHS는 "유휴지를 다시 보자"는 운동을 하는 대표 기관들 중 한 곳이다.

> 유휴지를 엉망으로 두는 대신 도시의 쾌적한 편의 시설로 만들 수 있다. 이곳을 공원으로, 커뮤니티 가든으로, 여가 공간으로, 앞마당으로, '공통'의 주거공간으로, 관리된 필지로, 길가 주차장으로 또 다른 공용 공간으로 만들 수 있다. 유휴지는 주민들의 한 구조물로 도시에서 교외지로 이주하는 사람들이 추구하는 저밀도의 생활 환경을 즐길 수 있게 해준다.[57]

PHS는 주요 프로젝트인 필라델피아 그린에 따라 유휴지를 재사용하기 위한 여러 가지 프로그램을 운영한다. 필라델피아 그린은 그린 컨트리 타운으로 알려진 집중 녹화 프로그램을 포함한다. 이 단체의 관심은 단순히 유휴 필지를 커뮤니티 가든으로 만드는 것 이상에 있다. 수년 동안의 노력들은 그린 프로젝트와 함께 목표 지역의 공동체성을 일깨우는 데 있다. 녹화 사업은 목적 지향적으로, 지역 사회를 조직하는 수단이 되었다. 필라델피아의 변화한 가든 중 하나는 〈그림 4-11〉에 나와 있다. 제인 슈코스케Jane Schukoske가 말했듯이 "커뮤니티 가든은 도시 공간을 개선하고 보전하는 역할뿐만 아니라 인종과 세대 간의 경계를 넘어 인근 주민들 간의 단합을 이끌어냄으로써 사회적 자본을 만든다."[58]

필라델피아의 프로그램은 다른 도시와 유사하다. 1980년대에 보스턴의 두들리 거리Dudley Street는 모든 유휴 공간의 21%가 밀집된 지역이었다. 이후 지역 사회 토지 신탁이 유휴지를 관리하면서 드라마틱한 변화를 겪었다. 유휴지의 활용법으로서 가드닝은 흔하게 사용된다. 아틀란타는 커뮤니티가드닝 협회를 가지고 있고, 시카고는 그린 주식회사Greencorps를, 뉴욕은 그린 썸Green Thumb 프로그램을 운영하고 있다. 전국적으로 350곳 이상에서 커뮤니티 가드닝 프로그램이 운영되고 있다.[59]

주민들의 협업을 만드는 커뮤니티 가든의 성공은 역설적이게도 그들의 생존에 위협이 되었다. 투자 가치가 올라가게 되자, 사용하지 않는 공유지에 조성된 커뮤니티 가든은 개발 압력을 받게 되었다. 예를 들어, 2002년 뉴욕시는 131개의 가든을 주거지로 개발하기 위해 판매한다는 계획을 발표하였다.[60] 그 결과로 지역 사회 활동가와 가드너들의 항의로 인해 해당 제안을 보류하고 시가 적용 가능한 다른 대안을 가지고 오는 것으로 마무리되었다. 동시에, 가든을 위한 필지를 보전하는 단체인 오픈스페이스 신

그림 4-11. 필라델피아의 커뮤니티 가든

탁The Trust for Public Land이 충분한 기금을 가지고 그 대상 중 여러 곳을 매입했다. 이런 보전은 단순히 꽃과 화초들을 지키기 위함이 아니라 이들 존재를 통해 유지되는 사회적 관계를 보호하기 위함이다.

아마도 유휴지를 활용한 가장 흥미로운 사례는 뉴욕 시의 자연 자원을 활용한 사례일 것이다. 1970년대 이후로 쓰임이 없던 고가 철로인 하이라인High Line을 풀씨, 잡초, 풀, 작은 수목이 가득한 자연 공간으로 변모시켰다. 1.3마일의 길이와 2층 높이의 이 버려진 철로는 가장 특이한 형태의 공중 공원로 개발되었다. 이는 미국의 '철도에서 산책로Rails to Trails' 프로그램의 일부이며, 자연 자원의 가치가 높은 곳이다. 하이 라인에 기여한 이들 중 한 명은 "바로 뉴욕의 봄이 어떤가 보여주는 곳이다"고 말했다.[61]

맺으며

주민들이 도시 환경에 가지고 있는 심상에 관한 케빈 린치Kevin Lynch의 연구인 도시에 대한 심상 지도는 흥미로운 사실을 보여준다.[62] 유명한 거리와 랜드마크, 사람들이 지역이라고 읽을 수 있는 구역들 가운데 단순히 인지 못하는 곳들이 있다. 예를 들어, 보스턴의 특정 지역인 백 베이와 사우스 엔드 지역은 보스턴인들에게 빈 칸으로 남아있다. 이런 부지들은 사실상 비어있지 않아도 말이다. 그런데 인터뷰를 해보면 사람들은 이곳을 인지하지 못한다. 이런 지역들이 심상 지도에서 빠진 이유들은 물리적 장벽인 기찻길 등이 이곳을 인지하기 어렵게 했을 수 있다. 혹은 그런 것들이 없는 점이 지각을 더 어렵게 할 수도 있다. 이런 지역들은 어떤 면에서는 마음속의 유휴지라고 할 수 있다.

사실, 실존하는 유휴지들은 도시를 만들기 위한 비전을 달성할 수 있는 수단이 된다.[63] 일반적으로, 이것은 개발 프로세스와 연관이 있다. 그러나 많은 경우에 이것은 사회적 구성이다. 도시는 녹색 장벽의 역할을 한다. 유휴지에 공원을 만들어서 번성한 곳과 그렇지 않은 곳을 구분하기도 한다. 또는 도시는 녹색 자석 전략을 쓰기도 한다. 다운타운 지역에 있는 작은 유휴지를 사들여서 사람들이 소통할 수 있는 공간을 만든다. 이 두 가지의 경우, 도시의 유휴지는 사회적 목적을 달성한다. 사회적 규범은 시 공무원이 유휴지에 대한 의사 결정을 할 때 재정적인 규범보다 덜 중요하지만, 이 장에서 계속 설명하는 것은 사회적 규범은 운영되고 있으며 중요하다는 점이다.

유휴지는 작은 필지의 경우 개발 잠재력이 낮다. 많은 다운타운 지역에서 이렇게 남은 필지들은 각기 다른 블록들에 흩어져 있고, 상점 주변에, 레스토랑과 오피스 빌딩 주변에 흩어져 있다. 어떤 도시들에서는 이렇게 남겨진 필지들이 서로 합쳐져서 갤러리나 길 같은 서비스를 제공하기도 한다. 이런 즉각적인 효과는 정돈되지 않은 지역을 응집력 있는 즐거운 공간으로 변모시킨다. 긍정적이고 사회적인 혜택은 예를 들어, 개인 안전과 상호 보완의 기회를 더 높이는 것과 같은 결과를 가져온다. 종종, 새로운 개발을 통해 지역을 재생하는 것은 그 환경과 연관된 프로젝트가 없는 경우 성공률이 낮다. 디트로이트의 르네상스 센터는 그 주변과 떨어져 있어서 긴장과 불협화음의 상징이었다. 비록 유휴지로부터 발생하더라도 인근 주변과 연결되지 않을 수 있다. 그러나 꼭 그럴 필요는 없다. 유휴지는 물리적인 도시 지형을 연결하는 새로운 개발지라는 데 의미가 있다. 이에 대해서는 5장에서 설명하겠다.

---

1. 그들의 자연 보호 자원은 간접 자산이다.

2. Charles Tiebout, "A Pure Theory of Public Expenditures," *Journal of Political Economy* 64 (October 1956): 416-24. See, inter alia, Vincent Ostrom, Charles Tiebout, and Robert Warren, "The Organization of Government in Metropolitan Areas," *American Political Science Review* 55 (1961): 835-42. Wallace Oates and Robert Schwab, "Economic Competition among Jurisdictions," *Journal of Public Economics* 35 (April 1988): 333-54. Robert Stein, "Tiebout's Sorting Hypothesis," *Urban Affairs Quarterly* 23 (1987). 140-60. Kenneth Bickers and Robert Stein, "The Microfoundations of the Tiebout Model," *Urban Affairs Review* 34 (September 1998): 76-93. Christine Kelleher and David Lowery, "Tiebout Sorting and Selective Satisfaction with Urban Public Services: Testing the Variance

Hypothesis," *Urban Affairs Review* 37 (January 2002): 420-31. Paul Peterson, *City Limits* (Chicago: University of Chicago Press, 1981). Mark Schneider, *The Competitive City* (Pittsburgh: University of Pittsburgh Press, 1989). Daphne Kenyon and John Kincaid, eds., *Competition among States and Local Governments* (Washington, D.C.: Urban Institute Press, 1991). Daphne Kenyon, "Theories of Interjurisdictional Competition," *New England Economic Review* (March-April 1997): 13-28. Thomas Dye, American Federalism: *Competition among Governments* (Lexington, Mass.: DC Heath, 1990). and Alan Altshuler, William Morrill, Harold Wolman, and Faith Mitchell, eds. *Governance and Opportunity in Metropolitan America* (Washington, D.C.: National Academy Press, 1999).

3. 다음의 문헌을 참조할 것, e.g., Susan Hansen, *The Politics of Taxation* (New York: Praeger, 1983). David Austen-Smith and Jeffrey Banks, "Electoral Accountability and Incumbency," in *Models of Strategic Choice in Politics*, ed. Peter Ordeshook (Ann Arbor: University of Michigan Press, 1989), 121-48. and Timothy Besley and Anne Case, "Incumbent Behavior: Vote-Seeking, Tax Setting, and Yardstick Competition," *American Economic Review* 85 (March 1995): 25–45.

4. William A. Fischel, The Homevoter Hypothesis: *How Home Values Influence Local Government Taxation, School Finance, and Land-Use Policies* (Cambridge, Mass.: Harvard University Press, 2001).

5. The 30,000 figure was reported by city officials in response to the survey 1998. Later data collected by the *Detroit Free Press* in 2000 pushed the estimate of vacant land closer to 40,000 parcels.

6. David Jacobson, *Place and Belonging in America* (Baltimore: Johns Hopkins University Press, 2002). Amos Rapoport, *The Meaning of the Built Environment: A Non-Verbal Communication Approach* (Tucson: University of Arizona Press, 1990).

7. Jack L. Nasar, *The Evaluative Image of the City* (Thousand Oaks, Calif.: Sage Publications, 1998).

8. John A. Jakle and David Wilson, *Derelict Landscapes: The Wasting of America's Built Environment* (Savage, Md.: Rowman & Littlefield, 1992), 9. Alice Coleman, "Dead Space in the Dying Inner City," *International Journal of Environmental Studies* 19 (1982): 103-7.

9. James Q. Wilson and George L. Kelling, "Broken Windows: Police and Neighborhood Safety," *Atlantic Monthly*, March 1982, 29–38.

10. Arizona Prevention Resource Center, *Neighborhood Services Department: Make It Work!* (Phoenix: Arizona Prevention Resource Center, 1992), 2.

11. Kevin Lynch, *The Image of the City,* (Cambridge, Mass.: MIT Press, 1960), 47.

12. Mark Alan Hughes and Anais Loizillon, "Over the Horizon: Jobs in the Suburbs of Major Metropolitan Areas," in *Urban Change in the United States and Western Europe*, 2nd edition, ed. Anita A. Summers, Paul C. Cheshire, and Lanfranco Senn (Washington, D.C.: Urban Institute Press, 1999), 35–58.

13. Hughes and Loizillon, "Over the Horizon."

14. David Lowery, "A Transaction Cost Model of Metropolitan Governance: Allocation Versus Redistribution in Urban America," *Journal of Public Administration Research and Theory* 10 (January 2000): 49–78.

15. Peter Dreier, John Mollenkopf, and Todd Swanstrom, *Place Matters: Metropolitics for the Twenty-First Century* (Lawrence: University Press of Kansas, 2001). William G. Gale and Janet Rothenberg Pack, eds., *Brookings-Wharton Papers on Urban Affairs 2001* (Washington, D.C.: Brookings Institution, 2001). Juliet F. Gainsborough, *Fenced Off: The Suburbanization of American Politics* (Washington, D.C.: Georgetown University Press, 2001). Lee Sigelman and Jeffrey R. Henig, "Crossing the Great Divide: Race and Preferences for Living in the City versus the Suburb," *Urban Affairs Review* 37 (September 2001): 3-18.

16. R. Schaffer and N. Smith, "The Gentrification of Harlem?" *Annals of the Association of American Geographers* 76, no. 3 (1986): 347-65.

17. William D. Solecki and Joan M. Welch, "Urban Parks: Green Spaces or Green Walls?" *Landscape and Urban Planning* 32 (1995): 93-106.

18. Paul H. Gobster, "Urban Parks as Green Walls or Green Magnets: Interracial Relations in Neighborhood Boundary Parks," *Landscape and Urban Planning* 41 (1998): 43-55.

19. *The term "gated" is used generously in this instance.*

20. *Dolores Hayden, The Power of Place: Urban Landscapes as Public History (Cambridge, Mass.: MIT Press, 1995), 9.*

21. Jennifer Dixon, "Detroit's Neglect Spawns Squatters," *Detroit Free Press*, July 7, 2000, 1

22. 퇴거는 건강 또는 안전상의 이유나 범죄로 인해 진행될 수 있다.

23. Rebecca R. Sohmer and Robert E. Lang, "Downtown Rebound," *Fannie Mae Foundation Census Note* (Washington, D.C.: Fannie Mae Foundation and Brookings Institution, 2001).

24. Sohmer and Lang, "Downtown Rebound."

25. 공지 이용은 비거주지 형태를 포함하고 있지만, 대부분 이미 개발된 지역의 주거 개발을 진행하는 경우가 많다.

26. Brookings Institution Center on Urban and Metropolitan Policy, *Racial Change in the Nation's Largest Cities: Evidence from the 2000 Census*, April 2001. www.brookings.edu/es/urban/census/citygrowth.htm (June 1, 2003).

27. City of Phoenix, *Infill Housing Program* (Phoenix: City of Phoenix, Business Customer Service Center, 1998), 1.

28. City of Phoenix, *Target Area B Assessment* (Phoenix: City of Phoenix, Planning Department, 1998).

29. City of Seattle, *Seattle's Character* (Seattle: City of Seattle, Office for Long Range Planning, 1991). The annexation map is on page 13.

30. Paul Summers and Daniel Carlson, with Michael Stanger, Saijun Xue, and Mike Miayasato, *Ten Steps to a High-Tech Future: The New Economy in Metropolitan Seattle*, Discussion Paper prepared for the Brookings Institution Center on Urban and Metropolitan Policy (Washington, D.C.: Brookings Institution, 2000).

31. Seattle's Comprehensive Plan, *Toward a Sustainable Seattle: A Plan for Managing Growth*, 1994–2014 (*as Amended November 25, 1997*) (Seattle: Seattle's Comprehensive Plan, 1997), appendices, A76.

32. GMA와 시애틀에 관한 논의는 다음을 참조. Anne Vernez Moudon and LeRoy A. Heckman, "Seattle and the Central Puget Sound," in *Global City-Regions*, ed. Roger Simmonds and Gary Heck (London: Spon, 2000), chap. 11.

33. Puget Sound Regional Council, *1998 Regional Review: Monitoring Change in the Central Puget Sound Region* (Seattle: Puget Sound Regional Council, 1998), 29.

34. Puget Sound Regional Council, *1998 Regional Review*, 39.

35. 다음의 보고서를 참조할 것. e.g., King County, *1998 Annual Growth Report*, 1998. c.gov/budget/agr/agr98 (June 1, 2003).

36. Data in this section are reported in Puget Sound Regional Council, *Urban Centers in the Central Puget Sound Region: A Baseline Summary and Comparison*, Winter 1996–97 (Seattle: Puget Sound Regional Council, 1996), 2-21.

37. Puget Sound Regional Council, *Urban Centers in the Central Puget Sound Region*.

38. Susan Byrnes, "A Choice in How Seattle Grows," *Seattle Times*, November 2, 1997. #background (May 2001).

39. Washington Center for Real Estate Research, *Washington State's Housing Market: A Supply/Demand Assessment, First Quarter 1999*, 1999. www.cbe.wsu.edu/~wcrer/HMUPDATE/MKTRPT9A.htm (May 2000).

40. City of Seattle, *Seattle Comprehensive Plan: Monitoring Our Progress*, 1998 (Seattle: City of Seattle, Strategic Planning Office, 1998), 18.

41. City of Seattle, "Transferable Development Rights (TDR) Program" (City of Seattle, Department of Housing and Human Services, Seattle. unpublished, n.d.). Jane Voget, "Making Transfer of Development Rights Work for Downtown Preservation and Redevelopment" (City of Seattle, Department of Housing and Human Services, Seattle, draft, 1999).d

42. City of Seattle, *Property Tax Exemption for Multifamily Housing* (Seattle: City of Seattle, Office of Housing, 1999).

43. Phyllis Myers, "The Varied Landscape of Park and Conservation Finance," *Nation's Cities Weekly*, June 2, 1997, 3.

44. City of Philadelphia, *Neighborhood Transformations: The Implementation of Philadelphia's Community Development Policy* (Philadelphia: City of Philadelphia, Office of Housing and Community Development, 1997).

45. City of Philadelphia, *Vacant Property Prescriptions: A Reinvestment Strategy* (Philadelphia: City of Philadelphia, Office of Housing and Community Development, 1996), 11.

46. An approach to neighborhood reinvestment based on his experience in Philadelphia's housing department can be found in: John Kromer, *Neighborhood Recovery: Reinvestment Policy for the New Hometown* (New Brunswick, N.J.: Rutgers University Press, 2000).

47. Stephen Carr, Mark Francis, Leanne G. Rivlin, and Andrew M. Stone, *Public Space* (New York: Cambridge University Press, 1992).

48. Carr et al., *Public Space*, 10, 167.

49. Carr et al., *Public Space*, 161.

50. Bucks County (Pa.), *Report of the Bucks County Open Space Task Force* (Doylestown, Pa.: Bucks County Open Space Task Force, 1996), 3.

51. J. Burke and J. M. Ewan, *Sonoran Preserve Master Plan* (Tempe, Ariz.: CAED Herberger Center for Design Excellence, 1998).

52. Burke and Ewan, *Sonoran Preserve Master Plan*, 3.

53. Burke and Ewan, *Sonoran Preserve Master Plan*, 9.

54. City of Bellevue (Wash.), *Bellevue Parks & Open Space System Plan* (Bellevue, Wash.: City of Bellevue, 1993), 6.

55. City of Bellevue, *Bellevue Parks & Open Space System Plan*, 1.

56. Aldo Leopold의 자료 참조, *The Sand County Almanac* (New York: Oxford University Press, 1949). 그의 저서 서문에 (pp. xviii-xix), 그가 주장하길, "우리는 토지를 우리에게 속한 자산으로 생각하기 때문에 토지를 남용한다. 하지만 토지를 우리 사회의 하나로서 여긴다면 토지를 애정어린 마음으로 활용할 수 있을 것이다."

57. Pennsylvania Horticultural Society, *Urban Vacant Land: Issues and Recommendations* (Philadelphia: Pennsylvania Horticultural Society, 1995), 19.

58. Jean E. Schukoske, "Community Development through Gardening: State and Local Policies Transforming Urban Open Space," *New York University Journal of Legislation and Public Policy* 3 (1999-2000): 357.

59. Pennsylvania Horticultural Society, *Urban Vacant Land*.

60. Vanita Gowda, "Whose Garden Is It?" *Governing*, March 2002, 40-41.

61. Adam Gopnik, "A Walk on the High Line," *New Yorker*, May 21, 2001, 45.

62. Lynch, Image of the City.

63. An interesting discussion of the catalytic role of architecture in designing U.S. cities is found in Wayne Attoe and Donn Logan, *American Urban Architecture: Catalysts in the Design of Cities* (Berkeley: University of California Press, 1989).

5장
유휴지의 개발 가능성

전형적인 대도시 지역에서 지자체 간 경쟁이 벌어지고 있는 가운데 지역 관할 구역은 수익 창출 능력과 서비스 제공 수요의 균형을 맞추기 위해 노력하고 있다.[1] 그러한 균형을 맞출 수 있는지에 따라서 지역 경제의 활력이 달라지기 때문에 지자체들은 경제 개발을 촉진하기 위한 활동을 한다. 우리가 이전 연구인 「도시 경관과 자본Cityscapes and Capital」에서 주장했듯이, 시 공무원들은 자원을 활용해 경제를 활성화하기 위해 노력한다.[2] 여기에서는 그들의 규제 권한, 권고 능력과 투자에 대한 선택을 자원의 예로 들 수 있다. 그래서 그들은 경제 개발을 위해 공적 자본을 사용하게 된다. 구체적으로 도시가 통제할 수 있는 중요한 자원 중 하나는 그들의 영토, 즉 토지이다. 도시는 최소한 토지에 대한 통제력을 지니고 있는데, 어떤 경우에는 도시가 토지를 소유할 수도 있다. 어느 경우이든, 도시 정부는 개발 과정의 중심에 있고, 토지는 그 과정에서 핵심 요소이다. 정부 차원의 정책은 개발 능력과 도시의 성장 가능성에 영향을 미치는데, 특히 토지의 공급과 수준에 영향을 미친다.

개발 시책은 도시가 반드시 도시의 경제적 활력을 증진시키고 지역 사회의 이미지를 강화해야 함을 명시하고 있다. 이러한 규범에 따르면 도시들은 유휴지를 생산적으로 이용하거나 재활용해야 한다. 그리고 비록 유휴지가 지역 선거와 큰 연관이 없더라도, 시 공무원들은 토지와 관련된 것들에서 정치적 이득을 볼 수 있도록 토지를 관리해야 한다.[3] 따라서 개발은 단순한 경제적 혜택과 이미지 개선 그 이상의 것이며 정치적 가치를 가지고 있다. 이 장에서는 유휴지가 개발 규범에서 담당하는 역할에 대해 논의한다.

대도시 권역에서 경제 개발

미국의 대도시 권역은 경제적 파이의 조각을 두고 경쟁하는 다양한 관할권으로 얽혀 있다. 인구조사국Census Bureau은 1977년에는 79,862개, 1987년 82,176개의 자치구에서 1997년 87,453개의 자치구로 증가했다고 집계했다. 모든 지자체는 관할권을 정의할 수 있는 영토적 경계를 가지고 있으며 다양한 수준에서 수익을 거두고 서비스를 제공한다. 티뷰Tiebout 등에 따르면, 관할권들이 합쳐져 혼합된다면 정부의 시장을 만들기 때문에 이는 "공공재에 대한 효율적인 배치를 보장하고 시민에게 제공하는 서비스의 폭을 확장한다"고 말한다.[4]

따라서 대도시 권역의 지역들은 사람과 기업을 유인하기 위해 경쟁하게 되는데 경쟁은 비슷한 권력을 가진 관할권들 사이(수평적 경쟁)와 서로 다른 권력을 가진 지자체들 간에 발생한다(수직적 경쟁).[5] 대부분의 경쟁 전략 분석은 세금과 서비스 품질에 초점을 맞추지만, 경쟁은 토지, 특히 토지 이용으로 확장될 수 있다.[6] 예를 들어, 피닉스 권역 도시들이 수익을 창출하기 위해 토지를 합병하는 수평적 경쟁을 떠올려보자(3장). 피오리아 교외 지역의 한 관리는 "우리가 이 지역을 합병하지 않았다면 다른 도시(피닉스)가 합병했을 것이다"라고 말했다. 대부분의 대도시 권역은 중심 도시와 그 교외 지역 사이에서 극심한 수평적 경쟁과 어느 정도의 수직적 경쟁도 하고 있다.[7]

공공 자본의 이동

지역은 기본 경제의 경제 성장 잠재력, 즉 투자, 생산, 소비, 소득 잠재력 등을 증대하거나 영향을 미칠 뿐만 아니라, 제도, 행동, 기술 혁신 등을 포함한 지역 경제의 구조에 근본적인 변화를 일으키기 위한 정책을 수립한다. 특히 토지는 경제 개발에 영향을 미치고 경제 개발에 의해 영향을 받는 자원이다. 토지의 가치는 토지의 이용 가능성, 조건, 수요, 이용 잠재력(조닝), 정부 지원금, 접근성, 계획과 비전, 특권, 상징성, 사회적 가치 등이 결정한다.[8] 민간 시장의 작업과 정부의 활동으로 토지가 '장소'로 변모함에 따라 토지의 가치는 변할 것이다.

전국적으로 도시들은 프로젝트 개발을 지원하기 위해 공적 자본을 동원했다.[9] 많은 도시가 추진자이자 기촉제의 역할을 하며 프로젝트에 필요한 모든 것들을 지원한다. 특히 도시개발활동기금Urban Development Action Grant(UDAG) 프로그램의 시대에 도시들은 '갭 금융gap financing'을 통해 자금을 조달할 수 있다. 이는 주 정부로부터 프로젝트 자금을 투자 받아 개발자에게 주는 형태이다. 후기 UDAG 시대에는 도시들 스스로 갭 금융을 실시해서 원하는 성과를 가져오도록 했다. 개발 인센티브에 대한 많은 논의가 있지만, 사실상 대부분 도시가 어떤 방식으로든 공적 자본의 투자 유치를 활용한다는 점은 사실이다.[10] 그 결과, 그 노력은 지역 경제의 건전성을 유지하고 도시가 세금과 서비스 사이의 경쟁적 균형을 유지하게 한다.[11]

거의 모든 도시가 개발을 추구한다. 비록 같은 유형의 개발은 아니어도 말이다. 1987년 시행된 전 국가적 조사에 따르면 거의 90%에 가까운 시장들이 그들의 도시에서 경제 개발이 3대 우선 순위 중 하나라고 했지만 그들의 접근 방식과 전략은 다양하다.[12] 어떤 도시들은 인센티브를 활용해서 그들의 개발 가능성을 공격적으로 홍보한다. 즉, 이런 도시들은 세금을 감면하고, 자금을 지원하고, 저가의 토지를 제공해서 투자 가치를 높이고자 한다. 개발을 원하는 다른 도시들은 종종 인센티브 제공에 있어 신중하다. 종종 주의 법이나 도시 공무원들이 위험 감수를 꺼리기 때문이다. 그래서 여전히 다른 도시들은 성장을 관리하고 투자자들의 종류를 엄격하게 통제하는 등 지역을 유지하는 역할을 더 많이 선택한다.

경제적 개발이 가시적인 성과(예: 신규 기업, 시설 확장, 더 많은 일자리)를 추구하지만, 경제적 개발은 추가적으로 도시의 이미지 개선에 대한 큰 연관이 있다. 지역 공무원들은 그들의 도시가 다른 도시들과 경쟁해서 더 높은 경제적 성과를 보이고자 한다.[13] 도시에 엄청난 비용을 들여서라도 전문적인 스포츠 프랜차이즈를 유치하는 것은 도시가 '메이저리그의 도시'로 거듭나고자 하는 것이다.[14] 또한 새로운 스타디움은(공공 모금을 통해 건설되더라도) 도시 번영의 상징이자 우월함의 표시이다. 어떤 경우에는 상징적 가치가 도시가 그 투자로부터 받는 유일한 수익일 수도 있다.[15] 중요한 점은 이미지가 추상적인 것은 아니라는 점이다. 이는 목적이 있는 행동에 가이드라인이 될 수 있으며 도시는 긍정적인 이미지를 추구하게 된다. 그레고리 J 애쉬워스Gregory J. Ashworth와 헹크 보그트Henk Voogd는 "도시들에 대한 인지와 심적 이미지는 경제적 성과 혹은 실패에 대한 적극적인 요소이다"라고 말했다.[16]

토지는 경제 개발 과정에서 중요한 요소이다. 인구가 5만 명 혹은 그 이상인 도시 중 2/3가 토지를 매입하고(68.6%) 개발자에게 토지를 팔았다(69.3%).[17] 대략 61%에 해당하는 도시가 재개발을 위해 토지를 정리했다. 토지 필지들의 합병은 이보다 덜 빈번하게 발생하는데, 대략 1/3의 도시가 경험한다. 비슷한 수치로, 토지를 개발자들에게 시장 가치보다 낮은 가격에 판매하는 경우가 있다. 이는 인구 20만 명이상 대규모 도시에서 발생했으며 토지와 연관된 개발 활동에서 높게 발생했다. 대도시의 75% 이상이 토지를 매입하고 정리하고 개발자에게 팔았으며, 50% 이상이 필지를 합병하고 시장가격보다 낮게 팔았다.

경제 개발 이슈로서 유휴지

위에서 언급한 개발 행위 중 유휴지와 가장 연관이 큰 것은 정리clearance이다. 도시 정부의 61%가 개발을 하거나 좀 더 정확히는 재개발을 하기 위해 목적을 가지고 유휴지를 만들었다. 이런 행위들의 대부분은 블록 단위보다는 필지 단위로 진행되는데, 이 도시들의 목적은 명확하다.

- 쇠락한 건물을 토지에서 정리하기 위해,
- 후속 재개발을 위한 토지를 준비하기 위해,
- 필요하다면 토지의 소유권을 넘겨받기 위해,
- 토지의 생산성을 높이기 위해, 즉, 필지의 성공적인 재개발 혹은 보존을 위함이다(예: 녹지).

도시들은 특히 인근 관할 지역에서 토지의 개발 잠재력을 이용하라는 극심한 경쟁 압박에 시달린다. 도시 지도자들은 재개발을 할 수 있는 특정 지역인 도시 중심의 토지들 혹은 도시 경계의 토지들 간에 전략적인 선택을 해야 한다. 유휴지는 다른 경제적 가치를 가지고 있기 때문에 다른 무엇보다 중요한 것은 토지의 위치이다. 일반적으로 도시 지역의 토지 가격은 도시 중심으로부터 거리가 멀어질수록 하락한다.[18] 지역 공무원들은 또한 재개발 과정의 보조금 수준과 궁극적으로 토지 이용을 어디까지 허용할 것인가에 대한 의사 결정을 해야 한다.

사용이 끝나고 생긴 유휴지들은 주변의 자산 가치를 위협한다. 전염 효과가 발생하는 것인데, 블록의 중간에 있는 유휴지가 주변 필지의 가치에 부정적인 영향을 미치는 것이다. 또한 코너에 있는 버려진 건물은 다른 블록에도 확장해서 영향을 미친다. 필라델피아에서 진행된 연구에 따르면, 각각의 유휴지는 많게는 8개의 근처 부동산 가치에 영향을 미친다.[19] 〈그림 5-1〉은 유휴지가 단독으로 있는 경우와 여러 개 있는 경우, 그 유휴지로 인한 부정적인 영향이 어디까지 미치는가를 시각적으로 표현한 것이다.

이런 전염 효과가 주변 부지에 미치는 부정적인 영향이 있기 때문에 유휴지를 재활용하고자 하는 도시의 전략은 분명하고 적극적이어야 한다. 피오리아와 같은 성장하는 도시에서도, 도심 내 오래된 부분들은 비어 있고 폐쇄되어 있다. 도시가 유휴지들과 버려진 건물들의 재이용을 촉진하지 않는 한 주변 부동산 가치 하락은 감수해야 한다. 하지만 모든 토지를 도시가 소유하는 것이 아니고 민간이 소유할 수도 있기 때문에 도시가 선

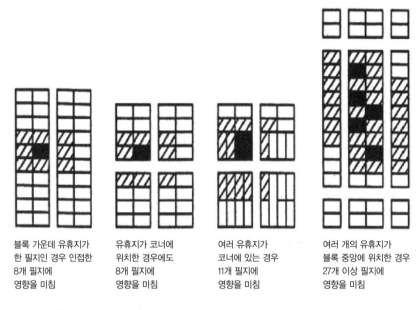

블록 가운데 유휴지가
한 필지인 경우 인접한
8개 필지에
영향을 미침

유휴지가 코너에
위치한 경우에도
8개 필지에
영향을 미침

여러 유휴지가
코너에 있는 경우
11개 필지에
영향을 미침

여러 개의 유휴지가
블록 중앙에 위치한 경우
27개 이상 필지에
영향을 미침

그림 5-1. 유휴지의 전염 효과
출처: 페어몬트 벤처스, "필라델피아 인근의 유휴지 관리: 비용-편익 분석", 펜실베이니아 원예협회, 1999년 4월

택할 수 있는 옵션은 제한되어 있다.

개발이나 도시 내 유휴지의 재활용을 촉진하기 위해 고안된 도시 정책에는 중요한 전략들이 반영된다. 예를 들어, 도시의 개발 자원을 가장자리나 경계부에 집중시키는 결정은 특별한 요구와 상황과 기회를 반영한다. 이런 기회들은 도시의 개발 자원들을 유휴지와 '채우기infill' 전략에 따라 이동하는 것보다 더 높은 잠재적 이익을 가질 것이다. 따라서 우리는 도시의 수익 창출에 대한 요구는 '채우기 전략'에 영향을 준다고 예상할 수 있다. 또한 우리가 3장에서 다루었듯이 소비세에 의존하는 도시들은 재산세에 의존하는 도시들보다 채우기 전략을 추구할 동기가 적어 보인다.

그러나 〈표 5-1〉이 보여주듯이, 유휴지 조사 자료의 결과는 다르다. 소비세 도시들이 채우기 정책을 선택한 경우는 재산세 도시들이 선택한 것

표 5-1. 도시의 채우기 정책과 세금 의존도

정책	재산세 도시	판매세 도시	소득세 도시와 소득 및 판매세 도시	모든 도시
채우기 정책	9	15	3	27
채우지 않는 정책	42	71	13	126
도시가 소유한 토지에 대해 채우는 정책을 하는 도시 비율	17.6	17.4	18.8	17.6

출처: 저자들이 1997~98년 실행한 유휴지 설문 조사 결과(부록 A 참조)

과 비슷하며, 소득세 도시들과도 비슷하다. 세금 의존도와 관련 없이 채우기 정책은 19%를 넘지 않는다. 그러나 우리가 여기서 유의해야 할 것은 우리의 질문이 민간 소유의 유휴지를 제외하고 도시가 소유한 유휴지의 활용에 대해 물었다는 점이다. 이 주의 사항을 제쳐두고, 도시들이 채우기 전략을 체계적으로 수용했다고 보여지지 않는다.

유휴지의 개발 가능성은 토지 시장이 얼마나 뜨거운가가 가장 명확한 지표이다. 보스턴주립병원Boston State Hospital이 소유한 토지의 재개발과 관련해서 보스턴은 적합한 사례를 보여준다.[20] 175에이커의 부지는 1981년 이후 유휴 상태였다. 주 정부는 20개 이상의 건물을 철거하고 지하 저장 탱크를 제거했지만, 실행 가능한 개발 계획을 수립하지 못했다. 도시에서 공공이 소유한 필지 중 가장 큰 유휴지에 "뭐라도 해야 한다"는 압박이 컸다. 메사추세츠 법원이 2000년 개정한 법에 따르면 부지의 소유권은 주 정부가 가지고 있지만, 이 부지는 보스턴 시 보스턴 재개발국Boston Redevelopment Authority에 위치해서 개발자들의 역할이 중요했다. 이 부지에 대한 새로운 계획에는 다양한 비즈니스 공원, 대규모의 주거지 개발, 교육 및 건강 관련 시설과 야생동물 보호처가 표함됐다. 유휴지에 대한 개발 잠재력은 높았고, 지역 경제는 탄탄했던 덕분에 보스턴 시장 토마스 메니노Thomas Menino는 "이 부지는 너무 오랫동안 고난을 겪었다. 우리에게 개발 권한을 주면 이 도시에서 가장 가치 높은 곳으로 바꾸겠다"[21]고 말했다.

지역 정부의 일반적인 목적은 토지 규제와 관리에 있지만, 보스턴의 사례가 보여주듯 그들이 모든 권한을 가지고 있지는 않다. 도시의 의사 결정 체계는 외부의 역할과 특히 주 정부와 토지 정책에 영향을 미치는 시장의 규제를 받기 때문이다.[22] 그래서 이런 규칙들은 도시가 개발을 하고자 하는 것을 복잡하게 만든다. 정부의 유휴지 정책은 조례, 주 법령, 지방 간 현정에 명시적으로 공식화되거나, 관습과 전통으로 따르는 시행령이든 간에, 이것들은 세 가지의 목적을 위한 것으로 분류할 수 있다. 도시의 정치적 영역을 확보하거나 확장하는 것,[23] 쓰이지 않거나 버려졌거나 오염된 토지의 재활용,[24] 그리고 유휴지에 대한 규제와 규율이다. 이 목적들에 대해 이 장에서 이어서 설명할 것이다.

토지 점유

토지 합병에 관한 법은 도시의 정치적 영역을 확장하는 데 도움을 주기도 하고 규제하기도 한다. 1990년부터 1996년 사이에 도시들은 45,000개의 합병으로 350만 에이커의 토지를 확장했다.[25] 예를 들어, 애리조나 주의 어떤 도시들은 정치적 경계를 꽤 쉽게 확장했다. 하지만 중요한 유권자와 토지 소유주들은(자산 가치를 중심으로 측정) 합병의 영역에 있는 경우 합병에 관한 찬반 투표에 반드시 참여해야 했다. 이때 개발자들은 대체로 합병 예정지의 대부분을 소유하고 있기 때문에 반대율이 낮았다. 몇몇 주에서는 이견의 여지가 없는 합병은 시 의회의 간단한 투표를 통해 결정되기도 한다. 그러나 다른 주의 경우 토지 합병은 매우 어렵고 비생산적인 일이다.[26] 합병 문제는 도시들과 합병 예정지 모두에서 다수결 또는 긍정적인 투표를 요구하기 때문이다. 이런 경우에는 어쩌면 합병 예정 지역의 주민들이 거부권을 행사하는 것이 쉬울 수도 있다.

적절한 주의 법이 필요하지만 이것이 합병을 위한 충분 조건은 아니다. 도시의 합병 능력은 대도시의 관할 구역 배치에 따라 달라진다. 지자체에 편입되지 않은 영토로 둘러싸인 도시는 그 경계를 쉽게 확장할 수 있겠지만, 다른 지역에 포함된 경우에는 더 어려워진다. 지자체 간의 협력이 수월한 주에서는 도시가 그 경계를 넓힐 만한 교외 지역을 찾을 가능성이 있다. 하지만 어떤 관할권은 이웃 도시에 의한 토지 합병에 대해 방어적인 태도를 보이기도 한다. 토지 합병의 난이도는 도시의 토지 공급을 결정하는 주요 요인이며, 따라서 도시 내 유휴지의 양에 영향을 미친다. 피닉스 대도시 지역의 예는 도시의 전략적 행동이 어떻게 합병에 영향을 미치는지 보여준다.

피오리아의 경계 확장

애리조나 주 마리코파 카운티Maricopa County의 북쪽 중심은 1998년 합병된 경계를 보여준다.[27] 피오리아 시의 토지 합병은 그 속도와 정도에서 주목할 만하다. 피오리아는 1954년 1평방 마일의 도시로, 피닉스 서부의 농업 중심지로 시작했다(지도에서 검정색으로 칠해진 가장 작은 부분). 그 이후 시는 북쪽으로 확장해서 1990년대 중반에는 짙은 회색 지역까지 확장했고, 그 이후 더 많은 필지들을 합병했다(지도에서 연회색 부분). 그리고 지금은 144평방 마일 이상의 규모이다. 합병은 도시의 북쪽 방향으로 공격적으로 진행되어서 우스갯소리로 시장을 '남부 유타의 시장'이라고 부르기도 했다. 비록 합병은 현재로서는 주춤하지만, 도시의 인구는 1980년 12,000명에서 1990년에는 거의 52,000명, 2000년에는 108,364명으로 지난 십여 년 동안 크게 증가했다.

주의 합병에 대한 법령이 도시들의 공격적인 확장을 허용하지만, 애리조나 주의 도시들 중 소비세에 의존하는 도시들은 개발 전부터 공격적인

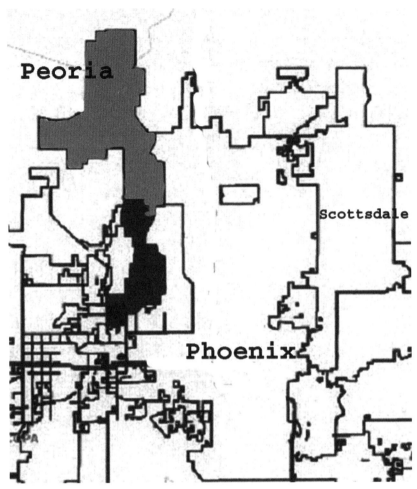

그림 5-2. 애리조나 마리코파 카운티 북쪽 지역의 합병된 장소

합병을 촉진하거나 요청했다. 피닉스가 도시의 북쪽에 있는 고속도로 인근의 토지를 합병한 것처럼, 이들의 전략은 소매 중심지를 점유하는 데 있었다. 피오리아의 전략은 두 가지 면을 전제하고 있다. 첫째, 피오리아의 공무원들은 피닉스가 17번 주간 고속도로 서쪽을 곧 합병할 것이고, 이는 피오리아를 포함한 마리코파 카운티 서부 지역의 북쪽 확장을 방해할 것

그림 5-3. 애리조나 피오리아의 "가공되지 않은 흙이 있는" 유휴지 개발

이라 믿었다. 이에 피오리아는 차단 전략으로 반응했다. 둘째, 피오리아의 공무원들은 애리조나 주 도시들의 모든 공무원들처럼, 거주민들이 부담하는 재산세가 그들이 받는 서비스보다 적다는 것을 알고 있었다. 재산세는 1999년부터 2000년까지 피오리아의 일반 예산의 3%만을 차지한 반면, 소비세는 31%를 차지했다.[28]

따라서 피오리아는 이웃 도시들이 주민들의 소비세를 거둬가는 것을 허용하기보다는 소매업을 촉진시킬 필요가 있었다. 실제로 소매업을 위한 상점들은 글렌데일Glendale(피오리아의 동부) 같은 도시 경계부를 따라 입점될 계획이었다. 그래서 시는 자동차 판매점의 소비세를 감면해줌으로써 도시의 경계 안과 두 개의 큰 커뮤니티(글렌데일과 시에 포함되지 않은 선 시티)로부터 0.5마일보다 짧은 거리에 판매점을 위치시켰고, 자동차 판매점의 수익 창출 능력은 이들을 더욱 매력적으로 보이게 했다.[29] 〈그림 5-3〉은 합병된 토지에 새로 개발된 상업 지역을 보여준다. 피닉스 대도시 전역에서 사막 지역의 대규모 개발이 이어지고 있다.

합병은 애리조나 주 지자체들이 오랜 기간 동안 활용해온 유휴지 활용 정책이다. 미국 내에서 합병을 주도적으로 해온 도시 중 하나인 피닉

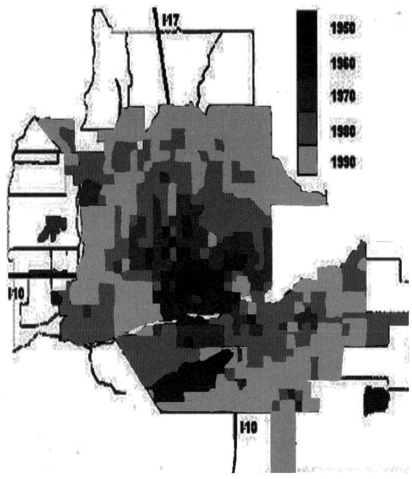

그림 5-4. 1950~90년 피닉스의 확장
출처: Ray Quay, Jim Mathien, David Richert, "피닉스의 성장 전략", 미국계획협회, 샌디에이고, 1997

스는 마리코파 카운티의 대도시 권역과 좋은 관계를 가지고 있다. 챈들러
Chandler, 메사Mesa, 스카츠데일Scottdale, 길버트Gilbert, 피오리아는 모두 그들
의 영토를 점차적으로 확장했다. 1990년 이래로 합병은 특히 북서쪽(피오리
아), 인터체인지의 북부(피닉스) 그리고 남동부(길버트와 챈들러) 지역으로 광범위

하게 진행되었다. 단 몇 년만에, 이 도시들은 토지 공급을 늘려서 미래 경제 성장의 발판을 마련했다.

합병은 또한 개발의 다른 결과물인 이미지 개선 효과를 가져온다. 피오리아에서 합병으로 인한 규모는 도시가 좀 더 대도시의 역할을 할 수 있게 해주었다. 피오리아는 피닉스 서쪽의 농업 커뮤니티라는 이미지를 탈피하고, 피닉스 동쪽에 있는 풀서비스를 제공하는 도시라는 목표가 생겼다. 피닉스에서 개발이 가능한 방대한 양의 토지 공급은 도시의 지역적 지배력을 유지시킨다. 그러나 더 중요한 점은 이것이 도시의 국가적이고 세계적인 경쟁자들에게 도시의 이미지를 개선시킨다는 점이다.

피닉스의 공격적인 합병

피오리아가 공격적인 합병의 한 예라면, 피닉스는 다른 예이다. 피닉스에게 합병은 대도시 커뮤니티를 지속적으로 점유할 수 있는 권한을 의미한다. 〈그림 5-4〉에 있는 지도는 피닉스가 1950년부터 1990년까지 확장한 영역을 보여준다(가운데 네모난 지역). 도시는 모든 방향으로 확장했는데 여기에는 넓고 방대한 사막뿐만 아니라 작은 필지들도 포함된다. 주요 고속도로를 따라 진행된 합병 방식은 예상 가능한 관행인 상업적 개발이다. 1990년대 동안 합병을 통해 피닉스는 지도에는 표시되어 있지 않지만 470평방마일의 토지를 확보할 수 있었다.

도시는 왜 의도적인 성장 전략으로 합병을 선택하는 것일까? 공공의 입장에서 피닉스는 다른 지자체와 비교했을 때 새롭게 편입되는 토지를 관리하는 데 특별한 노하우가 있다. 피닉스의 리더들은 도시가 소비세 수익에 지속적으로 의존하고 있기 때문에 다른 도시로부터 이 수익을 뺏기는 것을 막고자 한다. 따라서 답은 정해져 있다. 상업 개발을 위한 토지 합병은 결국 소비세 수익 증가와 같다. 역사적으로 피닉스는 대도시 지역의 소비세보다 더 많은 수익을 거둬들였다. 그러나 시간이 지나면서 다른 지자체들에서도 유사한 전략을 추구하면서 도시의 우위는 약해졌다. 그래서

위에서 언급했듯이, 대도시 서열에서 '정당한' 위치를 유지하고 미국 내에서 그리고 세계적으로 경쟁하기 위해서 도시는 계속해서 확장할 필요가 있다.

주요 도시들이 합병하는 것에는 두 가지 이유가 있다. ①그들의 자신의 운명을 통제하기 위해서, ②다른 도시의 운명에 그들의 토지가 합병되는 것을 막기 위해서이다. 이러한 이유들 이외에도 합의하에 합병하는 것은 드문 일이 아니다. 예를 들어, 시 공무원들이 8,000에이커의 필지를 개발하려고 할 때 인근 도시들에 근접한 재산을 구매한 한 개발자는 "토지 합병에 대한 보상으로 어떤 인센티브를 줄 수 있는가?"라고 시 공무원들에게 묻기도 하였다. 또한 도시들은 다른 도시들을 의식할 수밖에 없기에 개발 경쟁이 치열하다. 한 도시가 선택한 행동은 다른 경쟁 도시에게 또 다른 행동을 야기할 수 있기 때문이다.

피닉스에서 가장 큰 규모의 합병은 17번 고속도로 북쪽 인근 지역으로, 이 사례는 전략적 합병의 좋은 사례이다. 델 웹 기업Del Webb Corporation의 앤템Anthem 레지던스 개발사(오래된 토지 신탁 기업)는 마리코파 카운티에 속하지 않은 케어프리 고속도로Carefree Highway 북쪽을 개발했다. 대규모의 아울렛이 앤템 인근에 위치했다. 도시는 I-17국도를 따라 합병하고 피닉스에 상업 재산을 추가했지만 앤템은 여전히 영역 밖에 남아 있었다. 시와 개발자들은 합병으로 인한 혜택과 비용을 계산하고 델 웹 기업과 협상을 통해 I-17번을 따라 기반시설을 조성하는 데 참여하는 것에 합의하고 앤템은 합병하지 않기로 결정했다.[30]

〈그림 5-5〉의 지도는 피닉스 시가 1995년 7월부터 1999년 6월까지 승인한 건물의 위치를 보여준다. 북동부 지역과 도시가 1980년대에 합병한 남쪽 경계부에 가장 많은 개발 허가를 내주었다. 다른 인구 통계는 도시의 북부와 서부에 개발 허가가 집중되어 있음을 보여준다. 이곳들은 꽤 최근에 합병한 곳이다. 건물의 배치는 피닉스가 예상한 개발 전략을 확인하는 실마리를 제공한다.

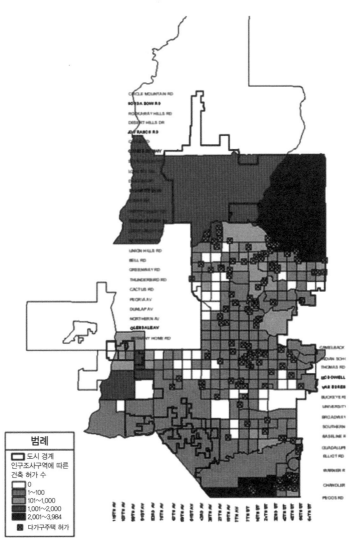

그림 5-5. 피닉스의 건설 활동
출처: 2000~05년 계획 및 2000~01년 계획, 피닉스 도시계획과 제공

템페: 내륙 지역의 재개발

성공적인 정치적 전략은 상황에 맞추어 환경들을 바꾸고 조정해야 한다.

피오리아와 피닉스의 사례는 도시들의 전략적 행동으로서 물리적 경계를 넓히는 방식에 대해 강조한다. 그러나 도시가 육지로 둘러싸인 경우, 경계 확장과 같은 정책적 전략은 주변 지자체들의 상황과 비교하면서 급격하게 변한다. 템페Tempe는 네 개의 접경 도시들(메사, 챈들러, 피닉스, 스카츠데일)과 경쟁하는 내륙 지역의 사례로 적절하다.

내륙 지역의 도시들은 다른 지자체들과 상점을 유인하는 장소를 갖추는 등 다른 관할 기관들과 협력할 동기를 가지고 있지만, 그들과 경계에 있는 도시들은 그렇지 못하다. 경계부의 도시들은 상점들을 다른 도시의 경계에 위치하게 해서 인센티브 효과를 얻을 수 있다. 내륙 지역과 경계부 지역 도시 모두 목적은 수익을 최대화하는 개발을 유인하는 것으로, 이 개발의 방향은 다음과 같다. 주민들을 위해 충분한 시장을 조성하고 경계부 도시에서 자동차를 이용하는 주민들이 당신의 상점을 이용하게 하는 것이다. 이때 합병의 가능성이 있는 경계부 도시들은 내륙 지역에 있는 도시들보다 선택지가 많기 때문에 협력할 가능성이 적다.

지난 20여 년 동안 유휴지의 개발에 대한 템페의 입장은 경계부 도시들의 행동에 영향을 받아 왔으며, 두 가지 주요한 개발 이점이 고려되었다. 첫째, 위에서 설명하였듯이 템페의 서쪽 이웃인 피닉스는 공격적인 합병을 추진했다. 피닉스가 합병한 유휴지는 두 개의 도시들로 구분된 지역이자 거주 목적으로 조닝된 곳이었다. 그래서 템페 시는 유휴지의 나머지 큰 부분들을 자동차 매매상과 같은 고급품 상점 지역으로 바꾸는 것을 지원했다. 피닉스에 새로 편입된 곳의 주민들을 템페의 상점으로 유인하기 위함이었다.

두 번째 그림은 템페의 남동쪽 구석의 경계 바로 옆에 있는 챈들러가 쇼핑몰을 건설한 것이다. 수익을 창출하는 상점들을 건설하는 전략은 템페와 함께 실제로 소비세에 의존하는 모든 도시들이 기대하는 것이다. 그러나 템페는 이미 챈들러와의 경계에 애리조나 밀스Arizona Mills라는 상점을 가지고 있었다. 가까운 거리에 있는 두 상점들의 생존 능력에 대한 의심은 두 도시를 협상과 논의의 자리로 내몰았다. 주민들의 밀도가 증가할 것 같지 않은 상황에서 챈들러와 템페는 한 상점만이 살아남아야 한다고 결론지었다. 결국 두 도시는 상호 이익이 되는 협상을 통해 수익 지위를 유지하기로 합의했다. 템페가 챈들러 국경 근처의 쇼핑몰에서 납부하는 소비세 수입의 일부를 공유해주는 대가로 챈들러는 템페의 경계에서 1마일 내에 쇼핑몰 건설을 중단하기로 했다.

두 도시의 전략적 상호 의존성은 경쟁보다는 협력을 촉진시켰다. 템페의 경우, 만약 템페의 현존하는 상점 인근인 챈들러에 상점이 생긴다면 손실이 발생할 것이다. 템페는 이를 알고 새로운 상점 건설을 안 하는 조건으로 소비세 수익의 20%를 챈들러가 지급하도록 했다. 템페 상점은 750만 달러의 소비세 수익을 창출하고, 챈들러는 150만 달러의 매출을 올리고 있다. 두 도시는 충분한 합의를 거쳤고, 손실 위험을 줄일 수 있었다. 이런 결속은 두 도시에 추가적인 소비세 수익을 주었다.

왜 챈들러는 템페와 협력하고 상권 전쟁을 마쳤을까? 여전히 토지를 합병할 수 있고 그들의 영역을 확장할 수 있는 네 개의 이웃 도시들 중 템페와 협력을 원하는 곳은 왜 없었을까? 빠른 성장을 하는 메사와 피닉스는 그들이 만들어 성업 중인 상점 지역이 있어서 협력할 이유가 없었다. 스카츠데일은 계속해서 확장을 할 수 있었지만, 이미 고급 상점 지역을 갖추고 템페 주변에 개발이 가능한 유휴지를 가지고 있었기 때문에 협력할 이유가 없었다.

그럼 왜 챈들러여야 했을까? 이를 설명하려면 템페의 동쪽과 북동쪽에 인접한 부촌인 길버트Gilbert의 성장 가능성에 대해 살펴보아야 한다. 길버트는 그 북쪽 이웃인 메사에 잠재적 수익을 빼앗기고 있었다. 메사가 미국 동부와 서부를 가로지르는 60번 고속도로 근처에 몇 개의 상점들을 가지고 있었기 때문이다. 60번 고속도로의 남쪽으로부터 1.5마일 떨어진 곳이 길버트인데, 대도시에 있는 다른 자치구들과 마찬가지로 길버트는 상점을 짓고 토지를 합병하는 데 집중하고 있었다. 길버트의 잠재력이 북쪽 지역

(메사)을 통제하고 인구 기반이 상점들을 충족할 만큼 남부나 동부로 개발되지 않았기 때문에, 이곳은 챈들러의 경계를 따라 서부를 개발 가능지로 남겨두었다. 챈들러는 이미 두 개의 큰 쇼핑몰을 그 지리적 중심에 두었다. 그리고 템페는 챈들러의 서부에 하나를 가지고 있고, 메사는 메사의 북쪽에 하나를 가지고 있다. 챈들러의 기대 수익은 길버트가 위치한 동쪽에 다른 상점을 개발하는 것이다. 챈들러는 길버트 경계의 부지에 건설을 촉진하여 챈들러와 길버트 주민 모두를 유인하길 바랐다.

물론 길버트도 같은 토지 전략을 가지고 있다. 템페가 챈들러 근처에 다른 쇼핑몰을 지어서 잠재 수익을 빼내가는 것에 대해 염려할 필요 없이 템페의 상점들로부터 나오는 수익에 의지할 수 있기 때문에 챈들러의 위치는 아마도 더 나은 상황에 놓인다. 판매 인센티브 제공의 휴전은 챈들러의

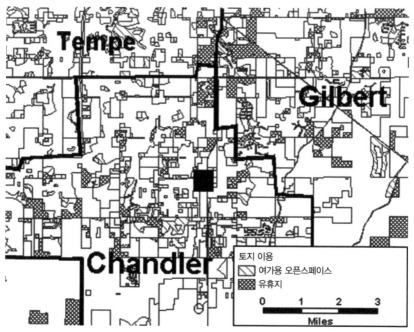

그림 5-6. 애리조나 챈들러의 토지 이용

북부와 서부 이웃들과 템페의 남서부 이웃들을 보호하는 데 도움이 된다. 실제로 쇼핑몰의 가장 전략적인 위치는 길버트 국경에서 1.5마일 이내로 인접 도시에서 소비자를 끌어들이는 것이다. 정확히 40만 평방 피트의 쇼핑몰이 드로잉 보드에 있는 곳이다. 그러나 휴전은 개발 전쟁에서 발생할 수 있는 재무적 손실 위험만큼 중요한 전략이다. 예상대로 휴전은 2003년 챈들러가 템페와의 "영구적인" 1996년 제안서에 대한 수정을 요청하면서 끝이 났다. "양해 각서가 실행된 당시부터 챈들러 안에는 중요한 상업 개발이 이뤄졌고, 영구 공유 계약은 더 이상 필요하지 않다"[31]는 게 시의 주장이다.

개발을 할 수 있는 유휴지는 〈그림 5-6〉에 격자 무늬로 표현된 곳이다. 도시 경계부는 진한 선으로 표시되었다. 챈들러 시가 쇼핑몰을 계획한 곳(지도에서 가장 진한 부분)은 길버트 소비자에게 가깝고 챈들러에서 오는 쇼핑객뿐만 아니라 길버트에서 유입하는 쇼핑객들도 소화할 수 있었다. 그러나 이 부지는 템페로부터는 꽤 멀어서(거의 3마일) 템페와 챈들러 사이의 휴전이 문제가 되는 것을 막을 수 있다.

게다가 챈들러는 길버트의 성장을 저지하기 위해 남쪽 방향으로 토지 합병을 계속하고 있었다. 길버트의 위협이 실패한다면(길버트는 퀸 크릭Queen Creek 방향인 남부와 동부 방향으로 유휴지와 농업 지역을 합병하고 챈들러로부터 더 멀리 상점을 설립해야 할 것이다) 챈들러와 길버트는 서로 지자체에 속하지 않은 토지들을 합병하기 위해 경쟁할 것으로 예상된다. 챈들러가 성공한다면, 길버트는 템페의 경우와 같이 내륙 도시가 될 것이다. 챈들러의 행동은 역설적으로 피오리아와 닮았다. 이런 활동들이 개발 논리에 따라 움직인다는 것은 당연한 이치이다.

유휴지의 재발견과 재활용

유휴지 하면 떠오르는 가장 지배적인 이미지는 신문과 잡지의 한 페이지에서 흔히 볼 수 있는 불법 쓰레기 투기와 마약 밀거래 시장이 형성된 곳이자, 주민과 행인에게 두려움을 일으키는 곳이다. 공동체의 과제는 이런 종류의 유휴지를 되찾고 재활용하는 것이다. 예를 들어, 디트로이트의 유비쿼스트 유휴지와 관련된 문제는 지역 매체에 정기적으로 보도되고 있다.[32] 사실상 지속적인 언론의 압력으로 인해 유휴지 문제가 공공 의제로 계속 부각되어 시 공무원이 행동을 취할 수밖에 없었다. 도시의 문제 중

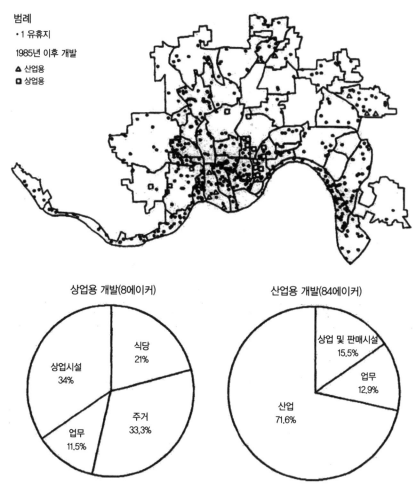

그림 5-7. 신시내티의 사이트 파인더가 48개 커뮤니티에서 찾아낸 유휴 상업 및 산업부지
출처: 신시내티 도시계획과, 1988년 12월

일부는 정보의 부족이다. 디트로이트 시는 버려진 토지의 위치를 모르며 건물들이 비었을 때 추적할 수 있는 시스템이 없었다.

문제의 규모는 디트로이트에서 특히 심각했지만, 다른 도시들도 마찬가지로 공무원들이 유휴지의 위치와 조건에 대한 정확한 데이터를 확보하기 위해 노력하고 있다.[33] 신시내티 시는 1984년 미국 내에서 첫 번째로 유휴 국공유지와 사기업이 보유한 유휴 산업 시설과 상업 시설에 대한 종합적인 인벤토리를 구축했다. 신시내티의 노력은 다른 도시들이 조닝 지도, 세금 기록, 항공사진, 그리고 컴퓨터로 분석하고 조합할 수 있는 필지 인벤토리를 구축하는 데 선구적인 사례가 되었다.[34] 지리정보시스템GIS 기술의 등장으로 업무가 훨씬 더 쉬워졌다.

신시내티의 사이트 파인더Site Finder 인벤토리는 도시의 지속적인 경제 개발 노력의 일환으로 구축되었다. 유휴지의 위치, 규모, 물리적 특징, 소유권, 조닝, 가치 등에 관련된 업데이트된 정보에 바로 접할 수 있도록 함으로써 도시는 기업을 유치하고 유지하는 데 경쟁 우위를 확보할 수 있다. 〈그림 5-7〉은 신시내티의 유휴지 위치와 과거에는 비었지만 지금은 개발된 부지의 위치를 보여준다. 워싱턴 주의 야키마와 사우스 캐롤라이나 주의 그린빌과 같은 도시들은 신시내티의 사이트 파인더 프로그램을 빌려 그들의 자체 인벤토리를 구축했다. 특히 각 유휴지의 개발 잠재력을 측정하는 데 관심이 있기 때문이다.[35]

유휴지와 경제 개발 계획

유휴지를 대규모 경제 개발 계획의 일부로 재활용하는 것은 과거에 비해 더 표준화되었다. 1990년대 초반, 뉴욕 시는 14,000개에서 20,000개 사이의 유휴 필지들을 보유했다.[36] 이 수치들은 정확한 데이터를 반영한 것은 아니다. 도시들은 그들이 소유한 유휴지를 경매로 계속 처분하자, 공무원들은 유휴 필지들을 상업 중심, 저소득층을 위한 주거지, 근린공원, 커뮤니티 가든으로 바꾸기 위한 일련의 토지 처분 계획들을 세우기 시작했다. 첫 번째 단계는 부지의 위치와 상태에 대한 관련 정보를 포함하는 유휴지 데이터베이스를 작성하는 것이다. 도시 계획국의 관리자는 다음과 같이 말했다. "도시가 보유한 유휴지는 엄청난 자원이다.…… 엄청난 개발 가능성이 있다."[37]

클리브랜드의 토지 재활용Land Reutilization 프로그램은 유휴지와 버려진 건물들의 재활용을 촉진하는 모델이다.[38] 도시는 공격적으로 세금을 체납한 부동산을 압류했고, 2주 내의 이의를 제기할 수 있는 기한을 주었다. 이의를 제기하지 않으면 이 부동산은 시 소유의 '토지은행'에 귀속되고 체납한 세액이나 시장 가치 중 더 큰 가격으로 판매되었다. 보스턴은 도시 소유의 유휴지를 처분하기 위한 제안 요청RFP 프로세스를 사용하여 직접적이고 개별화된 접근 방식을 취했다. 시 공공 시설 부서는 인근 주민들의 재사용 선호도를 조사한 후 적합한 제안 요청 사안들을 설계하고 이를 잠재적 개발자들에게 돌려주었다. 이 부서에서는 선택된 유휴 필지의 재개발을 위해 선정된 단체나 개인과 직접 계약을 체결한다.

도시가 보유한 유휴지를 유지하는 것은 개발하는 것보다는 덜하지만 비용이 들기 때문에 시 공무원들은 민간에게 소유권을 넘기거나 비영리 단체들의 지원을 받는다. 뉴욕 시의 경우에는 도시공간계획City Spaces Plan 프로그램을 통해 특정 유휴지를 기업에게 임대하거나, 그곳을 치워 공원이나 놀이터로 바꾼다.[39] 협업의 이점은 공간을 유효하게 사용한다는 점인데, 5년의 최소 임대 기간이 있고, 도시의 소유권은 유지되기 때문이다. 필라델피아는 민간 부문에 유휴지 재개발 사업에 대한 재정 지원을 하고 있다. 필라델피아 플랜Philadelphia Plan은 10개 마을을 대상으로 민간 펀드로부터 10년간 약 2,000만 달러 이상의 기금을 조성해서 오픈스페이스를 만드는 계획이다.[40]

경제 개발의 도구로 유휴지 재고를 사용하는 것은 어떤 도시에서는 유휴지의 윤리 문제가 될 수 있다. 즉, 유휴지는 남은 공간으로서 잔여 범주로서의 지위를 잃어버리고 대신 도시의 미래 비전을 담은 것으로 여겨지기 때문이다. 소위 뉴어바니스트라 불리는 오리건 주의 포틀랜드, 캘리포니아 주의 산호세와 같은 두 가지 중요한 사례들은 도시 성장 문제에 대한 해법 중 하나로 유휴지를 설명한다.[41] 이는 이전보다 더 종합적인 계획으로 도시 확산 현상을 도시의 내부를 성장시키는 전략으로 막는 것이다. 개발된 적이 없거나 건물들이 철거된 필지들은 도시 외곽의 개발지보다 더 매력적이다.[42]

빈 땅을 채우는 시장을 만들기 위해서 도시들은 밀도에 대한 보너스와 저금리 같은 메커니즘을 사용하고 최소 필지 규모에 대한 요구사항을 완화한다. 또한 개발 전략으로서 빈 필지를 채우기는 토지은행을 통해 확장할 수 있다. 그러나 유휴지는 '남겨진' 특성으로 인해 필지 크기가 작고 불규칙한 형태를 보인다. 이를 연속된 필지로 개선하기 위해 종종 활용되는 토지은행은 규모와 형태 문제를 정리해 개발 잠재력을 더욱 높일 것이다. 즉, 토지 시장의 높은 요구에 따라 토지은행은 도시에 자원을 관리하고 거래할 수 있는 방안을 제시한다.

브라운필드의 특수한 사례

사용된 토지들은 형태와 규모는 다를지언정 각자의 역사를 가지고 있다. 재개발이 어려운 유형의 토지 중 하나는 브라운필드이다. 1장에서 논의했듯이 미국환경보호국the U.S. Environmental Protection Agency(EPA)은 브라운필드를 실제로 혹은 인식되는 토지 오염의 정도가 심해서 재개발이 어려운, 버려지거나 이용되지 않는 유휴지로 정의한다.[43] 오염 문제가 있기 때문에 브라운필드는 때로 도시의 유휴지 인벤토리에서 절망적인 것으로 받아들여진다. 그러나 이 오염된 (혹은 오염될) 부지가 갖는 개발 잠재력은 크다. 「정부 Governing」에서는 브라운필드에 대한 중요한 사안을 다음과 같이 얘기한다. "지방자치단체에 간단한 진실이 떠오르고 있다. 산업화로 브라운필드는 재개발이 한창인 도시의 가장 확실한 토지 원천이 되고 있다."[44]

브라운필드의 개념은 1980년 정부의 슈퍼펀드 프로그램에서 시작되었다.[45] 슈퍼펀드는 오염에 대한 실제 기여도에 관계없이 재산의 소유자에게 벌칙을 부과하는 책임 조항이 포함돼 있다. 부지의 이후 소유주조차도 책임을 져야 했다. 깨끗하게 청소하고 토지를 정화하는 데 필요한 잠재적 비용은 이런 부동산들의 재개발을 더욱 제한했다.[46] 동시에 그린필드의 가용성은 오염되거나 오염될 것으로 받아들여지는 필지들의 시장성을 낮춘다. 투자자들은 간단히 계산한다. 브라운필드는 수용할 수 없는 위험과 비용을 가지고 있다. 따라서 이런 부동산들은 도시가 개발 압력을 받더라도 계속 황무지인 상태로 남게 된다.

모든 브라운필드가 같은 수준의 환경 위협에 처해 있는 것은 아니다. 브라운필드들의 시장성이 같은 수준인 것도 아니다. 라이트Wright와 데이블린Davlin은 브라운필드를 토지 오염 정도와 시장성에 따라 3단계로 구분했다.[47] 1단계는 약간의 오염 문제가 있지만 적극적인 경제 개발 프로젝트가 가능한 부지이다. 2단계는 심하게 오염되었거나 낮은 시장성을 갖는 단계이다. 3단계에 해당하는 브라운필드는 재개발의 가능성이 가장 낮으며, 환경적 위험은 높고, 정화가 되더라도 경제적 잠재력이 낮은 경우이다. 이런 단계들은 도시들이 재개발을 할 필지들을 찾는 전략을 제시한다. 1단계 부지들은 도시 스스로 재개발할 수 있기 때문에, 도시들은 2단계 부지들이 1단계로 올 수 있도록 충분한 인센티브를 제공해야 한다. 3단계는 불확실한 경제적 이익을 위해 막대한 공적 투자를 요구하지만, 이러한 사이트들이 초래하는 건강에 관련된 문제들에서는 정화가 필요하다. 2단계인 브라운필드를 재개발하는 것은 어려운 일이며, 3단계 필지를 개발하는 것은 더욱 그러하다.

전국적으로 60만 필지에 해당하는 브라운필드가 경관을 훼손하고 있다.[48] 이 필지들이 차지하는 토지의 면적은 매우 넓다. 연구에 따르면 180개 미국 도시들에 19,000개의 브라운필드가 있으며 이는 180,000에이커에 해당한다고 한다.[49] 뉴저지 주의 시와 관련된 조사에 따르면 도시의 1/3이 적어도 한 필지의 브라운필드를 가지고 있고, 8%가 다섯 곳 혹은 그 이상을 가지고 있다.[50] 한 시 공무원은 이런 부지들을 재개발하는 것에 대한 어려움과 그들이 감당해야 하는 부정적인 파급 효과에 대해 다음과 같이 말했다. "개발자들은 우리가 실질적인 세금 감면을 제공해야만 이런 필지에 관심을 둔다. 이는 필지 주변 전체 지역에 해당한다. 우리는 쇠퇴를 막을 수 없을까봐 걱정이다."[51] 이런 발견은 특히 3단계 브라운필드처럼 부정적인 요인들로 인해 재개발이 어려운 경우를 보여준다. 캔자스시티의 한 브라운필드는 다음과 같이 묘사된다.

향후 2년 동안, 높게 쌓인 벽돌들과 이미 허물어져가는 콘크리트 건물이 있는 부지들이 시장에 나올 것이다. 버려진 철로 옆에 쓰레기와 잡초와 온갖 것들이 있는 곳보다 더 심각한 곳이다. 시 공무원의 말을 빌리자면 "재앙과도 같은 장관"이다. 이 지역의 사업들은 교외로 쫓겨날 위기에 처했다.[52]

1990년대 중반부터 EPA는 브라운필드 문제에 대한 일련의 시범 프로그램과 실증 프로젝트에 자금을 지원해 왔다. '브라운필드 계획Brownfields Initiative'이라는 종합 프로젝트들의 목적은 "예방, 평가, 안전한 정화 및 지속 가능한 재사용"이다.[53] 이 기구는 지자체에 기금을 제공해서 브라운필드를 청소하고 오염으로부터 자유롭게 하며 다른 법적 문제도 없게끔 조치하도록 한다. 2000년까지 이 프로그램은 거의 30,000개에 가까운 필지들에 투자를 했고(많은 부분은 오염된 부분을 복원하는데 사용), 2,000개에 가까운 브라운필드가 완전히 복구되었다.[54] EPA의 브라운필드 계획으로 인해, 지자체와 주 정부가 협력을 했고 많은 재개발이 성공을 거뒀다. 예를 들어, 버팔로에 십 년 이상 버려진 철제 가공 부지는 1,600만 달러의 가치를 가진 22에이커의 수경 토마토 농장과 온실로 바뀌고 200여 개의 새로운 일자리를 창출했다.[55] 버밍햄에서는 최근까지 브라운필드였던 빈 토지에서 백만 평방 피트의 상업 및 산업 공간이 재개발되었다. 13년 동안 뉴올리언스에 버려진 캔 공장은 2000년, 고급 주거 단지와 상업 시설로 바뀌었다.[56]

이런 성공담들은 브라운필드의 재개발이 불가능하지 않다는 것을 보여준다.

1998년, 피닉스는 브라운필드 토지 재활용 프로그램Brownfields Land Recycling Program을 창안했다. 시는 피닉스 중심에 있는 20평방 마일 규모의 브라운필드를 재평가하고 정화하여 재개발하기로 했다. 자격을 얻으려면 상업 구역이나 산업 구역으로 구분하고, 유휴지 또는 소유권이 없으며 저이용되는 부동산이어야 하며, 오염된 부지여야 한다. 부동산 소유주와 개발자들에게 돌아가는 혜택은 많다. 정화 비용, 부동산 마케팅 지원, 시 행정 지원에 대한 우선권, 주기적인 기관의 연락 등이 있다.[57] 주변 지역의 지속적인 합병과 유휴지의 방대한 투입에도 불구하고 여전히 도시 중심 근처의 토지 이용에 대한 수요는 남아 있다. 〈그림 5-8〉과 같이 지정된 브라운필드는 5년 이내로 재개발될 것으로 기대된다.

토지 이용의 제약

성장 관리는 '개발의 양, 시간, 위치, 특징'[58]을 규제하는 것이다. 성장 관리를 하는 주들은 대체로 토지를 빠른 속도로 소비하고 환경적으로 가치

그림 5-8. 피닉스의 브라운필드 부지

있는 지역을 파괴한 지역들
이다. 하와이는 1960년대 주
전역의 토지 이용 규제를 채
택한 첫 번째 주이다. 이어서
버몬트(1970), 플로리다(1972),
오리곤(1973)이 뒤를 이었다.
초기의 이런 사례를 시작으
로 다른 주들도 급속한 도시
확산 현상을 겪으면서 이러
한 조치를 따랐다.

워싱턴 주는 성장관리법
Growth Management Act(GMA)을
1990년 통과시켰다. 이 법
은 도시 경계의 확산 현상을
제한하고 고용과 인구 밀도
가 유지되는 도시 중심을 만
드는 것을 목적으로 한다. 도
시의 정치적인 경계 확장은
GMA에 의해 유휴지의 발
전 가능성이 감소하기 때문
에 더 완화되었다. 시애틀 지
역의 도시 성장 경계는 〈그
림 5-9〉에 나와 있다. 1995
년 경계는 연한 회색으로 칠
해진 부분이다. 1997년 경계
확장은 원 안에 있는 진한 지
역이다.

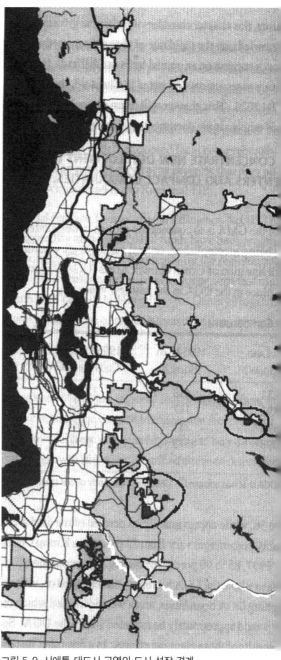

그림 5-9. 시애틀 대도시 구역의 도시 성장 경계
출처: Puget Sound Regional Council, 1998년 12월

시애틀의 전략

시애틀이 유휴지를 재활용하게 한 정치적 논리는 시애틀을 유리한 위치에 서게 했다. 도시의 수익 구조와 주의 GMA는 유휴지와 일반 토지 정책에 대한 정치적 전략을 설계했다. 시애틀은 내륙 지방으로 더 이상 합병을 통한 성장이 불가능하다. 이 시는 주 안에 있는 다른 시들과 마찬가지로 GMA의 규제를 받고, 도시 세금 수입의 2/3에 가까운 수입이 비부동산 자원으로부터 나온다. 우리가 3장에서 논의했듯이, 사업 및 점유세B&O와 소비세는 모든 전문 서비스를 포함하는 광범위한 과세이다. 부지의 4% 미만이 비어 있는데, 그 대부분은 상업시설 주변의 임시 노면 주차장이거나 매우 가파른 경사지이거나 엄청난 투자 없이는 개발이 불가능한 주거 지역에 있어서 주민들의 개발 의지 없이는 확장할 수 없는 경우이다. 버려진 구조물들은 대부분의 경우 생산적인 용도로 사용하며 때문에 '일시적으로' 버려진 곳들이다.

GMA는 시애틀 지역에서 더 이상 새로운 산업 부지는 앞으로 없을 것을 보장하고 있으며, 따라서 시애틀 남부 지역의 산업 부지가 재개발되는 것을 막고자 한다. 또한 GMA는 시애틀의 산업 지역에 대한 보험 정책을 만들어서 경제적인 압력이 다른 도시들로 전가되지 못하게 하기 때문에 산업 부지의 유휴 이용 비율은 사실상 존재하지 않는다. 경제개발국은 1998년 유휴지의 비율을 1.7%로 봤다. 사실 새로운 경기장을 짓고, 몇몇 도시와 지역 단체들이 GMA에서 '빠져나갈 구멍'을 찾아 산업시설 부지로 결정된 곳에 호텔을 짓기도 해서 산업 토지의 양은 줄어들고 있다. 물론 시애틀의 리스크 중 하나는 산업 지역으로 지정된 곳의 지가가 산업체들이 감당하기 어려울 정도로 상승해서 산업체들이 도시를 떠날 것이라는 점이다.

GMA는 특히 도시 성장 중심과 도시 빌리지 주변에 대한 고밀도를 요구한다. 시애틀 관리 지역의 인구와 고용 정도는 이런 성장에 따라 증가하고 있다. 이런 요구 조건들은 토지와 주거 시장에 엄청난 압력을 가해 개발자와 도시 모두에 이익이 되게 했다. 이 프로그램은 지역 경제가 호황을 누리고 있는 가운데 임대료를 인상할 수 있기 때문에 개발자에게 도움이 되었다. 그들은 또한 도시의 고밀화 보너스 프로그램 때문에 이익을 얻는다. 만약 복합 용도로 지정된 지역이라면, 개발자는 다가구 주택의 밀도를 상승시킬 수 있을 것이다. 만약 다가구를 위한 주택지에 건물을 짓는다면 추가적으로 얻는 밀도는 없다. 개발자는 이러한 구조물의 1층을 상점이어야 한다는 점을 양보했다. 도시는 건물의 가치가 다가구를 위한 지역에 있는 것보다 더 크기 때문에 높은 혜택을 받는다. 그리고 다가구 구성으로 인한 부동산 세금은 주거나 다른 목적으로 하는 부동산의 세금과 같다. 사업자는 사업 및 점유세를 내고 소비자는 소비세를 냄으로써 도시는 혜택을 받는다. 또 다른 고밀화 보너스 프로그램은 만약 그들이 저소득 가구를 위한 주택 프로그램을 만드는 데 기여하거나, 오픈스페이스를 제공하거나, 역사문화 자원을 보존할 때 건물의 용적률을 상향시켜준다. 4장에서 말했듯이 이런 고밀화 보너스는 수익을 만드는 것은 아니지만, 도시가 그들의 지역을 돌보고 신경쓰고 있다는 이미지 개선에 도움이 된다.

주 정부가 권장하는 '도시 성장 중심'이 없는 경우, 도시들의 정치적 전략은 수익을 극대화하고 지출을 최소화해서 이런 성장 중심이 거의 같은 위치에 오게끔 하는 것이다. 소비세에 의존하고 있는 도시의 주에 내재된 성장 논리는 도시들의 정치적 경계 주변에서 성장 축을 개발하게 한다. 시애틀의 경우, 우리는 주요 상업 중심들이 도시의 4개 코너 근처에 개발될 것으로 기대했다. 사실 도시 성장 중심이 지정되고 다른 도시의 성장 경계가 지정되기 전에 도시의 주요 상점들은 북동부와 북서부 코너뿐만 아니라 도시의 중심에도 위치를 했고(중심업무지역이나 그 동쪽의 대학과 병원들), 남서부와 남동부는 도시 주거지에 해당됐다. 즉, 높은 인구와 고용률을 요구하는 도시 성장 중심은 시애틀의 개발 논리를 따라 설정되어 왔는데, 도시들 간의 경쟁과 수익을 극대화하고자 하는 전략이 전개되었기 때문이다.

많은 사람이 특정 지역으로 유입되는 것을 고려할 때 GMA의 효과는 토지의 비용을 이전보다 높인다는 특징이 있다. 하지만 사람들이 유입되며 발생하는 도시의 고밀화는 다음의 두 가지 이유에서 촉진되며 도시에 이득을 가져다 줄 수 있다. 첫째, GMA는 주민, 상업과 산업 이용을 위한 적당량의 토지를 제한해서 토지 가치를 높인다. 따라서 부동산 세수는 높아진다. 부동산세가 증가하면, 106% 법칙에 따라 건물 일부밖에 변하지 않는다. 높은 밀도의 건물을 재이용하는 데는 제한이 없다. 사업 및 점유세는 인근 지자체로 유출되지 않는다. 왜냐하면 토지의 가용성이 다른 곳보다 크게 좋지 않기 때문이고, 도시의 입장에서 그들은 유휴지를 오픈스페이스와 녹지로 유지하고자 할 것이다. 또한, 건물을 짓기 위한 토지의 수요는 높을 것인데, 여기에는 유휴지에 대한 수익 구조를 잃을 가능성이 없기 때문이다.

둘째, 도시의 수익 구조는 GMA로부터 비롯하는데, 도심이나 도심 주거지에 있는 혼합 용도의 건물들과 높은 밀도의 건물들이 다른 다가구 주택을 위한 지역보다 높기 때문이다. 건물에 기반한 부동산세는 주거나 다른 목적의 건물들과 동일하다. 그리고 도시의 수익 구조는 도시의 재정에 혜택을 준다. 위에서 언급했듯이 상점 주인들은 사업 및 직업세를 상품의 가치에 따라 지불하고 소비자들은 상품에 대한 소비세를 내기 때문이다.

지역 단체의 역할

토지 합병에 관련된 주 법이라든가 주 정부가 관리하는 성장 관리 계획과 같이 외부에서 부과된 규칙은 도시의 토지 전략 행동을 설계한다. 또 도시의 행동에 영향을 미치는 외부 요인은 지역 단체regional organization, 지역 단위로 조직된 단체로는 정부 의회, 대도시 계획 기구 등으로 도시에 제약을 줄 수 있다. 이들은 도시가 고려해야 할 또 다른 고려 사항들을 제공하는 것부터 그들은 도시가 덜 합리적인 선택을 하게끔 한다.

인접한 커뮤니티들은 많은 부분에서 서로 상호 의존적이지만, 그들의 자치 구조에 대해서는 그렇지 않다. 경제economies는 물론 지역적인 특성을 갖고 있지만, 지리적 경계나 영토적 경계에 따라서 명확히 구분할 수 없기 때문이다.[59] 그럼에도 지역 정부들은 종종 지역에 대한 정의를 언어로 구분했는데 역사적으로는 그렇지 않았다. 이러한 이유로 지역의 단체를 구성하는 데는 세 가지 방법이 있다. 연방 정부가 기금 프로그램을 만들어서 그렇게 하도록 하거나, 주 정부가 법적 요건들을 요구 또는 지방 정부가 결정한 경우이다. 중요한 고려 사항은 지역 단체에 부과되는 권한의 정도이다. 지역 정부들은 그들의 권력이나 권한을 지자체에게 양도하고 공동의 문제를 해결하기 위한 방안을 찾고자 할까? 이 질문에 대한 대부분의 답은 "아니오"이다. 그러나 오리곤 주의 포틀랜드와 같은 몇몇 지역에서는 그들의 2040 계획과 선출된 위원들이 여기에 "네"라고 답했으며, 지역 정부가 지역적으로 생각하는 경향이 증가하고 있다.[60]

GMA가 시행되기 이전에 시애틀 대도시 권역에는 지역 단체가 있었다. 수 년 동안, 퓨짓 사운드 정부 위원회the Puget Sound Council of Governments(이후 the Puget Sound Regional Council)는 개별 커뮤니티가 지역적인 계획에 대해 갖는 의견들을 종합해왔다. 특히 킹 카운티와 같이(시애틀과 주변 교외지역을 감싸는) 성장 압력은 충분한 지역적 행동을 제공한다. 1990년대 지역 위원회는 2020 비전을 위해 성장 관리, 경제 개발, 교통 전략을 수립했다. GMA의 실행과 비전 2020의 실행은 강력한 지역적 규범이었다. GMA는 조항 RCW36.70A100에서 명백히 밝혔다.[61]

각 카운티나 도시의 종합 계획은 서로 연관되어야 하고, 일관되어야 하며 종합 계획을 반영해야 한다.…… 다른 카운티들이나 도시들은 공통의 경계 혹은 관련된 지역적 이슈를 가지고 있다.

조항 RCW36.70Q.210은 카운티와 관련된 도시들의 미팅에 관해 다음과 같이 서술한다.[62]

각 카운티는 각 카운티에 속한 도시들의 대표자를 회의에 소집해서 그들이 카운티 수준의 정책에 대해 받아들일 수 있는지 결정하고 협업을 이끌어내야 한다.

덧붙여, GMA는 지역의 인구, 고용, 주거 목표에 의해 결정된 모든 지자체와 카운티의 의견을 들을 수 있는 기관을 만들었다. GMA에 요구되는 것은 지역의 행동들을 모니터링하는 것 이상의 실행 가능한 토지 시행령 Buildable Lands Act이다. 도시들과 카운티들은 GMA의 지역적 프레임워크를 벗어난 선택을 하기 어렵다. 시애틀 권역 시민의 소리를 듣는 센트럴 퓨짓 사운드 위원회Central Puget Sound Board는 퓨짓 사운드 지역협회에 의해 운영된다. 만약 위원회가 지역 정부에 반하는 사항을 발견한다면, 승인이 중단될 수 있다.

GMA와 비전 2020에 따라 도시들은 토지 이용에 대한 결정을 지역적 전략과 목표에 따라 설계해야 한다. 킹 카운티 내에서 도시들은 미국 전역의 계획 정책인 주거와 고용 정책에 따라 운영된다. 그러나 몇몇 시 공무원들이 언급했듯이, 지역주의라 할지라도 지역적 관점과 관할권 내의 이해관계를 하나로 모으는 것은 쉽지 않다. 도시들이 함께 일을 한다고 해도 갈등은 있기 마련이다. 시애틀 권역의 두 도시는 지역적 제약 속에서 흥미로운 전략적 행동을 보인다.

벨뷰Bellevue와 레드몬드Redmond는 시애틀의 동쪽에 위치한 도시이다. 이 두 도시는 시애틀로부터 워싱턴 호수Lake Washington로 구분되는 곳으로, 서로 마주하고 있다. 벨뷰가 더 규모가 크다. 2000년 기준, 109,000명의 주민과 30평방마일의 크기, 레드몬드는 2000년 기준 45,000명의 인구와 15평방 마일의 크기를 가졌다. 두 도시는 모두 주민보다 많은 수의 일자리를 가졌고 GMA의 영향력 아래 도시 중심을 관리하고 있다. 레드몬드의 주요 기업인 마이크로소프트는 원래 벨뷰에 있었다. 그러나 벨뷰가 마이크로소프트사의 캠퍼스 개발에 맞는 조닝을 거절하자, 이 기업은 레드몬드로 옮겼다.[63] 레드몬드에서 마이크로소프트가 위치한 곳은 두 면이 벨뷰로 싸여있다. 오버레이크Overlake로 알려진 이 지역은 상업시설의 허브 역할을 한다. 따라서 두 도시의 중요한 점은 벨뷰와 레드몬드를 '가로지르는' 교통이 중요하다는 점이다. 벨뷰는 GMA의 프로세스에 따라 교통 체계를 개선했고, 레드몬드와의 협력을 통해 교통문제를 해결할 수 있었다.

레드몬드에게 마이크로소프트의 이전과 확장은 도시 내 상업 활성화의 도화선이 되었고, 이는 도시가 성장을 관리할 수 있는 능력에 대한 부담으로 작용했다. 대략 레드몬드의 고용인구 중 1/4이 마이크로소프트 사를 위해 일하고 있었다. 1998년 도시는 기반시설 확장에 대한 요구를 계속 수용할 수 없었고, 시 의회는 새로운 상업 개발을 중지시켰다. 그리고 GMA와 비전 2020의 요구에 따라 도시는 달성할 수 있는 수준의 목표를 설정했다. 또 다른 성장에 대한 압박은 도시로 하여금 도시 외곽의 킹 카운티에서 진행된 대규모 개발이었다. 이 개발은 GMA가 규제를 시작하기 전에 승인된 것으로 도시에 중대한 영향을 미쳤고, 레드몬드가 목표를 달성하는 것을 더욱 어렵게 했다. 이는 레드몬드와 킹 카운티 간의 긴장감을 유발했다. 킹 카운티가 계획한 개발은 레드몬드 시의 주변에 800에이커에 해당하는 유역 보호구역Watershed Preserve을 만들어서 오픈스페이스 이면으로 도시를 감추는 것이었다.

벨뷰는 GMA가 허용한 범위 내에서 도시 성장 지역 내의 작은 필지들을 합병했다. 그러나 이 도시는 다른 도시 및 호수들과는 다르다. 도시 내에 방대한 양의 유휴지가 없기 때문에 중요한 토지 문제는 현재 가지고 있는 필지들을 더 효율적으로 이용하는 개발이다. 이런 시도들은 도시의 수익 구조를 개선하고 도시가 GMA 목표를 맞추는 것을 돕는다. 따라서 벨뷰의 도심 지역에 존재하는 1 가구 주택은 복합적 용도의 주상복합 시설로 재개발되는 중이다. 벨뷰에서 기본적인 문제는 어떻게 토지를 더 효율적으로 이용할 것인가이다. 〈그림 5-10〉은 도심 재개발 지역의 곧 철거되고 다른 복합 용도의 콘도와 상점들로 바뀔 1 가구 주택 경관을 보여준다.

도시의 종합 계획은 토지 이용 전략을 다음과 같이 정했다.

- 상업 지역을 유지하고 확장하지 않는다.

- 새로운 상업 지역이나 산업 지역을 지정하지 않는다.

- 기존 조닝을 바꾸지 않는다.

- 현재 상업 조닝의 빈 부분을 메운다.

- 도심 지역의 성장에 집중한다.

- 토지 이용의 효율성을 높인다.

시애틀 권역에서 지역주의는 GMA와 비전 2020의 실행을 통해 자리 잡았다. 지역 단체들이 1950년대부터 시작되었지만, GMA의 영향력이 그보다 크다. 지역 정부의 입장에서 지역 단체들은 무시할 수 없는 존재이다. 레드몬드 공무원이 말했듯이 과거에는 도시의 토지 이용 결정은 시만의 문제였다. 지금은 GMA의 영향을 받은 지역 단체들이 꼼꼼하게 검토하고 있고, 지역의 고정 업무가 되었다.

그림 5-10. 워싱턴 벨뷰의 부지 재개발

조닝과 토지 이용

뉴욕시는 1916년 미국에서 처음으로 조닝을 한 곳으로 이때부터 지금까지 조닝Zoning은 거의 모든 도시들이 공간 개발을 관리하기 위한 방법으로 채택하고 있다.[64] 미주리의 법령은 지자체가 부동산에 대해 조닝하는 것을 일반적으로 한다. "커뮤니티의 건강, 안전, 도덕 혹은 일반적인 복지를 향상하기 위해서 모든 도시, 타운, 빌리지의 자치단체들은 빌딩, 구조물, 토지의 위치와 활용이 무역, 산업, 주거 및 다른 목적을 위한 것들을 규제하고 제한해야 한다. …"[65] 도시의 조닝 권한은 도시의 많은 행동들을 관리한다.

토지이용도land use map는 지리적으로 이런 활동들에 대한 공간적 배치를 보여준다. 대체로 주거, 상업, 산업, 오픈스페이스로의 이용에 대해서 말이다. 비록 부동산 소유주들이 그들의 필지의 조닝에 대해 의견을 어필하기도 하지만, 조닝과 토지이용도는 도시의 특성을 공정하고 정확하게 표현한다. 점차적으로 도시들은 유휴지를 토지이용도에 포함하려 한다. 우리 설문 조사를 보면, 65%에 해당하는 지자체가 유휴지를 GIS 시스템을 이용해서 보여주고 있다. 아직 거주, 상업, 산업과 오픈스페이스로 구분까지는 못하지만 유휴지는 영원하거나 반영구적인 이용이 아닌 변화가 가능한 부지로 다루고 있다. 유휴지를 활발하게 이용하는 것은 시 의회나 조닝 관련 위원회가 이 토지의 이용을 지정함으로써 가능해진다.

토지이용도에서 유휴지를 지정하는 것은 유휴지의 이용과 재활용을 촉진하는 데 필요한 충분한 정보를 제공하지는 못한다. 예를 들어, 시애틀은 유휴지를 '빈 땅vacant'으로 지정했는데, 이는 개발 가능성을 내포하지는 않는다. 빈 땅으로 지정된 곳들은 시 공무원에 의하면 한 가구 주택이 있는 부지 옆의 마당 같은 곳이어서 언제나 옆 마당으로 이용된다. 이게 도시의 토지 이용 지도에 빈 땅으로 설정되는 이유는 단지 각 필지에 특정한 라벨을 붙여야 하기 때문이다. 만약 필지에 구조물이 없으면 이곳은 빈 땅으로 치부된다. 그러나 대부분의 경우 이런 필지들은 개발이나 재활용이 불가능하다. 필라델피아의 경우 각 필지의 이용을 상업, 주거, 산업, 혼합 이용, 혹은 유휴지로 설정했다. 이웃의 건강과 안전을 위협하는 것들이 철거된 필지의 경우, 주거 용도로 사용되도록 지정되어 있음에도 유휴지로 명명되었다. 토지이용의 카테고리가 현재 필지의 이용을 구분하는 데 도움이 될지라도 "빈 땅"으로 지정하는 것은 필지의 가능성이나 미래의 이용에 대해서 말해주지는 못한다.

이용의 면에서 유휴지는 다른 의미를 갖는다. 이들은 황폐해진 토지이거나, 오래된 건물이 철거된 곳이거나 혹은 아무 건물도 지어진 적이 없는 곳이다. 어떤 경우에 토지는 그 용도에 따라 이용되거나 재활용된다(예: 주거 용도로 조닝된 유휴지는 주거 용도로 이용될 수 있지만 상업용도로는 이용할 수 없다). 그러나 다른 경우에 유휴지라는 용어는 그저 (혹은 계속해서) 빈 곳을 의미하고 이곳에 새로운 건물이나 구조물은 들어올 가능성이 낮음을 의미한다. 1 가구 주택으로 옆 마당이나 뒷마당으로 이용되어 온 곳은 이런 형태의 유휴지이다. 이런 곳도 개발이 어려운 곳이거나 너무 경사지거나 이상한 경사를 가지고 있어서 그저 비워두는 것 말고는 달리 이용할 수 없는 곳을 의미한다.

이렇게 가능한 모든 의미의 유휴지는 논의를 필요로 한다. 유휴지는 비생산적이거나 개발이 불가능하거나 최고의 방법으로 이용할 수 없는 곳이라고 가정된다. 비록 유휴지가 오픈스페이스나 녹지로 이용되는 경우 이런 가정에 맞지는 않지만, 대부분의 다른 유휴지인 절벽이나 고속도로와 발전소 사이의 공간들은 그러하다. 이런 경우에 필요한 방법은 토지를 그저 일시적인 이용이나 변화가 가능한 곳으로 지정하는 수가 있다. 다시 말해서 토지이용 면에서 도시들은 이런 유휴지를 '비생산적인' 그리고 '바람직하지 않은' 것으로 지정하는 수가 있다.

유휴지는 영원히 지정된 것이 아니라 변화가 가능한 카테고리로 지정되는 경향이 있다. 필지가 '빈 땅'이라는 라벨이 붙는 기간은 도시가 이 유휴부지를 '좋은 것' 혹은 '나쁜 것'[66]으로 보는 지표가 된다. 유휴지에 대한 조사로 도시의 유휴지가 확장하고 있는지 쇠퇴하고 있는지, 이 변화에 영향

그림 5-11. 좋은 유휴지

을 미치는 원인은 무엇인지를 조사한다. 비록 도시가 응답한 것의 대부분은 유휴지의 공급은 확장하고 있으며 이에 대한 특별한 예측 방법은 없다고 했다. 사실 도시는 합병을 통해 영토를 늘리면서 좀 더 성장하기 위해 더 많은 유휴지를 원하기 때문이다. 따라서 유휴지는 '좋은 것'으로 추정할 수 있으며, 이는 성장과 확장의 기회이자 발전의 신호이고 도시 역학관계의 현상이기도 하다. 좋은 유휴지의 사례는 〈그림 5-11〉에서 참조할 수 있다.

성장하는 도시가 확장하고자 하는 요구에도 불구하고 다른 도시들은 유휴지가 '너무 오랫동안' 비어 있는 것을 문제로 삼는다(〈그림 5-12〉 참조). 이런 경우에 유휴지는 생산적인 목적으로 이용되거나 재활용되는 희망이 일시적으로 꺾인다. 게다가 유휴지가 너무 오랫동안 비어 있고, 유휴지가 빈 기간 동안 두려움을 느끼는 도시들은 인근 주변으로 확장되기도 한다. 유

그림 5-12. 너무 오랫동안 비어 있는 '나쁜 유휴지'

휴지는 빠른 시일 내에 생산적인 용도로 활용되지 않는다면 그 쇠퇴는 전파된다. 도시가 유휴지를 '안 좋게' 보는 곳들의 관점은 이런 안 좋은 유휴부지를 좋은 유휴지로 바꿔야 하고, 이것은 경제적 개발에 관련된 활동이거나 오픈스페이스, 녹지, 예술 공간이나 옆 마당 등으로 활용되게끔 한다.

맺으며

도시의 물리적 진화는 정부 기관이 핵심적인 역할을 하는 복잡한 환경 속에 처해 있다. 어떤 토지를 구입할 것인가, 어떻게 토지이용을 배치할 것인가, 어디에 공공 시설을 배치할 것인가, 어떻게 승인을 할 것인가와 같이 토지 정책과 관련된 모든 결정은 도시 정부에 따라 달라진다. 우리는 이런 도시 정부의 행동들이 정치적 논리에 따라 이뤄진다고 생각한다. 도시 정부들은 전략적으로 행동한다고 할 수 있다. 이들은 재정, 사회, 개발 등 경쟁적이고 때로는 상호 보완적인 세 가지 규범에 따라 움직인다. 이번

장은 개발 규범에 초점을 맞추었고, 경제적 활력과 이미지 개선을 주요 내용으로 했다.

필라델피아와 피닉스의 대도시 권역으로부터 배운 점은 경제적 활력에 대한 걱정은 토지 개발에 관한 의사 결정에 도움이 된다는 사실이다. 시 공무원이 지자체의 경제적 활력을 유지하기 위해 노력하듯이, 그들은 공적 자본을 이동한다. 유휴지는 공적 자본의 중요한 형태이다. 도시 행동들의 많은 부분들이 경제적 개발을 설명한다. 예를 들어 유휴지 데이터베이스를 만드는 것은 잠재적인 투자자들이 빠르고 쉽게 유휴지를 발견하도록 돕는 것이고, 새로운 쇼핑몰이 어디에 위치해야 하는가를 빨리 결정하기 위함이다. 다른 행동들은 다른 목적들 중에 이미지를 개선하고자 함이다. 오래된 건물들을 철거하는 일을 예로 들 수 있다. 사실상 경제 개발을 추구하는 도시들은 안 좋은 유휴지를 줄임으로써 좋은 유휴지의 공급을 최대화하고자 한다. 만약 그 목표를 성공적으로 달성하고 경제적 활력을 얻고 이미지를 개선하는 효과를 얻는다면 도시 공무원들은 신뢰를 얻을 것이다. 유휴지의 재개발로 얻는 정치적 혜택은 잠재적으로 크다.

외부 요인도 이 과정에서 중요한 역할을 한다. 이번 장에서 언급된 사례처럼 외부 요인들은 주 정부이다. 애리조나 주의 토지 합병에 관련된 법이나 워싱턴 주가 가진 성장관리법처럼 말이다. 주정부는 그들의 지역 단체들을 위한 규칙을 제정하지만, 이 규칙들이 어떻게 지역에 영향을 미치는가가 더 중요하다. 최근 경향에 따르면 어떤 주정부는 규제로부터 자유롭기도 하다.[67]

그러나 토지 이용의 관점에서 적어도 몇 개의 주에서는 다른 경향을 볼 수 있다. 일반적으로 지방 정부는 그들의 토지를 관리하고 규제하는 전통적인 방식에 반해서 외부 요인에 의한 개입이 심화되는 경우가 있다. 워싱턴에서는 예를 들어 주거 지역에 허용되는 용적률을 변화시키는 간단한 시 차원의 문제는 지역의 심사를 통과해야 한다. 도시 확산 현상이 심화됨에 따라 대부분의 주는 성장 관리 정책이나 '스마트 성장smart growth'을 전략적으로 활용하고 있다.[68] 이는 지역 토지이용 결정에 대한 지역 조직의 새로운 전략을 의미한다. 따라서 도시들이 개발 규범에 따르는 전략적인 행동들은 계속 변화하고 있다고 말할 수 있다.

1. Helen Ladd and John Yinger, *America's Ailing Cities: Fiscal Health and the Design of Urban Policy* (Baltimore: Johns Hopkins University Press, 1989).

2. Michael A. Pagano and Ann O'M. Bowman, *Cityscapes and Capital: The Politics of Urban Development* (Baltimore: Johns Hopkins University Press, 1995), 21.

3. 필라델피아의 1999년 시장 캠페인은 예외다. 유휴지는 캠페인에서 저명한 주제였고 John street의 실질적인 승리자로서 도시의 토지 문제에 대한 강조를 역설했다.

4. Charles M. Tiebout, "A Pure Theory of Local Expenditures," *Journal of Political Economy* 64 (October 1964): 416-24; Vincent Ostrom, Charles M. Tiebout, and Robert Warren, "The Organization of Government in Metropolitan Areas: A Theory Inquiry," *American Political Science Review* 55 (October 1961): 831-42; Stephen L. Percy, Brett W. Hawkins, and Peter E. Maier, "Revisiting Tiebout: Moving Rationales and Interjurisdictional Relocation," *Publius: The Journal of Federalism* 25 (fall 1995): 1-17.

5. Daphne A. Kenyon and John Kincaid, eds., *Competition among States and Local Governments* (Washington, D.C.: Urban Institute Press, 1991).

6. 밀워키 지역 연구에서, "Revisiting Tiebout," Percy, Hawkins 그리고 Maier는 개인적인 환경과 고용은 지역을 재배치하는 데 중요한 요소임을 말한다. 그러나 세금의 수준과 서비스의 질은 지역 사회 전반에 걸쳐 티뷰 모델로써 중요한 역할을 했다.

7. Keeok Park, "Friends and Competitors: Policy Interactions between Local Governments in Metropolitan Areas," *Political Research Quarterly* 50 (December 1997): 723-50.

8. Alice Coleman, "Dead Space in the Dying Inner City," *International Journal of Environmental Studies* 19 (1987): 103-7; C. Keuschnigg and S. B. Nielsen, "On the Phenomenon of Vacant Land,"*Canadian Journal of Economics* (April 1996): 534-40; Neal Peirce, "Vacant Urban Land: Hidden Treasure?" National Journal, December 9, 1995, 3053.

9. Pagano and Bowman, *Cityscapes and Capital*.

10. 다음의 문헌을 참조할 것, e.g., Susan E. Clarke and Gary L. Gaile, *The Work of Cities* (Minneapolis: University of Minnesota Press, 1998); and Paul Brace, "The Changing Context of State Political Economy," *Journal of Politics* 53 (May 1991): 297-316.

11. 지역 사회의 건강한 경제가 중요할지라도 경제가 어떻게 건강해야 할지는 일치된 합의가 없다.

12. Ann O'M. Bowman, *The Visible Hand: Major Issues in City Economic Policy* (Washington, D.C.: National League of Cities, 1987).

13. Brian J. L. Berry, *Growth Centers in the American Urban System*, vol. 1 (Cambridge, Mass.: Ballinger, 1973).

14. Charles C. Euchner, *Playing the Field: Why Sports Teams Move and Cities Fight to Keep Them* (Baltimore: Johns Hopkins University Press, 1993).

15. Pagano and Bowman, *Cityscapes and Capital*, 49.

16. Gregory J. Ashworth and Henk Voogd, *Selling the City: Marketing Approaches in Public Sector Urban Planning* (London: Belhaven Press, 1990), 3.

17. Bowman, *Visible Hand*, 14.

18. Peter F. Colwell and Henry J. Munneke, "Estimating a Price Surface for Vacant Land in an Urban Area," *Land Economics* 79 (February 2003): 15-28.

19. Fairmount Ventures, Inc., *Vacant Land Management in Philadelphia Neighborhoods: Cost-Benefit Analysis* (Philadelphia: Pennsylvania Horticultural Society, 1999).

20. Mitchell Zuckoff, "New Plan to Remake Mattapan Acreage," *Boston Globe*, July 16, 2000, A01.

21. Zuckoff, "New Plan," A01.

22. U.S. Advisory Commission on Intergovernmental Relations, *State Laws Governing Local Government Structure and Administration* (Washington, D.C.: U.S. Advisory Commission on Intergovernmental Relations, 1993).

23. 정치적 확장으로 인한 합병에 대한 논의는 다음을 참조, Michael A. Pagano, "Metropolitan Limits: Intrametropolitan Disparities and Governance in U.S. Laboratories of Democracy," in *Governance and Opportunity in Metropolitan America*, ed. Alan Altshuler, William Morrill, Harold Wolman, and Faith Mitchell (Washington, D.C.: National Academy Press, 1999), 253-92.

24. 오염된 토지 또한 이용되지 않는 토지에 속한다.

25. Mary Edwards, "Annexation: A Winner-Take-All Process?" *State and Local Government Review* 31 (fall 1999): 221-31.

26. Jamie Palmer and Greg Lindsey, "Classifying State Approaches to Annexation," *State and Local Government Review* 33 (winter 2001): 60-73.

27. 여기에 인용된 자료의 출처: the Maricopa Association of Governments.

28. City of Peoria, "Annual Report," 1999; http://ci.peoria.az.us/AnnualReport/(June 1, 2003). The largest revenue element is state-shared revenue (from the state sales tax, income tax, and motor vehicle license tax), which amounts to 33 percent of total revenues.

29. 캘리포니아의 산호세 공무원들과 인터뷰한 결과 비슷한 전략을 알 수 있었다. 공무원들은 도시는 과거 반 세기동안 거주 목적의 도시에서 재산세 제한과 판매세 수입의 가능성 덕분에 혼합형 도시가 되고 있다고 주장했다. 도시의 "2020 Plan" 전문은 이러하다: "Generally, residential development on the fringe of the City costs more to serve than new growth in infill locations. Increased revenue from an industrial and commercial tax base is the most practical means of providing residents with reasonable levels of municipal services" (City of San Jose, Department of Planning, Building and Code Enforcement, *San Jose 2020 General Plan*, 1994, 16).

30. The Del Webb Corporation은 개발을 위해 용수 공급에 조금 다른 방식을 확보했다. 앤텀은 애리조나 중앙용수공급 프로젝트의 Oaxan 인디언 커뮤니티로부터 물이 공급되었다.

31. City of Tempe, *Staff Summary Report*, prepared February 6, 2003; www.tempe.gov/clerk/history_02/20030206casg01.htm (June 1, 2003).

32. the Detroit Free Press의 디트로이트 유휴지 문제에 관한 간행물, (e.g., Jennifer Dixon, "Detroit's Neglect Spawns Squatters: Makeshift Camps, Drugs and Prostitution Occupy Property," *Detroit Free Press*, July 7, 2000, 1; Cameron McWhirter, "Detroit Banks on Empty Lots: City Sees Cleveland as Model for Reviving Land for Development," *Detroit News*, February 15, 2001; [June 1, 2003]).

33. 인벤토리들에 관한 리뷰들은 다음을 참조, Ann O'M. Bowman and Michael A. Pagano, *Urban Vacant Land in the United States*, Working Paper (Cambridge, Mass.: Lincoln Institute of Land Policy, 1998).

34. Cynthia Carlson and Robert Duffy, "Cincinnati Takes Stock of Its Vacant Land," *Planning, November* 1985, 2-4.

35. David W. Jones, "Vacant Land Inventory and Development Assessment for the City of Greenville, S.C.," *Master's thesis*, Clemson University, 1992.

36. David Gonzalez, "Vacant Lots, Except for Red Tape," *New York Times*, October 8, 1993, B1, B7.

37. Gonzalez, "Vacant Lots."

38. Pennsylvania Horticultural Society, *Urban Vacant Land: Issues and Recommendations* (Philadelphia: Pennsylvania Horticultural Society, 1995), 49.

39. "Greening New York's Waste Lands," *New York Times*, December 28, 1994, A12.

40. Pennsylvania Horticultural Society, *Urban Vacant Land*, 51.

41. Alan Ehrenhalt, "The Great Wall of Portland," *Governing*, May 1997, pp.20-243; Daniel Schneider, "To Halt Sprawl, San Jose Draws Green Line in Sand," *Christian Science Monitor*, April 17, 1996, 14.

42. Deborah Brett, "Assessing the Feasibility of Infill Development," *Urban Land*, April 1982, 3-9.

43. U.S. Environmental Protection Agency, *Brownfields Glossary of Terms*; www.epa.gov/swerosps/bf/glossary.htm#brow (June 1, 2003).

44. William Fulton and Paul Shigley, "The Greening of the Brown," *Governing*, December 2000, 31.

45. Sites that are part of the Superfund's National Priority List are not eligible for EPA's brownfield programs.

46. EPA는 구매 가능성이 있는 사람들, 대출 기관, 재산 소유주들의 법적 책임에 대한 가이드라인을 명확히 했으며 다른 브라운필드 지역에 대해서도 명시하였다. 또한 정리와 복원이 가장 주된 목표이긴 해도 EPA는 그들의 재량권을 통해 재개발을 시행하였다.

47. Thomas K. Wright and Ann Davlin, "Overcoming Obstacles to Brownfield and Vacant Land Redevelopment," *Land Lines* 10 (September 1998): 1-3.

48. "Turning Brownfields to Green," *Governing*, December 2000, A16.

49. "Turning Brownfields to Green."

50. Michael Greenberg, Karen Lowrie, Laura Solitare, and Latoya Duncan, "Brownfields, TOADS, and the Struggle for Neighborhood Development: A Case Study of the State of New Jersey," *Urban Affairs Review* 35 (May 2000): 717-33.

51. Greenberg et al., "Brownfields," 724.

52. Fulton and Shigley, "Greening of the Brown," 31.

53. U.S. Environmental Protection Agency, *Brownfields Mission*; www.epa.gov/swerosps/bf/mission.htm (June 1, 2003).

54. "Turning Brownfields to Green."

55. U.S. Environmental Protection Agency, *Brownfield Success Stories*; www.epa.gov/swerosps/bf/success.htm (June 1, 2003).

56. Andrea Neighbours, "From Cans to Apartments in New Orleans," *New York Times*, March 26, 2000, 47.

57. The tax incentives include a tax deduction for expenses related to cleanup costs.

58. John M. Levy, *Contemporary Urban Planning*, 5th ed. (Upper Saddle River, N.J.: Prentice Hall, 2000), 215.

59. William R. Barnes and Larry C. Ledebur, *The New Regional Economies* (Thousand Oaks, Calif.: Sage, 1998).

60. Kathryn A. Foster, "Regional Impulses," *Journal of Urban Affairs* 19 (1997): 375-403.

61. Washington State Community, Trade, and Economic Development, *State of Washington's Growth Management Act and Related Laws* 1998 (Olympia: Washington State Community, Trade and Economic Development, 1998), 11.

62. Washington State Community, Trade, and Economic Development, *State of Washington's Growth Management Act*, 15.

63. Microsoft still maintains offices in Bellevue. City officials are of mixed minds on the decision to deny Microsoft's request.

64. 다음을 참조할 것, e.g., David Robertson and Dennis Judd, *The Development of American Public Policy* (Glenview, Ill.: Scott, Foresman, 1989).

65. Chapter 89, Section 89.020.1, of the Missouri statutes.

66. 그러나 버려진 건물들은 대부분 좋지 않을 걸로 여겨지며 특히 오랫동안 방치될수록 그럴 확률이 높다. 또한 버려진 건물들은 도시의 책임이 될 수 있는데, 그것들의 크기나 위협적인 상태와 상관없이 유휴지로 남기보다 그저 걱정거리로 남을 수 있다.

67. 자치는 지자체의 정책 결정이나 지역의 관심사에 대한 결정을 강화해줄 수 있다. 자세한 사항은 다음의 자료를 참조, Dale Krane, Platon N. Rigos, and Melvin B. Hill Jr., *Home Rule in America: A Fifty-State Handbook* (Washington, D.C.: Congressional Quarterly Press, 2001).

68. Patricia E. Salkin, "Political Strategies for Modernizing State Land Use Statutes to Address Sprawl," paper presented at the Who Owns America? II conference, Madison, Wisc., June 4, 1998.

6장
유휴지의 전략적 이용

유휴지를 이용하고 재활용하는 것이 시장의 논리에 영향을 받는다는 것은 잘 알려진 사실이다. 하지만 지방 정부의 결정에 유휴지가 영향을 받는다는 사실은 거의 일반적으로 인정되지 않는다. 또한 유휴지가 지역의 자원이 될 수 있다는 개념도 어떤 이들에게는 터무니없는 것으로 받아들여진다. 그러나 그것이 바로 우리가 논의해 온 것들이다. 민간 토지 소유주들이 부동산을 팔거나 보유하고 있는 것이 유휴지의 공급에 영향을 미치듯이, 필지들을 합병하고 버려진 것들을 정돈하고 다 허물어져가는 건물들을 정리하고 새로운 시설을 만들거나 새로운 용도를 승인하거나 개발 프로젝트를 진행하는 정부의 선택도 마찬가지이다. 민간 소유주와 공공의 공무원이 선택하는 행동들은 유휴지의 질에 영향을 미친다. 게다가 유휴지는 "나쁜"[1] 것이 아니다. 물론 오염된 브라운필드와 부랑자들이 모이는 저층 주택과 같은 몇몇 유형의 유휴지는 도시의 자산으로 이해하기 어렵지만, 그렇다 할지라도 그것들조차도 잠재적 가치가 있다.

이 장에서는 유휴지의 변화에 대해 이전 장에서 충분히 논의된 세 가지 규범인 재정, 사회, 개발의 측면에서 그 공간적 모델spatial model을 제공한다. 이런 규범들이 주어진 상황에서 시 공무원은 유휴지에 대한 어떤 전략적 선택을 할 것인가? 이 모델은 도시들이 유휴지를 어떻게 자원으로 바꾸는가와 같은 어려운 문제들에 대한 가이드를 제공한다. 몇몇의 성공적인 사례들도 교훈으로 다뤄질 것이다.

유휴지의 공간 모델

유럽의 유휴지를 연구한 배리 우드Barry Wood는 다음과 같이 말했다. "유휴지의 존재는 토리노가 21세기 도시에 적합하도록 재편되는 데 특별한 기회를 제공한다."[2] 이렇게 유휴지가 기회를 제공한다는 일반적인 관점은 명확하지만, 우리는 토리노의 경우가 더 특별한 경우라고 생각하지는 않는다. 뿐만 아니라 미국에 있는 도시들도 그 미래를 위해 재편될 기회를 가질 수 있다.

우리가 지금까지 논의한 바와 같이 유휴지는 도시 공무원들의 전략적인 행동에 매우 중요한 역할을 한다. 유휴지의 필지들은 부동산 시장에서 공급과 수요에 따라 부여받은 가치로 가득 차 있다. 도시 내 유휴지는 도시의 행동을 이해하는 데 필요한 세 가지 필수 규범에 따라 특징지을 수 있다. 먼저 도시의 재정 구조는 유휴지의 재활용과 도시가 서비스를 제공하는 책임을 다하기 위해 필요한 수익을 창출하는 데 도움이 된다. 게다가 유휴지는 완충제와 펜스의 목적을 가지고 있고, 사회적 집단과 활동들을 통제하거나 할 수 있도록 하는 역할을 한다. 그리고 유휴지가 도시의 경제 개발의 무기로서 갖는 잠재력은 도시의 경제 성장을 전망하기에 아주 중요한 요소이다. 이런 세 가지 규범은 각각 혹은 동시에 도시 공무원들이 유휴지를 활용하는 정도를 결정짓는 전략적인 공간을 창출한다.

하지만 모든 유휴 부지가 같지는 않으며, 그 차이는 〈그림 6-1〉에 설명되어 있다. 3차원의 그리드 안에서 유휴지들의 공간적 배치는 시 공무원이 선호하는 결과를 달성할 수 있는 가능성과 잠재력을 제한하거나 형성한다. 〈그림 6-1〉의 큐브는 한 도시에 특정된 것이라기보다 토지 필지에 특정된 것이다. 유휴지의 상태, 목적과 특성은 큰 3차원 큐브 안에서 배치에 영향을 준다. 도시들은 3차원의 공간 안에 들어가지 않는다. 왜냐하면 위에서 말했듯이 유휴지들은 도시에 따라 혹은 도시 내에서도 각기 다른 특징을 갖기 때문이다. 시 공무원들은 법, 조세 제도, 기회 등을 통해 유휴지를 바꾸는 행동을 한다. 이런 행동들은 이러한 세 가지 차원 중 하나 또

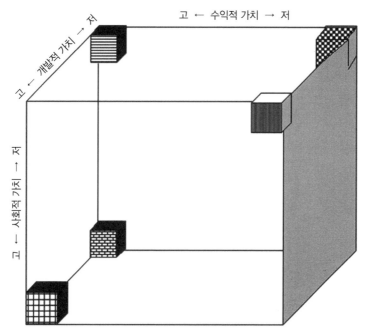

그림 6-1. 3차원 공간에서 유휴지의 수익적, 사회적, 개발적 가치

는 여러 가지를 따라 지역 사회의 개인이나 집단의 복지를 극대화하는 데 목적이 있다.

〈그림 6-1〉에서 규범들은 다음과 같은 방식으로 큰 큐브의 표면에 배치되어 있다. 높은 개발 가치는 앞면에 있고, 낮은 개발 가치는 뒷면에 있다. 높은 사회적 가치는 바닥면에 있고, 낮은 사회적 가치는 윗면을 차지한다. 높은 수익 가치는 왼편에, 낮은 수익 가치는 오른편에 지정되어 있다. 수익 잠재력이 없고 그룹과 계층 간의 사회적 완충 역할을 하지 않으며 도시의 경제적 개발에 도움이 안 되는 유휴지는 시 공무원의 관심을 받지 못할 것이다. 큐브의 오른쪽 상단 모서리에 있는 작은 체크보드 큐브는 이러한 유형의 땅을 나타낸다. 체크보드 큐브의 특징을 가진 유휴지에 관해서 시 공무원은 이를 이용하거나 재활용하는 것이 지역 사회의 복지에

영향을 미치지 못하기 때문에, 이 필지에 대한 관심은 없을 것이다. 그러나 반대쪽에 있는 큐브는 높은 수익 잠재력을 가지고 높은 사회적 가치를 가지고 있으며 도시의 개발 잠재력을 높이는 데 도움이 된다. 시 공무원은 이를 적극적이고 공격적으로 이용할 가능성이 높다. 그들이 평가할 때, 이 필지들을 개발함으로써 그들이 선호하는 결과를 달성할 수 있을 것으로 생각한다.

이 세 개의 규범은 도시가 유휴지를 활용하는 전략적인 행동에 각기 다른 방식으로 영향을 미친다. 유휴지의 수익 잠재력이나 사회적 가치가 불확실한 경우에도 시 공무원들이 유휴지를 개발 목적으로 이용 또는 재활용하도록 장려하는 것은 드문 일이 아니다. 이런 관점에서 〈그림 6-1〉에 있는 얇은 선으로 칠해진 큐브에서 묘사하는 바와 같이, 시 공무원들은 세입 향상이 위험하더라도 세금을 감면해주거나 세금 증가 금융 구역을 허가할 때 유휴지의 개발 잠재력을 촉진하고 있다고 생각할 수 있다. 더욱이 유휴지를 활용하거나 재활용하는 것은 도시의 수익을 창출하는 데 도움이 되지만, 이에 따라 부동산 가치의 저하를 불러올 수 있다. 예를 들어, 소득세에 의존하거나 소비세에 의존하는 도시들이 많은 필지의 유휴지를 공공 공원이나, 오픈스페이스, 주차장으로 쓴다면 어떻게 될까? 이 필지들의 가치는 수익성을 가져오지는 못하지만 높은 소득의 주민들을 유인할 수 있다. 〈그림 6-1〉에 수평선으로 칠해진 큐브가 이 가능성을 보여준다.

유휴지를 활용하는 법

〈그림 6-1〉의 큐브에 있는 유휴지의 위치는 시 공무원의 관점과 세 개의 기준에 따라 결정된다. 보통 도시를 가정했을 때, 우리는 〈그림 6-1〉의 배치와 유사한 유휴지의 분산을 기대할 수 있다. 다른 도시들에서 유휴지는 몇 가지 포인트에 집중되어 있다. '체커보드 큐브'가 많은 도시들은 '크로스해치 큐브' 유형의 유휴지를 가진 곳과 엄연히 다른 상황을 겪는다. 아래에서 논의될 실제 상황들은 큐브의 세 면 안에 있는 다양한 사례를 설

그림 6-2. 애리조나 피오리아의 장벽과 소득 계층 분류

명한다. 이런 예시들은 가능성을 없애기보다는 다양한 차원의 조합을 강조한다.

4장에서는 유휴지를 토지 이용 또는 소득 집단에 사이에 있는 완충 또는 벽으로 유휴지를 사용하는 방법을 살펴보았다. 4장에 있는 사진 중 하나는(이곳의 〈그림 6-2〉) 세 가지 기준이 어떻게 특정 필지에 영향을 미치는지 설명해 준다. 사진의 오른쪽 부분이 묘사하는 필지의 수익 잠재력은 매우 낮다. 이 토지는 주거용으로 지정되어 있지만 도시가 원하는 수준의 세금 수익은 기대할 수 없다. 저소득 이웃과 중간 소득 계층 사이에 경계 역할을 하는 유휴지는 그 경계가 줄 가능성이 적다(장벽으로 주변 거리에 접근할 수 있는 집이 없거나 따라서 저소득층의 커뮤니티). 그리고 주거 목적의 이웃들은 실제로 이곳이 주거 목적에서 상업 목적으로 성공적으로 구역을 재조정할 수 있다고 하더라도 두 블록 떨어진 곳에 상업 시설를 고려할 때 상업용 매장 전환 가능성을 낮게 본다. 비록 시장이 유휴지를 저소득층을 위한 주택에 재사용하도록 장려할 수 있지만, 재사용을 장려하거나 촉진하기 위해 정부가 개입할 가능성은 희박하다. 고급 주거 단지에 대한 개발 옵션은 토지가 저소득 지역으로 둘러싸여 있기 때문에, 전체 이웃이 분할되어 재개발되

그림 6-3. 필라델피아 예술거리의 고급 유휴지

지 않는 한, 불가능해 보인다. 그렇지 않으면, 유휴지의 사회적 장벽은 길 건너편의 벽의 목적과 여러 면에서 유사하다. 이 목적은 달성되었으며, 조만간 시 공무원들의 관심을 끌지 않을 것이다.

〈그림 6-3〉은 높은 시장 가치와 필라델피아의 중심업무지구 근처라는 좋은 위치로 인해 아주 중요한 후보가 된 유휴지를 보여준다. 사실상 1999년에 이 사진을 찍은 이후 콘서트 홀과 리사이틀 극장이 건설되었다. 이 모든 것을 겪은 도시는 31,000필지가 넘는 유휴지를 가지고 있었고, 그중 대부분은 시장 가치나 재개발 가치가 낮았다. 도심의 블록을 재이용함으로써 주변 부동산 가치를 높이는 일에 도움이 된다. 왜냐하면 지역의 판매, 숙박, 식당 등이 소비세를 창출할 수 있기 때문이다. 인구 통계에 따르면 최근 10년간의 인구 통계 조사에서 도시의 인구가 4%의 감소했음에도 불구하고 이곳의 인구는 거의 10%가 증가했다.[3] 1990년부터 2000년 사이에 전문직과 고소득 주민의 증가는 이 유휴지가 이웃 주변을 활성화

그림 6-4. 필라델피아의 새로운 유행: 저밀도 연립 주택

하는 다른 도시의 경제 개발 프로그램의 또 다른 요소보다 사회적 완충지로서의 역할을 덜 한다는 것을 의미한다. 시가 토지를 재개발하겠다는 결정은 도시의 리더들이 필지의 높은 수익과 개발 잠재력을 반영한다는 것이다. 이전에 비어 있는 곳에 대한 투자는 도시의 이 구역과 근처에 있는 다른 필지들의 가치도 상승시킨다.

상업적이고 여가적인 문화들로 인해 높은 수익이 창출될 수 있는 필라델피아의 중심 지역에 있는 유휴지와 달리 대부분의 다른 필지들은 낮은 수익 창출 잠재력을 가지며 경제 발전의 잠재력도 크지 않다. 그러나 대부분의 이런 유휴 필지들은 사회적 가치를 가지고 있으며, 시 정부의 격려와 암묵적인 지원으로 점점 더 옆 마당이나 정원으로 변모되고 있다. 다른 경우에는 유휴지를 재사용하여 저소득이나 임대 주택들을 제공한다. 수익 향상이나 개발 잠재력이 거의 없는 필라델피아는 주택 프로그램으로 저밀도의 교외 분위기를 조성하는 전략을 추진했다. 〈그림 6-4〉와 〈그림

그림 6-5. 필라델피아의 새로운 유행: 교외 스타일의 주택

6-5〉는 필라델피아의 새로운 저밀도 "도시 내 교외지suburb-within-the-city" 주
거지이다. 두 경우 모두 높은 고밀도의 버려진 구조물들을 대체한 것들이
다. 이런 전략은 도시 중심의 북부에 집중되어 있는데, 이는 그림 〈그림
6-6〉의 지도에서 어둡게 표현된 곳이다. 필라델피아의 이런 지역들은 공
적으로 소유한 주거 구조물과 유휴 필지들과 관련이 있다.

　만약 유휴지를 (그리고 많은 경우, 버려진 건물들이) 저밀도의 주거지로 개조하는
것이 이웃을 안정화한다면, 도시의 재정에는 영향을 미치지 않더라도 이
웃을 살기 좋게 만들어 지출을 줄이는 효과를 볼 수 있다. 게다가 이 과정
에서 도시가 유휴지를 관리하고 보유하고 있는 비용은('나쁜' 유형의 경우) 하락
한다. 필라델피아 도시계획국Philadelphia City Planning Commission은 유휴지와 버
려진 건물들의 효과를 설명할 때 매몰 수익(세금 효과)와 도시의 철거 비용을
함께 계산한다. 그러나 이 역시도 사회적 기준에 대해서는 과소 평가한다.
"이런 이웃들의 삶의 질에 대해, 그리고 사회를 관리하는 데 받아들여지는

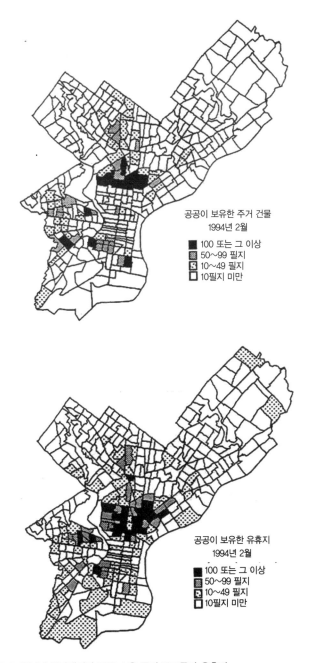

그림 6-6. 1994년 필라델피아 공공 소유 주거 구조물과 유휴지

그림 6-7. 워싱턴 레드몬드의 보존 효과: 녹지 공간으로서의 유휴지

손실분과 이웃의 쇠퇴라는 사이클"은 유휴지의 재활용에 있어서 중요한 고려 사항이다.[4]

워싱턴 주의 레드몬드 중심가 근처에 있는 골프 코스가 운영을 중단했을 때, 넓은 땅은 수년 간 유휴지로 남아 있었다. 1980년대 후반부터 1990년대 초반까지 매년 5%의 도시의 인구 증가율은 개발의 압력을 더욱 강하게 했다. 동시에 개발자가 녹지를 상업 시설로 바꾸려는 계획은 지역 사회의 저항에 부딪혔다. 골프 코스를 재개발하려는 도시의 시도는 개발자가 〈그림 6-7〉과 같은 수목들을 보호함으로 인해 높이에 대한 보너스를 받는 것으로 협의되었다. 이들은 프로젝트를 통해 호텔을 짓는 데 있어서 좀 더 높게 지을 수 있었다. 이런 활동들은 도시가 새로운 상업 센터를 지으면서 얻는 경제적인 혜택이지만, 동시에 주민들에게 도시의 지도자들이 개발에 대한 어떤 제한점을 가지고 있음을 보여주는 것이다.[5] 오래된 골프장은 개발 잠재력은 충분히 높아서 그 일부가 성공적으로 사회적

인 용도에 사용될 수 있었다. 즉, 레드몬드의 과거 일부분을 보존하고 인근 상업 개발과 약간의 완충지를 두는 것으로 말이다.

애리조나 주의 템페에 있는 솔트강변Salt River에 있는 유휴지는 시가 지원하는 개발 주요 후보지였다. 도시는 합병이 가능한 가용지들을 이미 소비했고 템페 역시 개발이 가능한 부동산의 상당 부분이 이미 남서부에 생산하기 위해 건설되었다. 템페의 오랜 중심인 북부 지역 토지 근처는 건천인 곳이 많았다. 이곳의 수익 잠재력은 상업 부동산의 경우 꽤 높았고 개발 가능성도 높아서 도시 안에 남은 몇 안 되는 개발 가능한 필지 중 하나로 도시 공무원들의 '정당한 종류'의 개발을 생각할 만한 곳이었다. 주거지 개발은 도시의 수익 구조에 반하는 반면, 상업 시설로의 전환은 도시에 수익을 가져다 준다.[6] 게다가 이 필지의 위치는 도시의 북쪽 경계부에 위치해서 스카츠데일Scottdale과 거리가 가까웠다. 이 부지를 상업 용도로 개발하는 것은 템페뿐만 아니라 인근 도시의 주민들도 유치할 수 있다. 이 필지들의 쇼핑 지역은 도시의 기업 경계를 넘어서 스카츠데일의 일부뿐만 아니라 피닉스의 일부도 포함한다. 시는 이 쇼핑 지역이 도시의 세수 목적의 근거리 쇼핑 창고를 확장하는 것 이외에 더 넓은 관광 명소를 위해 이 부지를 마케팅했다. 유휴지는 타운 레이크로 변했고(〈그림 6-8〉 참조), 이곳은 올림픽 조정 경기장으로 변했다. 비싼 호텔과 식당들이 들어섰고 관광객이 증가했다.

뉴저지 주 캠든의 많은 유휴지는 〈그림 6-1〉의 '체커보드 큐브'의 특징과 일치하며, 이곳의 유휴지는 3차원 모두 낮은 기준을 가지고 있다. 유휴지의 구조는 〈그림 6-9〉에 나타나 있는데, 개발 잠재력은 약하고 사회적으로 아무 맥락이 없으며 수익을 창출할 만한 곳도 아니다.[7] 이는 많은 부분 캠든의 맥락 때문이다. 도시 내 자산 가치는 떨어지거나 변화가 없다. 심지어 뉴저지 아쿠아리움과 같은 새로운 투자가 발생해도 이것이 새로운 희망찬 개발로 연결되지 않는다. 부동산세는 뉴저지 주 도시들의 가장 중요한 세금으로, 캠든의 운영 예산의 대략 20%에 해당한다. 따라서 개발

그림 6-8. 애리조나 템페의 유휴지: 솔트강 프로젝트, 타운 레이크로의 전환 전후

잠재력과 부동산의 수익 구조는 〈그림 6-9〉보다 낮다. 사회적인 고려 또한 없다. 캠든의 경우, 쇠락한 건물들은 부랑자들과 마약상들의 근거지이다. 이에 대한 대응으로 도시와 지역의 비영리 기관은 폐쇄되거나 버려진 건물들을 안전과 건강에 위협이 되지 않도록 보호하기 위한 노력을 기울이고 있다. 사진처럼 유휴지의 사회적 영향은 확실히 부정적이다.

캠든의 유휴지와 버려진 구조물들은 극단적인 사례로서 유휴지가 3차원에 모두 못 미치는 경우에 해당한다. 캠든의 상황은 큰 교훈을 준다. 유휴지가 세입, 사회, 개발의 가치도 없을 때 이 부지의 재활용이 극히 제한된다는 점이다.

유휴지의 재활용에 대한 접근법

유휴지는 도시에 다양한 어려움을 준다. 유휴지가 많은 경우 지가가 떨어지고 수익이 감소한다. 또 너무 적은 경우에는 개발 가능성을 낮추기도 한다. 방대한 양의 토지가 오랫동안 '적합한' 재활용 프로젝트를 기다리느라 비어져 있는 경우나 작고 흩어진 필지들은 종합 계획을 수립하는 데 어려움이 된다. 오염에 대한 인식이 재활용을 어렵게 하듯이, 유휴지의 민간 소유는 도시의 선택권을 제약할 수 있다. 관리되지 않은 유휴지들은 쓰레기 더미로 쌓여 지나가는 이웃들이 동네가 쇠락하고 있음을 알게 한다.

도시에 어려움을 주는 요인 중 하나는 '나쁜' 유휴지이다. 그럼에도 불

그림 6-9. "체커보드 큐브" 뉴저지 캠든의 버려진 주택

구하고 유휴지는 몇 가지 기회를 제공한다. 오늘날 황폐화된 구조물들은 철거되고 그 자리에 새로운 공원과 건물이 지어지기도 한다. 이때 오염된 토양은 제거되고 토지가 다시 복원될 수 있다. 너무 오랜 기간 동안 비어 있는 필지이더라도 진취적인 이웃에 의해 임시 정원으로 이용되기도 한다. 무엇을 지을 수 없는 경사를 가지고 있거나 습지가 있는 토지는 자연 서식지로 보전할 수 있다. 그리고 이런 것들은 유휴지가 단지 하나의 방법으로 개발할 수밖에 없다는 것을 암시하지 않는다. 자연 주변에 위치한 유휴지는 지역 사회의 복지를 극대화하기 바라는 시 공무원의 관점에서 다양한 방식으로 활용될 수 있다.

유휴지를 변화시키는 것에는 도시 정부의 적극적인 리더십이 필요하다. 도시는 유휴지를 관리하기 위한 규제들을 선택하고, 이들은 개발자들의 재개발 계획과 설계안을 검토하고 승인한다. 그리고 재개발 비용을 계산하고 여전히 토지의 소유권을 보유할 수도 있다. 따라서 도시 정부의 역할이 중요하다. 우리가 도시 리더에게 주는 기본적인 유의 사항은 유휴지에 나타난 어려움들에 맞서라는 점이다. 한 필지에 대한 해법은 모든 필지에 적용할 수 없다. 마치 한 도시에 대한 해법이 모든 도시에 적용되지 않듯이 말이다. 도시의 리더들은 상황과 맥락, 가용 자원 그리고 기회를 고려해서 적합한 해법을 찾아내야 한다.

다양한 도시와 주어진 환경에 대한 정확한 접근을 위해 설문 조사를 바탕으로 통계 분석을 했다. 2장에서 지역에 따라 구분된 도시들은 유사한 패턴을 보였다. 남부 도시들은 전체 면적 대비 북동부 도시들보다 더 많은 유휴지를 가지고 있었다. 버려진 구조물들은 북동부 도시들에 많았고 서부 도시들에는 적었다. 인구와 토지 면적의 변화는 몇몇 도시들이 상대적으로 왜 더 많은 유휴지나 버려진 건물을 가지고 있는지 설명하는 데 잠재적으로 유용하게 보였다. 그러나 다변량 분석은 일부 도시가 다른 도시보다 왜 상대적으로 더 많은 유휴지를 갖는지를 통계적으로 설명하지 못했다.[8]

표 6-1. 조사 데이터의 회귀 분석

구분	전체 토지면적 대비 유휴지 비율			인구 1,000명당 버려진 건물		
	B	표준오차	유의성	B	표준오차	유의성
토지면적 변화 1980~95	0.0010	0.0008	0.2196	-0.0034	0.0281	0.9032
탄력성 계수[a]	*0.0389*	*0.0162*	*0.0196*	-0.6221	0.5325	0.2485
재정상황 1996	-0.1171	0.1651	0.4809	-4.6383	3.2542	0.1605
인구변화 1980~95	0.0001	0.0006	0.8894	*-0.0355*	*0.0170*	*0.0423*
지역	-0.0344	0.0469	0.4656	0.0904	1.4205	0.9495
경제성장 1982~91	0.0159	0.0266	0.5535	0.6866	0.9562	0.4762
(정수)	0.0503	0.0663	0.4509	6.5024	2.0904	0.0031
R^2	0.2399			0.2452		
수정된 R^2	0.1599			0.1508		
표준오차	0.1434			4.0790		
F 값	2.9988			2.5984		
유의성	*0.0129*			*0.0292*		
자유도	63			54		

주: 기울어진 숫자는 유의수준에서 유의한 결과를 보인 수($p < .05$)
a: 탄력성 계수는 데이비드 러스키의 교외 없는 도시를 참고함(볼티모어: 존스홉킨스대학출판사, 1995)

〈표 6-1〉에 있는 통계 모델은 지역, 인구 변화, 토지 면적 변화 및 경제 성장에 관한 것으로 통계적으로 유의한 설명은 아니다. 분석에 사용된 대부분의 변수들은 데이비드 러스크David Rusk가 인구 밀도와 토지 면적의 변화에 가중치를 준 '탄력성 지표elasticity index'[9]를 사용했다. 그 결과 중 놀랍지 않은 부분은 우리 분석이 더 많은 유휴지를 가지고 있을수록 도시가 더 탄력적이라는 점이다. 더 조사해 본 결과, 도시 경계의 확장이 유휴지가 전환을 기다리고 있는 개발 전 지역으로 확장되는 것이 분명해졌다. 다

시 말해서, '나쁜' 유휴지보다 '좋은' 유휴지가 더 많고 좋은 유휴지는 확장과 관련되거나 도시의 '탄력성'과 관련된다는 점이다. 그 결과 유휴지에 대한 통계 모델은 설명력이 미미했다.

그러나 버려진 구조물에는 다른 문제가 있다. 이 분석은 1980년부터 1995년까지 도시의 인구 성장이 점차 느려질수록 버려진 건물들이 증가한다는 것을 보여준다. 그러나 다른 변수(예: 지역이나 경제 성장)는 통계적으로 유의하지 않았다. 더 중요한 점은 유휴지의 비율에 대한 설명이 버려진 건물에 대한 비율을 설명할 수 없다는 점이다. 게다가 이 분석에서 초점이 유휴지에서 빈 건물로 이동하면 모델 내 6개의 독립변수 중 4개에서 변화가 발생한다. 유휴지와 버려진 건물들은 연관이 있을 수 있지만 그 인과 관계는 다르다. 결과적으로 정책과 프로그램도 이에 맞춰 조정해야 한다.

보편적인 처방: 정보

한 방법이 모든 도시에 답이 될 수는 없지만, 하나의 권고 사항은 모두에 적용될 수 있다. 당신의 유휴지를 알 것. 이는 얼마인지, 어디에 있는지, 어떤 특성을 가지고 있는지를 알아야 한다는 의미이다. 게릿 크냅Gerrit Knaap과 테리 무어Terry Moore는 이를 유휴지 인벤토리에 적용했다.[10] 유휴지에 관련된 적절한 정보 없이, 도시는 정책과 프로그램을 효과적으로 설계할 수 없다. 조사 결과는 얼마나 많은 도시가 그들의 유휴지에 대한 정확한 정보를 담은 정보 시스템을 만드는 데 뒤떨어졌는지를 보여준다. 1998년, 56%의 대도시들이 유휴지를 관리하는 지리정보시스템을 가지고 있었지만, 10개의 도시 중 4개의 도시는 이런 시스템을 갖추지 못했다.[11]

도시 전반에 위치한 버려진 부동산들에 대한 신뢰도 있는 정보를 가진 데이터베이스 없이 유휴지를 체계적으로 관리하는 것은 어렵고, 정책은 노력에 비해 떨어지게 된다. 공공 기관과 민간의 의사 결정자들이 성공적인 개발 전략을 세우기 위해서는, 유휴지와 버려진 건물들에 대한 정보가 정확하고 시의적절하며 전산화될 필요가 있다.

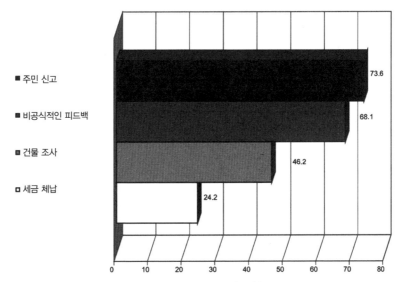

■ 주민 신고

■ 비공식적인 피드백

■ 건물 조사

□ 세금 체납

73.6

68.1

46.2

24.2

0 10 20 30 40 50 60 70 80

그림 6-10. 구조물이 비어 있을 때, 도시는 어떻게 알 수 있는가?

버려지거나 빈 구조물들을 관리하는 것은 유휴지를 추적하는 것보다 훨씬 문제 있어 보인다. 〈그림 6-10〉은 도시들이 구조물이 비어있는지를 어떤 방식으로 찾는지에 관한 것이다. 단연코 가장 많이 사용하는 방식은 '주민에게 물어보기'로서 도시의 73.6%가 이 방법을 사용한다고 응답했다. 시 공무원의 '비공식적 피드백'이라는 방법은 건설 검사관, 건강 및 안전 공무원이나 소방관 등 시 공무원들이 정기적으로 점검하는 것보다 더 많은 비중을 차지한다. 〈그림 6-10〉은 세금 체납과 건강 검사, 즉 비어있는 구조물을 발견하기 위한 두 가지 오래된 접근 방식이 이웃의 전화, 비공식적 피드백 및 조사가 고용된 경우보다 더 낮은 비율로 의지한다는 것을 보여준다. 최신 정보들로 무장한 도시들은 유휴지를 관리하고 마케팅할 수 있다. 필지 단위로 구분되고 위치 정보를 가진 데이터베이스는 자산 가치, 세금 납부 상황, 기반 시설과의 접근성, 범죄율, 조닝 등 개발에 매우 유용한 정보를 제공한다. 정확한 정보들은 도시가 종합적인 비전을 세울 수 있게 한다. 그리고 도시의 리더들은 어떻게 특정 부동산들이 그 세 가지 규범에 대해 어떻게 겹쳐지는지를 훨씬 잘 평가할 수 있다.

유휴지의 재활용을 위한 과정 설계

앞서 말했듯이, 도시는 유휴지의 양, 유형, 조건에 따라 다른 전략을 선택한다. 그러나 각기 다른 장소에 다른 상황이 있더라도 도시 전반에 걸쳐 존재하는 공통점은 경쟁을 허용한다는 점이다. 우리는 도시들이 유휴지와 그 상황에 대해서 충분한 정보를 필요로 한다고 계속 말해왔다. 그 이후에, 도시는 새로운 정책을 수립하고 자치단체의 구조를 구성하며 다른 유용한 프로그램들을 설정한다. 이번 장에서는 이런 잠재적인 시행령들에 대해 논하고자 한다. 여기서 말하고자 하는 것은 어디에서보다 유용하다고 판명된 믿을 수 있는 접근법들이다.

예상 행동: 정교한 정책

유휴지와 버려진 건물에 대한 부정적인 결과를 저지하기 위한 노력으로 피닉스 시는 법령을 제정하고, 새로운 부서를 만들어 실행 과정을 정비했다. 근린보전조례Neighborhood Preservation Ordinance는 1987년에 제정되었고, 이어서 자산관리조례Property Maintenance Ordinance가 1991년에 제정되었다. 자산관리조례의 결과로 근린서비스부서Neighborhood Services Department(NSD)가 11개의 다른 시의 부서의 조합으로 만들어졌다. 관료제의 결합은 더욱 근린에 집중하고 그를 위해 재편된다는 것을 의미한다.

　NSD의 임무는 이웃의 역량 강화에 관한 것으로 보전, 재생, 개발을 위한 것이다. 가장 중요한 역할 중 하나는 시행령을 실행하는 것이다. 일반적으로 법령을 따르게 하는 것은 잡초가 무성하거나 쓰레기가 많거나 안전하지 않은 건물들과 불법 거주자들이 점거한 건물들에 대한 잠재적인 불만들을 해결하기 위해 시작한다. 유휴지에 관한 불만들이 하나의 과정으로 처리되고, 유휴 건물들은 각기 다른 해결안으로 처리된다.

피닉스는 23개의 소지역minidistricts으로 구분되는데 이는 한 지역을 1/4 정도로 나눈 것이다. 유휴지에 관한 시행령을 위반한 경우 불만들이 NSD에 접수되고 조사관이 소지역 단위로 배치된다.[12] 조사관이 현장을 확인한 다음 접수된 불만이 유효하다고 판단되면 30일 기한의 위반 딱지notice of violation(NOV)가 소유주에게 발송된다.[13] NOV의 목적은 자발적으로 준수하도록 하는 것이다. 평균적으로 50~60%의 소유주가 NOV의 알림을 받은 이후 자발적으로 해결한다. 예를 들어 쓰레기를 치우고, 잡초를 제거한다. 만약 소유주들이 어떤 행동도 보이지 않는다면 자산에 대한 규제팀이 구성된다.

이 시점에서 복원 과정은 소지역 단위를 넘어 간다. 소유권과 세금에 대한 구성이 부동산 부서로부터 이루어지기 때문이다. 또한 NOV가 부과한 30일에 대한 규제 비용이 산출되고 이는 자산과 연관된 모든 이해 관계자에게 보내진다. 도시가 계약한 구제책에 대한 재정적 책임은 비준수 사례의 75~80%에 해당하는 책임 당사자의 자발적인 조치를 자극한다. 나머지는 위반을 줄이기기 위해 필요한 업무 범위를 적고, 입찰서를 받아내고, 책임을 부여한다. 도시는 계약자에게 지불하고 부동산에 대한 평가를 의뢰한다. 애리조나 법에 따르면 세금의 선취권은 다른 비용보다 우선한다.

빈 건물의 경우 도시는 일반적으로 안전하지 않은 건물들을 폐쇄한다. 만약 그 부동산에 대한 재생 계획이 없는 경우에는 철거를 하게 된다. 소유권을 확인하고 NOV를 발행해서 해당 건물을 철거하기 위한 재생위원회 Rehabilitation Appeals Board를 소집한다. 시장이 관계자들에게 철거와 그 반대에 대한 의견을 수용하기 위해 소집하는 위원회에는 몇 가지 선택 안이 있다. 도시의 NOV를 단순히 발행하는 것에 그치지 않고 소유주에게 해당 건물을 스스로 재생시킬 것인지 철거할 것인지에 대해 선택할 수 있는 시간을 90일 준다. 위원회는 또한 유치권을 철회할 수 있는 권한이 있다.[14] 만약 위원회가 도시의 철거 요청을 지지하는 경우 석면 검사를 실시하고, 폐쇄 계획이 수립되며, 철거를 위한 입찰을 실시해서 가장 경쟁력 있는 안을 제안한 업체가 철거를 담당하고 건물은 철거된다. 이 부동산에 대한 평가 또한 동반된다. 역사 보존 지역에 위치한 건물의 경우 되도록 철거를 줄이고 보존을 택하기 위한 다른 과정이 동반된다.[15]

피닉스에 있는 5개의 재개발 지역에서 NSD는 단순히 민원을 기다리는 것보다 위반 사항을 파악하는 데 적극적으로 나서고 있다. 이러한 영역에서 규정 준수는 이웃 활성화라는 더 큰 목표의 일부이며 추가 자원을 활용할 수 있다. NSD는 이러한 영역에서 전략적인 접근 방식을 취하며 각 위반 사항에 대한 적절한 대응을 한다. 시간이 지남에 따라 이 과정에서 정치적인 작용이 발생한다. 시의회 의원들의 불만 처리 과정을 통해 자신의 지역에서 특정 지역에 관여하는 것은 드문 일이 아니다. 각 자치구에는 인근 자치구들이 힘을 실어주는 '맞서자Fight Back' 프로그램을 통해 기금을 확보하고, 도시의 채우기 프로그램의 경계는 거의 모든 자치구에 도달할 수 있도록 조정되었다.

NSD의 집행부는 문제를 해결하고 주민들에게 자원을 배분하는 조직이 되었다. 부동산 유지 및 관리 프로그램을 주민들과 함께 잘 지켜가기 위해서 집행부가 필요했다. 1990년대 후반, 한 해 동안에는 개별 부동산 관련 민원이 31,000건 접수됐다. 평균적으로 한 부동산 당 2.5의 위반 사항이 있었다. 좀 더 확장된 시각에서 보자면, 피닉스는 쇠퇴와 범죄 간의 관계에 대해 주민들에게 교육을 시켰다. 피닉스에서 악덕 집주인을 막는 것은 주의 법령을 지정하는 데 큰 이슈가 되었다.

유휴지는 지역 간 경쟁이 있기 때문에 부동산 유지 관리에 대해 모든 개인이 도시의 활동가적인 자세를 지지하는 것은 아니다. 어떤 부동산 소유주들과 어떤 부동산 권리권자들은 반대를 하기도 한다. 물론 비용 문제 때문이다. 1990년대 동안 도시의 연간 철거 비용은 1백만 달러였다. 그러나 같은 시기 동안 자진해서 법령을 준수하는 경우도 증가해왔다. 법령을 준수하는 것은 피닉스 NOV의 노력뿐만 아니라 애리조나 주 법령이 청산하기 전에 유치권을 행사하기 때문이다. 행정적 절차 외에도, 시는 특히 임박한 위험의 경우 유휴지에 대한 접근 권한을 얻기 위해 법원 또는 법원이 명한 폐지 절차를 유휴 부동산을 얻기 위해 행사할 수 있다. 이러한 경우 집행관과 시 변호사가 구제 조치를 결정한다.

시 의회 의원들이 지역별로 선출되는 피닉스에서는 지역을 대상으로 정치 캠페인이 진행된다. 재선출을 위해서는 유권자들의 권리를 신경써야 하고, 그 결과 주민 연합들은 큰 영향력을 행사한다. 여전히 시 의원들은 부동산 협회Board of Realtors와 소유주 조직과 같이 도시 정책에 중요한 조직들의 압박을 받는다.[16] 따라서 어떤 새로운 법령이나 절차는 많은 면밀한 검토와 충분한 이해 균형을 이루기 위해 많은 조사와 토론을 받을 가능성이 높다.

토지 합병과 배치 과정의 재설계

필라델피아의 유휴지와 버려진 건물의 문제의 규모는 놀라울 정도이다. 교외화와 탈산업화라는 두 가지 힘에 의해 타격을 받은 필라델피아는 이제 1950년보다 훨씬 작은 도시이다. 도시의 어떤 지역은 1950년대 인구의 절반, 또는 2/3를 잃었다. 이런 지역에서 버려진 건물들의 블록은 가끔 사람들이 이용하는 건물들이 있을 뿐이었다. 2000년까지 31,000필지 이상의 유휴지와 54,000개의 버려진 건물들이 넓게 퍼져 있었다.[17] 이런 부동산들의 2/3는 사유 재산이고 나머지 1/3은 주로 시 소유이다. 도시는 구도심 재개발 프로그램과 세금 체납 부동산에 대한 경매 등 다양한 방법을 통해서 이런 필지들을 취득했다.

필라델피아가 유휴 재산을 다루는 방법은 '일시적이고' '산발적이고', 어리석다.[18] 특히 문제가 되는 점은 도시의 합병과 배치 과정으로 문제를 만들고 키우는 부분이다. 심지어 작은 필지를 옆 부지와 합병하는 것도 쉬운 일이 아니다.[19] 필라델피아의 유휴지 문제와 관련해 쇠퇴한 지역을 개선하기 위한 단체들이 장단기적인 조언을 하기 시작했다.[20] 이 목록에서 가장 중요한 일은 유휴지를 '자산 관리' 방식으로 관리하는 것이다.

필라델피아가 생각을 바꾼 이유는 도시가 지금까지 고수해 온 성장 논리가 더 이상 유효하지 않음을 알았기 때문이다. 필라델피아의 미래는 성장보다 쇠퇴에 대한 창의적인 관리와 쇠퇴 징후에 대한 관리이다. 그러나 이게 부정적인 것은 아니다. 쇠퇴하는 도시를 관리하는 것은 새로운 형태의 재개발을 만들고 저밀도 토지 이용을 가능하게 한다. 필라델피아 지도자들이 당면한 과제는 '유휴지를 자원의 원천으로 이해'하는 것이다.[21]

유휴지를 자산으로 이용하기 위해서 도시는 몇몇 보고서의 제안을 실행에 옮겼다. 가장 기본적으로는 유휴 필지와 버려진 건물들에 대한 데이터베이스를 만드는 것이었다. 유휴지관리국Office of Vacant Land Management도 만들었다. 유휴지를 관리하는 15개의 분산된 조직들은 하나의 데이터베이스를 만드는 일을 어렵게 했다.

게다가 도시의 복잡한 과정들이 유휴지와 부동산을 팔거나 개선하고자 하는 개인과 개발업자들을 당혹스럽게 했다.[22] 여러 기관들의 조정 부족으로 다양한 방향성이 나오고 여러 결정이 취소되었다.[23] 결과적으로 유휴지는 계속해서 다른 장기 유휴지들과 함께 방치되었다. 도시 유휴지를 관리하는 유일한 기능을 가진 새로운 관문 사무소gateway office는 좀 더 일관성 있는 접근이 가능할 것이다. 이런 접근의 가장 중요한 원칙은 유휴 필지 관리 시스템을 실행을 통해 도시가 소유한 유휴지들을 줄이는 데 있다. 이 시스템의 구성 요소로는 '정리와 유치권' 프로그램이 있는데 이는 적어도 단기적으로 많은 유휴지들을 도시의 관리하에 두고자 하는 것이다. 이 프로그램의 목적은 일단 필지가 등록되고 관리되면 근처에 있는 유휴지와 함께 통합해서 민간 소유주에게 그 소유권을 넘기는 데 있다.

유휴지를 합병하고 배치하기 위해서 쇠퇴 지역을 관리하는 조직들은 몇 가지 선택안을 제시한다. 하나는 즉각적인 실행이 필요한 "핫스팟"과 목표 지역들을 선별하는 일이다. 다른 제안으로는 근린계획위원회Neighborhood Planning Councils가 감시하는 투자 프로그램을 운영하는 것이다. 지역 사회에 기반을 둔 조직은 시의 활동들을 후원해 주는 중요한 요소이다. 이런 조직들은 주변 지역의 재활용과 재개발에 대한 계획뿐만 아니라 주민들과 사업자들의 유휴지 시장을 제공한다. 도시 시행령의 성실한 시행으로 위반을 더 많이 발생하게 하고, 언론의 관심이 증가한다. 게다가 이런 활동가 그룹들은 유휴지에 미치는 영향을 고려하여 압류, 비난, 소유권에 대한 주법을 재검토할 것을 제안했다. 궁극적으로 목표는 완전히 재설계된 과정과 도시의 새로운 모습이다.

2001년 시장 존 스트릿John Street은 근린변화실행Neighborhood Transformation Initiative(NTI)에 대한 실무 그룹의 조언을 받아들였다. NTI는 유휴지를 매립하고 시장성 있는 자산으로 전환하기 위한 5개년 계획을 말한다. NTI의 목표는 원대하다. 쇠퇴한 지역을 제거하고, 철거하고, 토지를 병합하는 데 300백만 달러를 사용할 예정이다.[24] 첫 해에 NTI는 127,000개의 버려진 자동차를 거리에서 치우고, 유휴지에 버려진 잔해와 쓰레기 16,000톤을 제거했다. 시행령을 어긴 사례와 주의를 주는 사례들은 불법 쓰레기 투기꾼들을 잡는 만큼 증가했다. 그러나 여전히 NTI가 그 지지자들에게 약속한 수준의 변화를 이끌어 낼 수 있을지는 의문이다.

비정부 기관의 이용

우리 연구의 초점은 유휴지를 관리하는 시 정부의 역할에 관한 것이다. 우리가 현장 조사한 두 도시를 포함한 어떤 도시에서는 비영리 기관이 특히 중요한 역할을 하는 경우가 있다. 캠든의 경우, 지역 사회 단체와 종교 단체들이 시의 노력을 보완한다. 필라델피아의 경우 도시 정원 단체들이 유휴지를 재이용하는 데 중요한 역할을 해 왔다. 이 두 경우 모두, 이런 조직들이 제공하는 서비스들이 도시들의 노력을 보완한다.

커뮤니티 그룹과 종교 단체

앞에서도 언급했듯이, 버려진 구조물은 캠든에서 어디에나 존재한다. 시정부는 이 문제들로 인해 곤혹을 치르고 이 토지들을 이용하고 재활용하는 데 어려움을 겪고 있다.[25] 재정이 어려운 지역 사회에 있는 시 공무원들은 시 소유의 유휴지와 버려진 건물들의 데이터베이스를 만드는 데도 어려움을 겪는다. 거의 모든 이런 부동산들은 압류를 통해 시로 소유권이 넘어왔고, 대부분은 세금 체납과 같은 이유이다. 〈그림 6-1〉 다이어그램을 보면, 캠든의 유휴지는 '체커보드 큐브'로 넘쳐난다. 그것은 도시의 수익 구조에 도움이 안 되고 사회적 가치도 없으며 개발 잠재력도 부족하다.

시는 공개 입찰을 통해 매수자를 유치하기 위해 주기적으로 공매물 경매를 실시한다. 이런 부동산 시장이 거의 형성되어 있지 않기 때문에 대부분의 부동산들이 장기간 시 소유로 남아 있다. 이 시점에서 비영리 단체가 개입할 수 있는데, 이들은 특정 지역을 재개발하는 것을 목적으로 한다. 이런 집단들의 일부는 신앙에 기반하고 다른 일부는 세속적이다. 캠든의 남부에는 인문을 위한 거주지Habitat for Humanity와 캠든의 심장Heart of Camden 은 활발히 활동하고 있다. 캠든의 동부에는 성 조셉의 목수마을Saint Joseph's Carpenters Society도 있다. 이 그룹들은 캠든 북부에 있는 노스 캠든 토지 신탁 North Camden Land Trust을 포함해서 조직의 뿌리를 뻗쳐나가며 노스 캠든의 시민회, 워터프론트 보호회 등 여러 단체가 참여하고 있다. 뉴저지의 공정한 공유주택계획New Jersey Fair Share Housing Plan에 따르면 시 소유 부동산들은 저렴한 주택과 같은 규정된 용도로 이러한 비영리 단체에 제공될 수 있다. 비영리 단체들은 도시의 능력이 닿지 않는 곳을 관리한다. 심지어 도시가 해안가를 개발하더라도 그 지역 개발은 비영리 단체를 위해 남겨둔다.

이런 부동산들을 재이용하는 것은 쉬운 일이 아니다. 캠든의 낮은 부동산 가치는 투자를 유인하기 어렵다. 많은 버려진 건물은 큰 부채를 남기고 이 부채를 없애는 것은 매우 어려워서 이들을 재이용하는 것은 어렵다. 명확한 제목이 제공될 수 있다고 가정할 때, 비영리 단체는 종종 거주지 재개발자로 선호된다. 큰 기대를 가지고 캠든의 비영리 단체들은 도시의 소극적인 모습으로 인해 발생한 빈 공간들에 재개발 경험을 축적하기 시작했다. 그러나 이런 조직들은 반대의 세력도 될 수 있다. 복원된 브라운필드에 산업 단지를 만들고자 하는 노력은 캠든의 심장Heart of Camden으로부터의 저항에 직면했다. 캠든은 개발로 인해 인근 지역이 고립될 것을 우려했다. 그럼에도 불구하고, 엄청난 양의 국가 보조를 받고 있는 도시로서, 그 하향 곡선을 벗어나기 위해, 지역 사회 단체들과 종교 단체들은 대부분의 지역에서 꾸준히 중요한 역할을 한다.

도시 정원사

필라델피아에서 비영리 단체들은 커뮤니티 가든의 형식으로 유휴지를 적극적으로 활용한다. 가장 중요한 조직은 펜실베이니아 원예협회Pennsylvania Horticultural Society(PHS)와 필라델피아 그린프로그램Philadelphia Green program이다. PHS는 1827년 설립되었고, 지역 주민들에게 원예 체험을 장려한다. 우리가 4장에서 언급했듯이 필라델피아 그린은 적극적으로 시 소유 유휴지를 커뮤니티 가든으로 바꾸고 있다. 40여 명의 스태프와 함께 이 프로그램은 그들이 바꾸고자 하는 커뮤니티의 주민들을 교육하고, 기술 지원을 제공한다. 예를 들어, 이들은 주민을 기반으로 하는 커뮤니티 개발 협회CDCs를 가지고 유휴지를 CDCs 계획의 일부로 편입시키고자 노력한다.[26] 여기서 큰 의지가 되는 부분은 사회적 가치이다. 악화되는 이웃의 삶의 질을 높이기 위해서 이들의 이웃을 개선하는 것이다. 한 관찰자가 결론지은 대로, "커뮤니티 가든은 CDCs와 이웃 주민들이 유휴지에 대한 문제를 다루는 방법을 가르치는 가장 기본적인 도구이다."[27]

커뮤니티 가든은 특히 인구밀도가 감소하는 도시에 효과적이다. 유휴 필지를 가든으로 바꾸는 것은 한 필지를 '커뮤니티 내 저밀도의 조직'으로 바꾸는 것과 같다.[28] 도시는 커뮤니티 가드닝 프로그램을 지역적 맥락에 맞게 설계한다. 커뮤니티 가든의 실효성은 전적으로 많은 요인에 달려있다. 여기에는 유휴지의 수, 규모, 위치, 부동산 시장, 정원사들의 관심, 비영리 주체와 민간 주체들이 지역의 요구를 충족할 수 있는가와 관련이 있다.[29]

마지막으로 도시 가드닝에서 가장 강조하고 싶은 것은 협업에 관한 부분이다. 시 정부는 유휴지에 대한 유일한 해결책이 아니다. 도시는 유휴지에 대한 소유권을 갖고 관리를 위해 비영리 토지 신탁 창설을 지원할 수 있다. 혹은 그들이 더 많은 참여를 원할 경우, 민관 협력 관계를 구축할 수도 있다. 슈코스케Schukoske는 성공적인 도시 가드닝 프로그램의 특징을 정리했다. 20여 개의 우수 사례 중 몇 가지는 다음과 같다.

- 유휴 필지(공공과 민간 모두)의 재고 목록을 만들고, 그 정보를 대중이 쉽게 접근할 수 있도록 개방해 둘 것
- 유휴 필지들을 임차하고 있는 민간 소유주들과 별도로 계약을 할 것(그리고 좋아할 만한 세제 혜택을 준비할 것)
- 예를 들어, 5년 가량 정원사가 전념할 수 있을 최소한의 시간을 보장해 줄 것, 5년 이후 커뮤니티 가든으로서 도시 공원 관리 부서가 관리할 수 있는 가능성을 제공할 것
- 커뮤니티 가든을 만들고 운영하는 데 요구되는 자원들을 위해 관계 부처의 합의를 이끌어 낼 것
- 주기적으로 쓰레기를 처리해 주거나 돌무더기 등을 관리해 줄 것
- 가드닝을 위해 경작하고, 밭고랑을 만들고 하는 등의 활동을 위해 모두가 이용할 수 있는 시설을 갖출 것[30]

특정 프로그램에 있어 시 정부의 역할은 다른 영역에서보다 더 크다(예: 계약, 토지 대여, 관계 부처 간 협의 등). 비영리 단체들은 다른 책임을 가지고 있기 때문에 도시의 행동에 대한 보조적인 역할을 한다. 유휴지의 규모에 의해 한계점에 다다른 도시의 경우, 비영리 단체가 중요한 역할을 할 수 있다.

주 정부의 역할

이전 장들을 통해 언급했듯이, 지역 정부는 주 정부의 제약을 받는다. 워

싱턴 주의 성장관리법은 시애틀, 벨뷰, 레드몬드의 토지 이용에 영향을 미친다. 애리조나 주의 토지 합병 법령은 피닉스 대도시 권역의 영토와 세수에 영향을 미친다. 펜실베이니아의 농업 토지 보전 프로그램은 벅스 카운티 내 농장을 구매하는 절차를 간소화했고, 주 정부의 관련 법은 필라델피아 시가 유휴지, 세금 체납 부지, 쇠퇴한 부동산들을 사들이는 것을 가능하게 했다. 그리고 캠든에서는 뉴저지 주의 개입으로 인해 주 법령과 규제들이 실제 도시의 재정 관리에 영향을 미쳤다.

유휴지의 기회와 위기에 대해 지역 관할권은 주 정부의 제약을 받는다. 지역의 경우, 최적의 상황은 이런 제약을 가능한 한 유리하게 바꾸는 것이다. 주 정부의 관점에서 주 전체의 적절한 통일성을 제공하면서도 충분한 지역 맞춤화가 가능한 것이 최적의 정책이다. 이러한 균형은 달성하거나 유지하기 쉽지 않다.

유리한 제약을 모색할 때 지방 정부들은 최근 주정부의 동향을 살펴서 지역의 문제들을 다시 생각한다. 한 관찰자는 정부 파트너십으로서 두 수준의 정부인 주-지방 관계에 귀기울여야 한다고 강조한다.[31] 종종 "2차 권력 이양"이라고 불리는 이런 관계 속에서 지방 정부는 주 정부의 실행에 따라 의미 있는 정책과 프로그램을 포함해야 한다.[32] 지역 문제들은 적극적인 주 정부의 지원으로 풀 수 있다. 주-지역 거버넌스 시스템이 재구축됨에 따라, "책임, 권한, 재량권은 더 낮은 수준의 정부로 이관된다."[33] 같은 의미에서 다른 관찰자들은 좀 덜 낙관적인데, 이들은 책임감이 높아질수록 지역에 대한 비용이 올라간다고 지적한다.[34]

토지 이용

비록 전통적으로 토지 이용은 지방 정부가 많은 재량권을 가지고 있지만, 많은 주가 점차적으로 혼합된 전략을 사용하고자 한다.[35] 그중 한 가지 예는 새로운 성장을 목표로 하는 지방 정부에 보상하는 메릴랜드의 1997년 스마트 성장지역법이다. 이미 인프라를 보유하고 있으며 도시 확장을 조장하는 인프라 프로젝트에는 주 정부 자금 지원을 거부한다. 이런 법이 실행된 이래로, 많은 다른 주는 고유의 스마트 성장 비전을 수립하기 시작했다. 따라서 몇몇 주는 기능적인 지역에서 그들의 지방 정부에 규제를 완화하기 시작하지만 지방 정부는 토지 이용을 규제하는 아이러니한 상황이 발생하기도 한다.

의심의 여지없이, 이런 변화들은 유휴지와 도시가 그것을 관리하고 규제하는 방식에 영향을 미칠 것이다. 따라서 지방 정부가 유리한 정책을 제정하고 불리한 정책을 폐지하도록 주 정부에 청원하는 것이 필수적이다. 물론 이 딜레마는 지방 정부의 이해관계가 언제나 일치하지는 않는다 것이다. 사실 중심 도시와 교외 지역은 토지 이용에 관해 반대 의견을 가지고 있을 수 있다.

이 연구에서 설명된 각 지역의 관할 구역은 주 정부와 오랜 시간 동안 쌓여온 관계가 존재한다. 어떤 사례들도 다른 주에 적용하거나 다른 지역에 공공 정책으로 쉽게 채택할 수 있는 것은 없다. 예를 들어, 워싱턴의 성장관리법은 지역성을 강조하는 부분 등 긍정적인 측면이 많지만 애리조나에 적용하기에는 한계가 있다.

전국주지사협회National Governors' Association는 우수 사례 센터를 통해 보다 효과적인 토지 이용을 추구하는 주들을 위한 대안으로 새로운 커뮤니티 설계New Community Design(NCD)라고 불리는 현명한 스마트 성장 접근법을 발견했다. 이것의 지지자들은 NCD를 실행하는 것은 확산 현상을 줄일 뿐만 아니라 커뮤니티의 삶의 질을 향상시키고, 지역 경제성을 강화한다고 주장된다.[36] NCD의 중요한 요소는 "혼합된 토지 이용, 토지 소비의 감소, 커뮤니티 센터, 풍부한 녹지, 교통 체계 대안들, 그리고 지역 문화를 고려한 건물 설계와 자연 환경과 어울리는 건물 설계를 의미한다."[37] 부지를 채우는 개발, 브라운필드 재개발, 오픈스페이스 보존은 매우 중요한 전략이다. 따라서 유휴지가 가지는 의미는 상당하다.

주 정부는 규제, 재정 지원, 기술 지원 등의 방법으로 지역의 NCD 채택을 지원할 수 있다. 델러웨어의 점차적으로 부담 비용을 증가시키는 주 법령을 포함해서, 유타 주의 성장 질적 관리, 로드 아일랜드의 토지 이용 모델, 위스콘신 주의 종합 계획 조건들, 그리고 뉴저지 주의 전역에 걸친 빌딩 재개발 시행문 등이 포함된다. NCD와 같은 스마트 성장적 접근법이 규칙이 되면, 유휴지 문제들은 조금 더 긍정적으로 바뀔 것이다.

지방 선택세

비록 모든 지자체가 부동산 재산세는 부과할 수 있지만(이전에 언급했듯이 오클라 호마의 대부분의 지자체는 세금을 부과하는 권한이 없다), 소비세나 소득세를 부과하는 것 은 각자 다르다. 다양한 도시의 수익 포트폴리오는 많은 장점을 갖는데, 특히 재정 안정성과 세금 자산의 경우에 그러하다. 도시 재정에 관한 헬렌 래드Helen Ladd와 존 잉거John Yinger의 중요한 연구는 중심 도시들의 세수 확 장에는 수익의 다양화가 중요하다는 결론을 냈다.[38] 그럼에도 불구하고 도 시 공간에 관한 일반적인 세금의 효과와 개발 프로젝트의 선택에 대한 세 금 구조에 관해서는 잘 알려져 있지 않다. 이 연구에서는 그 연관성의 중 요도에 대해 말하고자 했다.

지방선택세local-option tax나 소득세를 부과하는 권한은 통제되지 않더라 도 주 정부가 확실히 규제를 한다. 예를 들어 서부 인구 통계 지역의 주들 중 아이다호, 몬태나, 네바다, 오리건 주들은 도시에 소비세 권한을 부여 하지 않는다.[39] 뉴잉글랜드 주의 지자체들은 소비세를 부과하지 않는다.[40] 모든 지자체의 세금 구조에는 개인과 기업의 세수 부담, 공정성, 형평성, 수익 생산, 징수 가능성 및 세금의 관리와 관련된 일련의 원칙이 포함되 어 있다.[41]

게다가 주 정부가 지자체의 일반 세금 구조를 관리하는 것은 공간 개 발, 확산, 버려지는 자산에 영향을 미친다. 이는 어떤 세금 구조이든 간에 지역 사회의 복지를 극대화하고자 하는 도시 공무원의 입장에서 전략적인 행동을 하도록 촉진하기 때문이다. 심각한 벌금이나 전제 조건이 없는 경우, 소비세에 의존하는 도시들이 도시 경계부에 상업 개발을 하는 것을 당연하게 여겨진다. 도시의 경계부에 있는 토지가 저렴하고 무분별한 확장을 조장한다고 하더라도 기업 수익의 창출 논리에서 시의 지도자가 이런 개발을 하지 않을 수 없다. 이런 경계부 개발은 도시의 일반 세금 구조에 영향을 미칠 것이다.[42] 소비세에 의존하는 도시에 근무하는 공무원들은 유휴지를 주거 목적보다 상업 목적으로 승인하는 경우가 많을 것이고 도시의 경계부에 쇼핑센터를 개발할 것이다.

일반세 중 하나에 의존하는 도시들은 이에 따라 주가 염려하는 확산 및 농장 지역 보존과 상충될 수 있는 개발을 유도하거나 적어도 영향을 미친다. 주에서는 세 가지 일반 세금에 대한 권한을 지자체에 제공하는 것이 지자체의 수익 포트폴리오를 확장하는 역할을 할 뿐만 아니라 개발을 보는 관점도 발전시킨다는 점을 고려해야 한다.

확산과 버려지는 현상은 시장 논리로만 움직이는 것이 아니다. 일반 세금 구조의 윤곽을 설계하거나 통제하는 형태의 공공 정책의 개입 역시 주 정부와 지자체에 의해 분석될 필요가 있다.

유휴지와 전략적 사고

케빈 린치Kevin Lynch는 도시의 물리적 형태뿐만 아니라 도시의 이미지, 즉 인지 지도mental map에 미치는 영향도 의식하는 '시각적 계획visual plan'을 요구한다.[43] 유휴지는 인지 지도의 일부이지만 많은 경우 계획되지 않은 부정적인 부분을 담당한다. 황폐하고 무질서한 이미지를 갖는다. 그러나 어떤 조직과 계획을 통해 부정적인 이미지는 보다 긍정적인 이미지로 바뀔 수 있다.

유휴지는 비전을 달성하고 도시를 건설하는 촉매제 역할을 할 수 있다. 이는 백지상태의 것으로 새로운 아이디어와 함께 성과를 낼 수 있다. 도시 지도자들의 관점에 대해 개발자들은 불평할 수도 있지만, 그들의 관점에서 푸른 초원을 응시하고 기업 사무실 공원, 고급 소매 쇼핑몰, 구분된 주거 커뮤니티를 상상한다. 그들의 맥박은 그들이 새로운 개발에서 창출되는 수입을 상상할 때 더 빨라진다. 또는 지도자들은 그런 공간을 다용도의 여가 시설, 시민 센터나 스포츠 경기장, 박물관이나 행위 예술 공간, 혹은 거대한 공공 광장과 같은 공공의 용도로 쓰고 싶어 한다.

도시 지도자들은 빈 땅을 활용하는 것에 대한 상상을 더욱 쉽게 한다. 그러나 이용이 되던 공간에 대해서는 '어떤 일이 일어날 것인지'에 대해 더욱 어려움을 느낄 수 있다. 쓰레기와 잡초가 무성하고 무너진 건물과 오염된 토양은 더욱 큰 노력을 요구한다. 이용되지 않은 토지는 현실과 지각적인 면에서 훨씬 덜 부정적이다. 이런 유휴지를 개발하는 것은 더 높은 기반 시설 비용을 의미하고, 도시 확산 현상에 대한 염려를 하게 하지만, 토지를 재활용하는 것은 현실을 일깨우게 한다. 토지 소유권은 분쟁이 있거나 불확실할 수 있다. 필지들은 충분한 크기가 아니거나 형태가 바르지 않거나 소유권이 복잡할 수 있다. 쇠퇴한 지역에서 완벽하게 재활용할 수 있는 지역은 시장 잠재력이 부족하다는 신호일 수도 있고, 사회 병리학의 조짐일 수도 있다.[44]

브루킹스 연구소Brookings Institution는 도시 최고경영자 조직과 함께 버려진 토지를 가치 있는 부지로 만드는 데 요구되는 몇 가지 조치 단계들을 제시했다.

- 당신의 영역을 파악하라.
- 재개발을 위해 도시 전역에 대한 접근을 발전시켜라.
- 지역 사회의 이해 관계자들과 협력하여 근린 계획을 실행하라.
- 정부를 효과적으로 만들어라.
- 타당한 재개발을 위한 법적 근거를 만들어라.
- 시장 가치가 있는 기회를 만들어라.
- 재개발 비용을 조달하라.
- 자연적이고 역사적인 자산을 만들어라.

- 젠트리피케이션과 이전에 관련된 이슈에 민감해져라.
- 성공을 관리하라.[45]

이러한 권고 사항들은 이 책 전반에 걸쳐서 계속 제시된 두 가지 주장을 상기시킨다. 첫째, 유휴지를 자산으로 생각하라. 둘째, 그렇게 만들 수 있는 행동에 나서라.

유휴지에 대해, 특히 불확실한 상황에서 전략적으로 생각하는 것은 도시 공무원들의 과제이다. 이때 세 가지 규범이 도움이 된다. 첫째, 도시는 재정 상태를 개선하기 위한 정책을 추진해야 한다는 점이다. 정책 입안자들은 유휴지를 수익을 극대화하거나 비용을 최소화하는 쪽으로 유휴지 선택을 고려해야 한다. 둘째, 도시는 사회적 혼란을 최소화하고 재산 가치를 보호하는 정책을 추진해야 하기 때문에, 정책 입안자들은 합병하고 조닝하고 자산 가치를 보호하고 자연적 장벽으로서 역할을 하는 유휴지의 활용에 전념해야 한다. 셋째, 도시는 경제적 활력을 강화하거나 최소한으로는 유지하고 지역 사회의 이미지를 개선하는 정책을 선택해야 한다. 따라서 정책 입안자들은 유휴지를 이용하거나 재활용할 때 가장 최고의 방법이자 최선의 방법을 택해야 한다. 비록 부동산 시장은 상황이 다르고 공무원들의 선호도 다를 수 있지만, 이런 규범은 유휴지에 대한 선택을 할 수 있도록 도와준다.

이 책은 미지의 땅에 대한 조명으로, 책의 가장 큰 한 가지 교훈은 유휴지가 언제나 '나쁜' 것만은 아니라는 점이다. 심지어 판자로 둘러싸인 건물이 있는 황량한 경관과 쓰레기 더미가 쌓인 빈 땅도 새로워질 수 있다. 도시는 유휴지를 자원으로 생각하기 시작하고 이 새로운 생각을 반영한 행동에 나서야 한다.

1. 미디어의 나쁜 유휴부지에 대한 묘사 Stephen Seplow, "Too Many Houses, Too Few Residents," *Philadelphia Inquirer*, May 10, 1999, Al; and Joseph Berger, "Tough Times and Tattered Image for Poughkeepsie," New York Times, October 5, 1998, 10.

2. Barry Wood, Vacant Land in Europe. Working Paper (Cambridge, Mass.: Lincoln Institute of Land Policy, 1998), 99.

3. Philadelphia City Planning Commission, "PCPC Map Gallery", www.philaplanning.org/data/datamaps. html (June 1, 2003).

4. Philadelphia City Planning Commission, *Vacant Land in Philadelphia: A Report on Vacant Land Management and Neighborhood Restructuring* (Philadelphia: Philadelphia City Planning Commission, 1995), 15.

5. 급속한 성장에 대한 우려가 증가되었고 도시의 인프라도 문제가 되기 시작했다. 이후 1998년 레드몬드는 6개월의 모라토리움을 선언했는데 이는 새로운 상업 개발을 위해 재개된 것이다.

6. 템페의 재정부서에 의하면 거주민에게 제공되는 서비스 비용은 재산세의 두 배 정도 된다.

7. 캠든의 상황은 1990년 말 굉장히 심각했는데 뉴저지 주가 개입하며 시의 재정에 감독 위원회를 두었기 때문이다. 다음의 자료 참조, Judith Havemann, "A City that Good Times Forgot: Blighted Camden, N.J., Reflects Inner Cities' Resistance to Renewal," *Washington Post*, April 1, 1999, A3. In December 2000, Milton Milan became the third Camden mayor in twenty years to be convicted of a felony.

8. Ann O'M. Bowman과 Michael A. Pagano의 논의, "Transforming America's Cities: Policies and Conditions of Vacant Land," *Urban Affairs Review* 35 (March 2000): 559-81.

9. David Rusk, Cities without Suburbs, 2nd ed. (Baltimore: Johns Hopkins University Press, 1995).

10. Gerrit Knaap and Terry Moore, *Land Supply and Infrastructure Capacity: Monitoring for Smart Urban Growth*, working paper (Cambridge, Mass.: Lincoln Institute of Land Policy, 2000).

11. 조사 이후에 몇 년이 지났고, 더 많은 도시들이 그들의 지정학적 정보 체계를 향상시켰다는 일화적 증거가 있다.

12. 일반적인 예들은 무성한 초목, 불의 위험, 쓰레기, 과도적인 현상, 레저용 차량의 주차를 포함하며 일반적이지 않은 예로는 유휴지에 텐트가 재설치되는 것을 포함한다.

13. 마리코파 카운티는 도시의 토지 소유주 정보를 제공한다. 이와 함께 도시는 토지 정보 체계를 시 사무실에서 만들어가고 있다.

14. 법규 부서에 의하면 재건심판원Habilitation Appeals Board은 재산 소유주들의 항소에 더욱 민감하다.

15. 이전의 역사적인 보존 구역은 파괴가 절대 일어나서는 안 된다는 것을 의미했지만 점차 그 기준이 완화되고 있다.

16. 1990년대 말, 도시는 임대 재산 등록을 중단시키려 노력했는데 이 그룹들의 반대편 때문이다.

17. City of Philadelphia, *A Blight Elimination Plan for Philadelphia's Neighborhoods* (Philadelphia: City of Philadelphia, Blight Elimination Subcommittee, 2000), 8.

18. City of Philadelphia, Blight Elimination Plan.

19. City of Philadelphia, *A Vacant Land Acquisition System for Philadelphia* (Philadelphia: City of Philadelphia, Acquisitions Subcommittee of the Select Committee on Vacant Land, 1999).

20. City of Philadelphia, Vacant Land Acquisition System.

21. Mark Alan Hughes, "Dirt into Dollars: Converting Vacant Land into Valuable Development," *Brookings Review* (summer 2000): 34-37.

22. An example of the cumbersome procedures is the requirement that the city council pass legislation so that city-owned vacant parcels can be sold or transferred.

23. John Kromer, *Vacant Property Prescriptions: A Reinvestment Strategy* (Philadelphia: City of Philadelphia Office of Housing and Community Development, 1996).

24. Rob Gurwitt, "Betting on the Bulldozer," *Governing*, July 2002: 28-34.

25. Dwight Orr and Angela Couloumbis, "Proposal for Camden Seeks Role for County," *Philadelphia Inquirer*, October 2, 2001, B1.

26. Parks & People Foundation, *Neighborhood Open Space Management: A Report on Greening Strategies in Baltimore and Six Other Cities* (Baltimore: Parks & People Foundation, 2000), 46.

27. Parks & People Foundation, Neighborhood Open Space Management

28. Pennsylvania Horticultural Society, *Urban Vacant Land: Issues and Recommendations* (Philadelphia: Pennsylvania Horticultural Society, 1995), 90.

29. Jane E. Schukoske, "Community Development through Gardening: State and Local Policies Transforming Urban Open Space," *New York University Journal of Legislation and Public Policy* 3 (1999-2000): 390.

30. Schukoske, "Community Development through Gardening," 390-91.31. Russell L. Hanson, ed., *Governing Partners: State-Local Relations in the United States* (Boulder, Colo.: Westview Press, 1998).

32. Beverly Cigler, "Emerging Trends in State-Local Relations," in *Governing Partners: State-Local Relations in the United States*, ed. Russell L. Hanson (Boulder, Colo.: Westview Press, 1998), 53-74.

33. Cigler, "Emerging Trends in State−Local Relations," 71.

34. Margaret Weir, "Central Cities' Loss of Power in State Politics," *Cityscape: A Journal of Policy Development and Research* 2 (May 1966): 23-40.

35. John M. Levy, *Contemporary Urban Planning*, 5th ed. (Upper Saddle River, N.J.: Prentice Hall, 2000).

36. Joel S. Hirschhorn and Paul Souza, *New Community Design to the Rescue: Fulfilling Another American Dream* (Washington, D.C.: National Governors' Association, 2001).

37. Hirschhorn and Paul Souza, *New Community Design to the Rescue*, 5.

38. Helen Ladd and John Yinger, *America's Ailing Cities: Fiscal Health and the Design of Urban Policy* (Baltimore: Johns Hopkins University Press, 1989).

39. 이 정보는 1999년 도시 재정 상황에 대한 부록 A로부터 발췌되었다. (Washington, D.C.: National League of Cities, 1999), which in turn is drawn from a variety of sources, including The State Tax Guide published by Commerce Clearinghouse, Inc., and various cities and state municipal leagues, including the Alabama League of Municipalities, the Arkansas Municipal League, the Georgia Municipal Association, the City of Greensboro, the North Carolina Finance Department, the Association of Idaho Cities, the Indiana Association of Cities and Towns, the Iowa League of Cities, the City of Memphis Finance Department, the Michigan Municipal League, the League of Minnesota Cities, the New York State Conference of Mayors and Municipal Officials, the North Carolina League of Municipalities, the Tennessee Advisory Commission on Intergovern mental Relations, the Vermont League of Cities and Towns, and the League of Wisconsin Municipalities. Idaho permits a sales tax authority in resort cities with populations under 10,000; three have elected to levy the sales tax.

40. 버몬트는 1999년부터 2002년까지 과도기적인 판매세를 승인하며 주 교육의 개혁에 대한 지역의 재정 효과를 완화하게 되었다.

41. John Mikesell, *Fiscal Administration*, 5th ed. (Fort Worth: Harcourt Brace College Publishers, 1999), chap. 6.

42. Kee Warner and Harvey Molotch, *Building Rules: How Local Controls Shape Community Environments and Economies* (Boulder, Colo.: Westview Press, 2000).

43. Kevin Lynch, *The Image of the City* (Cambridge, Mass.: MIT Press, 1960).

44. Jack L. Nasar, *The Evaluative Image of the City* (Thousand Oaks, Calif.: Sage Publications, 1998).

45. Paul C. Brophy and Jennifer S. Vey, *Seizing City Assets: Ten Stops to Urban Land Reform* (Washington, D.C.: Brookings Institution and CEOS for Cities, 2002).

부록 A

방법론

미국 내 유휴지와 버려진 건물에 대한 종합적인 조사는 1960년대 이전에는 진행된 적이 없다. 유휴지와 버려진 건물에 대한 이용과 재활용에 필요한 정책적 도구에 대해서도 논의된 바가 없다. 이 연구는 선행 연구 두 건을 바탕으로 진행되었다.

첫 번째 연구는 유휴지에 대한 이해를 목적으로 한다. 설문 조사는 (1)미국 도시 내 유휴지와 버려진 건물의 양을 측정하고, (2)유휴지와 관련된 도시 정책을 파악하는 것, (3)유휴지와 도시 정책 간의 인과 관계를 밝히는 것을 목적으로 한다. 특히 이번 설문 조사를 통해 다음의 질문에 대한 답을 구하고자 한다:

- 미국 도시에 얼마나 많은 유휴지가 있는가?
- 도심 유휴지는 증가하는가? 감소하는가?
- 유휴지 공급이 변하는 원인은 무엇인가?
- 유휴지 소유권은 어떻게 변하고 있는가?
- 유휴지와 버려진 건물을 관리하고 규제하기 위해 도시는 어떤 정책을 활용하는가?
- 유휴지의 양이나 도시 정책과 연관된 인구 변화, 재정적 압박 등 특징이 있는가?

이 질문에 대한 답을 찾기 위해 미국 내 인구 5만 명 이상의 도시 공무원(주로 도시 계획 담당자)에게 설문지를 우편으로 요청했다. 유휴지에 대한 정의로 인한 오차를 최소화하기 위해 설문지 한 편에 유휴지를 다음과 같이 정의했다. "유휴지는 공공 소유와 민간 소유 모두를 포함하고 어떤 용도든지 한 번 이상 이용된 적이 있는 토지와 버려지고, 쇠락하고, 일부는 부서지거나 완전히 철거된 건물을 포함한 토지를 의미한다."

설문 조사는 두 단계로 진행했다. 첫 번째 단계는 4페이지 분량의 설문지에 응답하는 것으로 여기에는 (1)각 도시에 유휴지와 버려진 건물이 발생한 원인, (2)민간이 소유한 유휴지와 버려진 건물을 규제하기 위한 정책, (3)공공이 소유한 유휴지와 버려진 건물들을 관리하기 위한 정책에 관한 정보를 묻는다. 설문지는 연구자들에 의해 고안되었지만, 응답자들이 이 질문을 통해 그들의 답을 충분히 설명할 수 있도록 고안되었다. 두 번째 설문은 지리 정보 시스템을 통해 유휴지에 관한 정보를 관리하는 도시를 대상으로 진행했다. 한 페이지 분량의 설문지는 유휴지의 종류와 양, 소유권, 위치 등과 같은 정보에 대한 것이다.

노력 끝에 수용할 만한 응답률을 달성할 수 있었다. 첫 번째 설문 조사는 우편으로 발송했고 응답을 요청하는 엽서와 전화를 통해 전체 35%의 응답률인 186명이 응답을 했다. 인구가 5만 명에서 10만 명 사이인 중소도시의 경우 전체 응답률에 비해 다소 낮았고, 인구가 10만 명 이상인 197개 대도시는 전체 50.25%에 해당하는 응답률을 보였다(n=99). 특정 지역이나 특정 자치 구조가 드러나는 질문은 없었다.

두 번째 설문 조사에는 81개 도시가 연구 대상에 해당되었고, 이 중 32개 도시(응답률 39.5%)가 응답했다. 두 번째 설문 조사의 목적은 첫 번째 설문 조사에서 응답한 전체 유휴지에 관한 것이었다. 설문 조사는 도시가 유휴지를 공공과 민간 소유로 구분해서 응답하고, 민간의 경우 토지 이용에 따라 공공의 경우 공공이 소유한 소유권에 따라 응답을 하도록 했다. 도시는 민간과 공공 소유의 토지를 위치, 지역, 도심 혹은 경계부에 따라 구분해서 응답하였다. 세금을 부과할 수 있는 토지와 버려진 건물에 대해서도 응답했다. 공무원이 응답할 수 있는 정보의 정도가 한정되어 있기 때문에 많은 설문지가 미완성 상태였다.

설문 조사를 통해 제공되는 정보는 도시 정책이 유휴지의 이용과 재활용에 미치는 영향에 대해서는 응답하지 못했다. 예를 들어 도시 정책이 유휴지의 종류나 위치, 공급을 줄이는 데 얼마나 효과적이었는가와 같은 질문이 여기 포함된다.

유휴지/버려진 건물에 관한 설문 조사

링컨 토지정책 연구소Lincoln Institute of Land Policy는 미국 내 유휴지의 양을 측정하고 도시와 경계부의 유휴지 및 버려진 건물들의 활용 및 재활용을 관리하는 도시 정부의 정책을 확인하기 위한 이 프로젝트를 후원합니다. 이 설문 조사는 미국 전역을 대상으로 하며, 도시 유휴지 정책에 관한 종합적인 평가입니다. 우리는 이 설문 조사를 통해 도시 내 유휴지 정책의 효과에 대한 심층적인 분석을 위한 데이터베이스를 구축하고자 합니다. 이 설문에 대한 답은 1997년 12월 15일까지입니다.

이 프로젝트에 참여해 주시는 데 깊은 감사를 드립니다. 설문 결과는 아래의 사항을 적어주시는 분에게 보내드리겠습니다.

도시명:_____ 인구:_____

담당자:_____ 직급:_____

주소:_____

도시:_____

전화 번호:_____ 이메일:_____

팩스 번호:_____

Ⅰ. **유휴지. 유휴지는 공공 및 민간이 소유하는 토지로, 사용되지 않거나 버려졌거나, 어떤 건물이 있었던 적이 있는 토지를 의미한다. 또한 버려지고, 쇠락하고, 판자로 둘러싸여 있고, 부분적으로 손상되었거나 철거된 건물이 있는 토지도 포함한다.**

A. 도시 내 GIS 지도가 있나요? 네_____ 아니요_____

만약, 있다면, 그 지도 안에 유휴지 혹은 버려진 건물에 관한 정보가 포함되어 있나요? 네_____ 아니요_____

만약, 포함되어 있다면, 해당 부지나 건물의 소유가 민간인지 공공인지도 포함되어 있나요? 네_____ 아니요_____

B. 유휴지/버려진 건물들의 원인. 현재 도시의 상황에 적합한 답을고르시오.

1. 유휴지의 양이나 버려진 건물의 숫자가 지난 십 년 동안 증가했다면, 그 원인은 무엇인가요? (모두 고르세요.)

_____탈산업화 _____도시 내 토지 정책 변화

_____교외화 _____토지 합병

_____인구 유출

_____교통 문제 _____투자 감소

_____자본 접근성 _____도시 내 부동산 세금 정책

_____토지 조례 문제 _____토지/건물의 오염

다른 경우:_____

2. 유휴지의 양이나 버려진 건물의 숫자가 지난 십 년 동안 감소했다면, 그 원인은 무엇인가요? (모두 고르세요).

_____인구 유입 _____지역 경제 성장

_____토지 재활용을 촉진하는 도시 정책(예. 채우기)

_____중소 기업 _____민간 개발 활성화

_____도시 토지 정책 _____도시 토지세 관련 정책

다른 경우:_____

C. 현재 당신의 도시 내에 있는 유휴지와 버려진 건물들의 물리적 특성을 가장 잘 표현한 것을 모두 고르세요.

유휴지는:

_____과잉 공급이다. _____잘못된 곳에 위치하고 있다.

_____과소 공급이다. _____형태가 부정형이다.

_____너무 오래 비워져 있었다.

_____개발 가능한 크기로 병합할 수 없다.

다른 경우:_____

D. 도시에서 공식적으로 건물이 비었다는 것은 어떻게 인지합니까? 가장 빈번히 이용되는 경우(1)부터 가장 덜 이용되는 경우(7)까지 순위를 메기세요.

_____건물 조사 시스템(예. 매년 혹은 매월 정기 검사)

_____이웃 주민의 제보 _____세금 체납

_____도시 공무원/부서의 비공식적 피드백

_____가장 최근 점유 및 사용된 이후의 시간 경과

_____건강 검진

다른 경우:_____

E. 유휴지/버려진 건물 통계. 1997년 7월 1일 기준으로 도시의 영역 안에 있는 유휴지의 양을 답하시오. 유휴지는 활용되지 않거나 버려진 토지, 그리고 한 번 건물이 있었던 곳뿐만 아니라 버려지고, 쇠락하고, 판자로 둘러싸이거나 부분적으로 혹은 완전히 철거된 건물들이 있는 부지를 의미합니다. 정확한 숫자를 제공할 수 없다면 대략적인 정보로 답하시오.

1. 도시의 전체 면적: 19____기준 _____에이커

2. 도시 경계 내에 있는 유휴지의 양(사용할 수 없는 부지인 도로, 습지, 저류지 등은 제외):

3. 도시 경계 내에 있는 버려진 건물의 숫자:_____

II. 유휴지/버려진 건물들을 활용하거나 재활용하기 위한 규제 및 정책

A. 민간 소유의 유휴지와 버려진 건물들을 규제하기 위한 정책을 가지고 있습니까? 네_____ 아니요_____

만약 가지고 있다면, 다음의 질문에 답하시오.

1. 건강 및 안전: 빈 건물에 대해 도시가 주민들의 "건강과 안전"에 주의를 기울여야 할 건물들은:

(a)상업 및 산업 건물들입니까? 네_____ 아니요_____

(b)주거용 건물들입니까? 네_____ 아니요_____

설명:_____

2. 압류: 당신의 도시나 주(하나만 고를 것)는 세금을 체납할 경우 압류를 행사합니까?

만약 도시를 선택한 경우라면, 당신의 도시는 특정 기간 동안 체납된 세금에 대해 압류를 합니까:

(a) 상업 및 산업 건물의 경우: 네_____ 아니요_____

(b) 주거용 건물의 경우: 네_____ 아니요_____

만약 그렇다면, 얼마나 많은 기간을 줍니까? _____

3. 벌금: 도시는 빈 건물에 대한 벌금을 부과합니까?

(a) 상업 및 산업 건물의 경우: 네_____ 아니요_____

만약 그렇다면, 벌금을 부과하는 기간은 얼마입니까? _____

만약 그렇다면, 어떤 기준으로 벌금을 부과합니까? _____

(b) 주거용 건물의 경우: 네_____ 아니요_____

만약 그렇다면, 벌금을 부과하는 기간은 얼마입니까?

만약 그렇다면, 어떤 기준으로 벌금을 부과합니까?

4. 유기세: 빈 건물에 대해 세금을 부과합니까? _____

(a) 상업/산업 건물의 경우: 네_____ 아니요_____

만약 그렇다면, 보통 부동산세와 비교해서 얼마를 부과합니까?

_____

(b) 주거용 건물의 경우: 네_____ 아니요_____

만약 그렇다면, 보통 부동산세와 비교해서 얼마를 부과합니까?

_____

5. 등록 비용: 도시 내 빈 상업이나 산업 건물의 소유주에 등록 비용을 요구합니까: 네_____ 아니요_____

만약 그렇다면, 등록비는 얼마입니까.

6. 등철거 비용: 도시 내 빈 건물을 소유한 사람들에게 철거 비용을 지원해줍니까: 네_____ 아니요_____

   만약, 지원해 준다면, 얼마입니까.

7. 특별 프로그램: 도시에 유휴지나 버려진 건물들과 관련된 문제를 해결하는 특별한 프로그램이 있습니까? 예를 들면, 유휴지에 불법으로 쓰레기를 투기하는 거나 버려진 건물에서 발생하는 반달리즘: 네

   아니요

   만약 있다면, 자세히 써주세요.

B. 도시가 소유한 유휴지나 버려진 건물들의 관리 및 규제를 위한 프로그램이나 정책이 있습니까? 네_____ 아니요_____

   만약 있다면, 다음의 질문에 답해주세요:

1. 도시는 시 소유의 토지나 건물을 공정한 시장 가치로 처분합니까? 아니면, 시장 가치보다 낮게 처분합니까? 만약 시장 가치보다 낮게 처분한다면 얼마나 낮게 처분합니까? _____

2. 도시가 유휴지나 버려진 부지를 팔 때, 보조금이나 다른 혜택을 제공합니까? 네_____ 아니요_____

   만약 제공한다면, 어떤 혜택을 제공하는지 쓰시오.

   _____

3. 세금 체납으로 인해 압류되는 토지는 얼마나 많습니까? _____

4. 대략적으로 도시가 소유한 유휴지는 어느 정도 입니까? _____

   버려진 건물은 얼마나 소유하고 있나요? _____

5. 도시가 소유한 유휴지와 건물들의 가치는 얼마입니까?   세금 압류를 통해 취득한 도시 소유의 유휴지/건물의 평가 가치는 얼마입니까? _____

6. 도시가 도시 중심에 가까이 있는 도시 소유의 유휴지와 건물의 재활용을 위해 만든 정책은 도시 경계부에 있는 도시 소유의 유휴지를 활용 및 재활용하는 정책과 다릅니까? 네_____ 아니요_____

만약, 다르다면, 다른 점을 설명하시오.

_____

7. 버려진 건물을 재활용하기 위한 정책은 유휴지를 재활용하기 위한
   정책과 다릅니까? 네_____ 아니요_____
   만약, 다르다면, 다른 점을 설명하시오.

_____

8. 주민이나 커뮤니티의 참여를 독려하기 위한 특별한 프로그램을 가
   지고 있습니까? 예를 들면, 주민이 잡초를 뽑는다거나 청소를 하는
   프로그램이나 자발적으로 건물을 수리하고 유지 관리하는 프로그램
   과 같은 것. 네_____ 아니요_____
   만약, 있다면, 그 프로그램을 설명하시오.

_____

Ⅲ. 기타 사항들

A. 도시의 유휴지 정책에 관해 하지 못한 이야기가 있다면, 서술하시오.

_____

B. 이 연구의 두 번째 단계는 유휴지와 관련된 문제를 다루는 정책적 해법
   과 그 효용에 관한 것입니다. 두 번째 단계에 참여할 의향이 있으십니
   까? 그렇다면, 담당자의 연락처와 메일을 알려주세요.

_____

C. 유휴지를 다루는 정책에 관련된 자료를 가지고 계시다면, 이 설문 답변
   과 함께 보내주시길 바랍니다.

주어진 상황에서 어떤 작동을 하는가? 이 정책들은 다른 상황에도 적용할 수 있는가? 같은 전략을 실행하는 도시는 같은 결과를 얻는가? 도시 정책이 영향을 미치는가? 도시가 소유한 유휴지가의 공급에 정책은 어떤 영향을 미치는가? 결과가 다르다면, 도시의 정책도 다를까?

두 번째 설문 조사의 결과물은 이런 도시에 대한 정보와 그들의 실제 경험에 관한 것이다. 주요 도시들은 인터뷰를 진행했고 확장된 토지 정책과 실행에 대한 연구를 통해 결과를 보완했다.

현장 조사는 다음의 세 가지 이유에서 필요했다. 첫째, 현장 조사를 통해 우리는 도시 내 유휴지에 대한 광역적인 그림을 그릴 수 있었다. 우리가 관심을 둔 점은 정부의 실행으로 우리는 시 공무원과 인터뷰를 진행했다. 그러나 이 설문 조사는 유휴지를 복원하는 것이 도시 내 특정 부서에서 진행하는 것보다 비정부 기관이 진행하는 것이 많다는 것을 발견했다. 이는 현장 조사를 통해 밝힐 수 있었다.

둘째, 현장 조사는 각 설문 조사에 응답한 중요한 사람들이 참여하고 있는 과제에 대해 물어볼 수 있는 기회를 제공했다. 현장 조사를 통해 중요한 정책 담당자와 축적된 정보들을 획득할 수 있었다.

셋째, 현장 조사는 직접적이고 간접적인 효과뿐만 아니라 연관된 과정들을 파악하는데 도움이 되었다. 우리가 설문 조사에서 파악한 바에 따르면 도시의 유휴지 공급은 변할 수 있다, 이 상황에서 도시 정책은 변하고 있는가? 이런 원인과 결과에 대해서는 파악하기 어렵지만, 현장조사는 효과적으로 판단할 수 있게 도움이 되었다.

세 개의 대도시 권역은 심층 연구를 위해 선택되었다. 다양한 유휴지 조건을 가지고 있는 대상지가 미국 전역에 걸친 설문 조사를 통해 선정되었다. 피닉스는 피닉스의 경계부에 유휴지가 많고, 합병에 관한 법과 주변 도시들의 정책으로 인해 주변 지역에 경계가 거의 없다. 시애틀은 조금 다른 상황을 가지고 있다. 이들은 유휴지가 아주 적고 주의 성장관리법에 따라 성장이 엄격하게 제한된다. 필라델피아의 상황 또한 다르다. 유휴지와 버려진 건물은 대도시 중심에 있다. 이 세 대도시 권역을 대상으로 세 지역의 공무원을 인터뷰했다. 1999년 1월부터 5월에 걸쳐 대상지를 방문했고, 각 대상지별로 심층 인터뷰와 자료 수집을 진행했다. 다음의 질문들을 인터뷰에서 활용했고, 자료를 요청했다.

인터뷰 질문

I. 정책 입안. 무엇이 빈 곳 메우기, 브라운필드, 재활용, 금융 제재, 그린벨트 등과 같은 정책을 만들게 하였는가? 정책 입안자가 가지고 있는 비전은 무엇인가?

Ⅱ. 정책 담당자. "정책 혁신가policy enterpreneur"는 누구인가?

Ⅲ. 정책 목표. 정책으로 인한 투입과 결과물은 무엇인가? 무엇이 허용 가능한 결과를 만드는가? 어떻게 정책 입안자들은 목표를 달성하는가? 만족할 만한 결과물은 무엇인가?

Ⅳ. 정책 실행. 누가 정책을 실행하고 모니터링 하는가? 모든 정책은 동일한 도시 기관에서 실행하는 것인가 아니면 여러 기관이 실행하는 것인가? 조직 간 협업과 경쟁의 수준

Ⅴ. 실증적 효과. 다른 정책들은 도시 유휴지 정책의 실행과 어떤 관계가 있는가?

Ⅵ. 정부 부처 간 효과. 다른 도시와 지역 정부의 정책들은 도시 유휴지에 관한 정책을 성공적으로 실행하는 데 도움이 되는가? 그렇다면, 도시의 책임은 어디까지인가? 도시 유휴지 정책이 정부간 협업을 요청하는가?

자료 요청

I. 다음에 관한 통계 자료: 인구, 인종 구성, 밀도, 소득, 선거 활동, 정주 형태, 소유권, 사업 구조 등

Ⅱ. 정부 특징, 선거구, 사업 혹은 중심 업무 지역(자주적 혹은 반자주적 개발 이사회)

Ⅲ. 통근 형태, 도시 재정, 주 제약

Ⅳ. 지방 정부와 주정부의 협업 혹은 갈등 관계, 예를 들어 지역 의회, 대
도시 계획 조직

Ⅴ. 지역에 대한 지리 정보 시스템, 유휴지와 버려진 건물에 대한 자료가
구축된 경우, 민간과 공공의 소유권 표시

Ⅵ. 조닝과 토지 이용 지도, 종합 도시 계획

Ⅶ. 토지 이용과 재개발에 관련된 보도자료

카운티의 감정 평가사들은 권역 내 모든 토지와 건물에 대한 가치를 산정
하고 재산세를 부과하기 때문에 도시 내 세금의 공간적 배분을 산정하는
것은 당연한 과제이다. 소비세의 경우는 다르다. 소비세는 거래가 발생하
는 순간에 부과되기 때문에 전체를 파악하고 기록하는 것은 어렵다. 따라
서 소비세의 공간적 구조는 템페와 시애틀의 경우에만 산정할 수 있었다.
피닉스, 피오리아, 필라델피아는 측정치를 제공하지 않았다. 템페는 몇
몇의 대상지에 대한 소비세액을 수집할 수 있었다. 이렇게 확보한 자료는
1992년부터 1999년까지의 자료이다. 시애틀 소비세의 공간적 분포는 도
시 재정을 담당하는 부서의 개발 방식에 대한 조언을 제공한다. 도시의 종
합 소비세는 도시의 계획 지역(예상 분석 지역으로 FAZ라고 한다)에 따라 분포한다
는 점이다. FAZ가 도시 내 전체 인구에 대비해서 차지하는 비율에 따르면
퓨짓 사운드 지역 위원회가 산출한 것과 같다. 이 예측 기법은 각 FAZ 지
역의 소비세에 기반한다. 퓨짓 사운드 지역 위원회는 FAZ의 지리적 영역
을 정의한다.

각 대상지에 존재하는 유휴지 정보는 도시 계획 부서에서 제공했다. 필
라델피아는 각 유휴지의 주소와 평가 가치를 제공했고, 템페도 제공했다.
시애틀, 레드몬드, 벨뷰, 벅스 카운티, 피오리아, 피닉스는 유휴지의 위치
와 면적을 제공했다. 캠든은 자료를 제공하지 않았다.

대부분이 시 공무원인 다음의 인물들은 각 대상지의 정보를 제공하거나

인터뷰에 응한 사람들로 1999년 1월(피닉스)부터 1999년 3월(시애틀), 5월(필라델피아)에서 만난 사람들이다.

피닉스: 짐 브룩스, 짐버크, 존 버크, 엘리자베스 번스, 알렌 콜튼, 러스 콘웨이, 미쉘 도드, 마이클 돌린, 레슬리 돈펠드, 레이 게어월, 필 고든, 미치 헤이든, 샌디 홀랜드, 브라이언 커니, 돈 무오스, 케이트 크리어터, 조 마리, 샬린 맥도날드, 존 매킨토시, 릭 나이마크, 돈나 닐, 존 넬슨, 프레드 오스굿, 존 파크, 조 파르마, 레이 쿼이, 로잔 샌쉐즈, 트레이시 사토, 폴 세이버트, 이사벨 템플리튼, 샌디 트리즈, 닐 어반, 밥 왓잔, 리치 자쉐

템페: 개리 브라운, 닐 칼피, 아쉬 캠벨, 돈 카사노, 렌 코플, 데이브 파클러, 패트 핀 닐 기리아노, 하비 허브, 랜드 허버트, 아티스 크리거, 조셉 루이스, 해리 미셀

피오리아: 제니퍼 코레이, 샤드 다인, 테렌스 엘리스, 켄 포르지아, 스캇 프렌드, 필 가드너, 존 키건, 데브라 스타크

시애틀: 노만 아보트, 엘리자베스 버틀러, 리차드 콘린, 엘시 크로스맨, 톰 휴거, 톰 컨, 밥 레이드, 글렌 리, 매튜 모일러, 앤 버르네즈 모돈, 로키 피로, 자닌 스미스, 제인 보젯, 벤 울터스

레드몬드: 리차드 콜, 존 코치, 렌다 크로포드, 샤론 도닝, 로즈마리 이브스, 톰 파인, 레드몬드 조례팀, 팀 트리히모비치

벨뷰: 게리 아멜링, 랜드 배너커, 아담 호드, 톰 린드퀴스트, 리 스피링게이트, 댄 스트로, 스테파니 워든

필라델피아: 리차드 쟈스트잡, 낸시 카메데이너, 바바라 카플란, 돈 크리거맨, 존 크로머, 조 레오나르도, 데보라 맥콜로쉬, 제레미 노왁, 미셸 누터, 샌디 살즈만, 베리 세이모어

캠든: 바바라 브레난, 리차드 시나글리아, 션 클로스키, 브라이언 피니, 오리온 조이너, 토마스 로버츠

벅스 카운티: 로버트 코막, 리차드 하비, 마이클 케인, 비토 빈센트

산호세의 데이터는 2000년 3월 다음의 공무원들을 통해 구할 수 있었다. 델 복스도프, 다렐 디어본, 켄트 에덴, 그레그 파라다, 티모시 스틸, 데즈 우드워스. 콜롬비아(프레드 델크, 짐 캠브렐, 리오나 프라하), 콜럼버스(엘렌 바니, 켄 퍼렐, 개리 구리엘미, 도나 헌터), 오클라호마(마크 칼레튼, 짐 코치, 존 두건, 데이비드 존스, 러셀 루이스, 윌리 가이르, 클레어 우드사이드)과 같은 몇몇 도시는 2002년 1월과 2월 전화 인터뷰를 통해 정보를 구했다. 이들의 도움은 연구에 도움이 되었다.

우리는 각 대상지를 방문하는 동안 만난 사람들의 지지와 지원에 깊은 감사를 드린다.

부록 B

현장조사를 진행한 세 대도시 권역의 인구 통계, 경제·정책 자료

표 B-1. 애리조나 주의 피닉스, 템페, 피오리아 자료

특징	피닉스	템페	피오리아
인구			
1960	439,170	24,897	2,593
1970	581,562	62,907	4,792
1980	789,704	106,919	12,171
1990	988,983	142,056	51,154
2000	1,321,045	158,625	108,364
인구 변화율			
1960~70	32.4	152.7	84.8
1970~80	35.8	70.0	153.8
1980~90	25.2	32.9	320.3
1990~2000	33.6	11.7	111.8
면적(제곱 마일)			
1960	187	22	2
1970	248	25	3
1980	375	39	27
1990	420	40	62
2000	475	40	138
정부 구조			
1960~2000	기관통합형(CM)	기관통합형(CM)	기관통합형(CM)
주요 경제 부문			
1960	제조업 도매업/소매업 FIRE	제조업 교육 서비스업 도매업/소매업	–
1970	제조업 도매업/소매업 건설업	제조업 교육 서비스업 도매업/소매업	–
1980	도매업/소매업 제조업 FIRE	도매업/소매업 제조업 교육 서비스업	도매업/소매업 제조업 건설업
1990	도매업/소매업 제조업 FIRE	도매업/소매업 제조업 교육 서비스업	도매업/소매업 제조업 FIRE

CM: 의회-행정담당관, FIRE: 금융, 보험, 부동산업

표 B-2. 워싱턴 주의 시애틀, 벨뷰, 레드몬드 자료

특징	시애틀	벨뷰	레드몬드
인구			
1960	557,087	12,809	1,426
1970	530,831	61,102	11,031
1980	493,846	73,903	23,318
1990	516,259	98,628	36,090
2000	563,374	109,569	45,256
인구 변화율			
1960~70	-4.7	377.0	673.6
1970~80	-7.0	20.8	111.6
1980~90	4.6	33.5	54.8
1990~2000	9.1	11.1	25.4
면적(제곱 마일)			
1960	89	6	-
1970	84	24	10
1980	84	25	13
1990	84	26	14
2000	84	31	16
정부 구조			
1960~2000	시장-의회 분리형	기관통합형(CM)	시장-의회 분리형
주요 경제 부문			
1960	제조업 도매업/소매업 FIRE	제조업 도매업/소매업 FIRE	–
1970	제조업 도매업/소매업 교육 서비스업	제조업 도매업/소매업 교육 서비스업	제조업 도매업/소매업 FIRE
1980	도매업/소매업 제조업 교육 서비스업	도매업/소매업 제조업 FIRE	도매업/소매업 제조업 FIRE
1990	도매업/소매업 제조업 FIRE	도매업/소매업 제조업 FIRE	도매업/소매업 제조업 FIRE

CM: 의회-행정담당관, FIRE: 금융, 보험, 부동산업

표 B-3. 펜실베이니아 주의 필라델피아, 벅스 카운티, 뉴저지 주의 캠든 자료

특징	필라델피아	벅스 카운티	캠든
인구			
1960	2,002,512	308,567	117,159
1970	1,948,609	415,056	102,551
1980	1,688,210	479,180	84,910
1990	1,585,577	541,174	87,460
2000	1,517,550	597,635	79,904
인구 변화율			
1960~70	-2.7	34.5	-12.5
1970~80	-13.4	15.4	-17.2
1980~90	-6.1	12.9	3.0
1990~2000	-4.3	10.4	-8.6
면적(제곱 마일)			
1960	127	617	9
1970	129	614	9
1980	136	610	9
1990	135	608	9
2000	135	607	9
정부 구조			
1960~2000	시장-의회 분리형	위원회형에서 기관통합형(CM)	위원회형에서 시장-의회 분리형
주요 경제 부문			
1960	제조업 도매업/소매업 공공 행정	제조업 도매업/소매업 공공 행정	제조업 도매업/소매업 공공 행정
1970	제조업 도매업/소매업 교육 서비스업	제조업 도매업/소매업 교육 서비스업	제조업 도매업/소매업 공공 행정
1980	제조업 도매업/소매업 교육 서비스업	제조업 도매업/소매업 교육 서비스업	제조업 도매업/소매업 교육 서비스업
1990	도매업/소매업 제조업 교육 서비스업	도매업/소매업 제조업 교육 서비스업	제조업 도매업/소매업 교육 서비스업

CM: 의회-행정담당관, FIRE: 금융, 보험, 부동산업

부록 C

유휴지와 버려진 건물에 대한 자료

(인구 10만 명 이상 도시들을 대상으로 한
인구 통계 정보와 설문 조사에서 발췌)

유휴지와 버려진 건물에 대한 자료

도시	주	인구,1995년	인구 변화율 1980~95	도시 면적 (에이커)	면적 변화율 1980~95	유휴지 (에이커)	유휴지 비율 (%)	버려진 건물 수	1,000평당 버려진 건물 수
모바일	AL	206,685	3.11	101,018	-4.07			2,009	9.7201
리틀록	AR	181,295	14.74	76,800			26.0	600	3.3095
메사	AZ	364,876	139.41	78,733	60.65	27,328	34.7		
피닉스	AZ	1,220,000	54.49	300,160	29.60	128,000	42.6		
템페	AZ	158,315	48.07	25,600	4.22	1,950	7.6		
애너하임	CA	295,452	34.61	31,911	6.24	4,517	14.2	50	0.1692
콩코드	CA	115,000	10.83	19,200	0.68	9,600	50.0	100	0.8696
폰타나	CA	104,201	183.12	23,040	45.31	13,824	60.0		
풀러턴	CA	122,804	20.11	14,238	0.00	532	3.7	24	0.1954
가든그로브	CA	153,824	24.75	11,200	2.29	168	1.5		
글렌데일	CA	195,623	40.68	6,303	0.00	1,540	24.4	146	0.7463
헤이워드	CA	124,000	32.50	27,520	11.54	1,000	3.6	75	0.6048
헌팅턴비치	CA	200,000	9.29	17,600	3.33	528	3.0		
잉글우드	CA	117,300	24.57	5,664	3.37	40	0.7	5	0.0426
어바인	CA	127,000	104.40	27,520	0.95	11,008	40.0	0	0.0000
모레노밸리	CA	133,000		32,000		12,800	40.0	250	1.8797
오렌지	CA	122,000	33.41	15,040	9.91	300	2.0	1	0.0082
파사데나	CA	138,925	17.66	14,720	-0.43	450	3.1		
산타애나	CA	123,329	53.24	11,970	23.18	927	7.7	0	0.0000

루이즈빌	KY	386,000	29.23	40,960	3.50	1,750	4.3	2,200	5.6995
바톤루즈	LA	220,000	81.49	48,000	19.97	4,480	9.3	5	0.00848
보스턴	MA	589,141	2.59	30,208	-2.48	180	0.6	19	0.1338
산타클라리타	CA	142,000		28,800		10,800	37.5	19	0.1439
산타로사	CA	132,000	59.69	25,216	26.69	3,500	13.9	175	0.7415
스톡톤	CA	236,000	59.16	35,648	31.50	11,407	32.0	9	0.0696
샤니베일	CA	129,250	21.23	14,106	-4.78	11,520		500	5.0000
발레이호	CA	100,000	24.53	32,960	25.31	17,920	54.4	150	1.0563
브리지포트	CT	142,000	-0.38	10,880	8.84			524	4.2602
뉴헤븐	CT	123,000	-2.45	12,800	0.00	700	5.5	3,970	0.6939
스탬퍼드	CT	110,000	7.35	24,320	-1.05	3,648	15.0	2,800	0.0039
워싱턴	DC	572,059	-5.74	43,712	11.24	1,485	3.4	400	2.3105
잭슨빌	FL	711,933	31.62	485,488	0.00	16,726	3.4	1	0.0086
올랜도	FL	173,122	34.94	62,733	70.38	18,000	28.7		
펨브로크파인	FL	116,000	224.24	21,760	99.38	2,560	11.8		
탤러해시	FL	140,643	72.47	49,542	126.07	19,756	39.9		
애틀랜타	GA	425,000	-0.01	84,480	0.61	5,895	7.0		
보이스	ID	167,000	63.33	34,900	17.30	5,000	14.3		
오로라	IL	120,000	47.61	23,680	31.37	5,920	25.0		
시카고	IL	2,896,016	4.03	146,176	0.53	10,000	6.84	20	0.1667
네이퍼빌	IL	120,000	181.68	23,040	36.10	3,000	13.0	4,000	0.1381
포트웨인	IN	195,680	13.51	49,056	19.20	4,480	9.1	3	0.0250
사우스벤드	IN	105,511	-3.84	24,960	0.28	1,500	6.0	500	4.7388

유휴지와 버려진 건물에 대한 자료

도시	주	인구,1995년	인구 변화율 1980~95	도시 면적 (에이커)	면적 변화율 1980~95	유휴지 (에이커)	유휴지 비율 (%)	버려진 건물 수	1,000명당 버려진 건물 수
캔자스시티	MO	442,300	-1.28	203,520	-1.52	12,800	6.3	5,000	11.3045
스프링필드	MO	150,604	13.14	46,144	4.78	7,842	17.0	1,121	7.4434
샬럿	NC	460,000	45.81	111,552	24.77	32,000	21.4	1,000	2.1739
더럼	NC	167,000	65.10	57,600	70.69	8,640	15.0	50	0.2994
앨버커키	NM	419,681	26.06	103,680	38.72	25,600	24.7	20	0.0477
리노	NV	160,000	58.80	39,104	85.48	600	1.5	20	0.1250
뉴욕	NY	7,400,000	4.64	205,952	2.45	20,000	9.7		
시러큐스	NY	160,000	-5.94	16,064	5.46			500	3.1250
애크런	OH	223,000	-5.98	39,808	8.17			300	1.3453
신시내티	OH	362,040	-5.96	49,280	0.00	493	1.0	1,000	2.7621
콜럼버스	OH	660,000	16.81	135,488	5.53	16,867	12.4	1,000	1.5152
데이턴	OH	182,005	-5.96	32,640	13.64	5,773	17.7		
세일럼	OR	120,800	35.59	29,018	12.77	1,925	6.6		
이리	PA	108,718	-8.73	51,200	1.38	1,536	3.0	225	2.0696
필라델피아	PA	1,478,002	-12.45	86,144	-0.66			54,000	36.5400
프로비던스	RI	160,728	2.50	11,840	-2.12	1,776	15.0	800	4.9774
콜롬비아	SC	104,000	2.74	22,818	9.34	3,052	13.4	100	0.9615
녹스빌	TN	167,535	-4.29	62,637	0.13			92	0.5491
내쉬빌	TN	536,360	17.71	336,000	-1.29	81,948	24.4		

도시	주								
애머릴로	TX	158,000	5.88	56,730	9.74	25,528	45.0	200	1.2658
보몬트	TX	114,323	-3.20	54,669	9.88	83,064	43.2	500	4.3736
포트워스	TX	484,500	25.79	192,403	17.03	14,673	29.3		
그랜드프레리	TX	111,811	56.46	50,025	12.85	12,113	18.0		
루보크	TX	196,679	12.80	67,424	14.90	7,000	26.2	3	0.0261
메스키트	TX	115,000	71.51	26,747	24.06	16,000	41.7	150	1.5000
미들랜드	TX	100,000	41.76	38,400	92.40	2,600	5.8	10	0.0488
플라노	TX	205,000	183.42	45,210	41.45	51,402	20.7	3,000	2.6891
샌안토니오	TX	1,115,600	41.94	248,320	26.76	3,000	17.4	25	0.2083
우건	UT	120,000	86.32	17,280	0.00	11,455	41.7	8	0.0748
프로보	UT	107,000	44.38	27,456	10.29			500	3.0599
솔트레이크시티	UT	163,405	0.23	77,718	44.95			0	0.0000
알렉산드리아	VA	117,000	13.35	10,048	2.00	60	0.6	180	0.9826
뉴포트뉴스	VA	183,185	26.42	44,288	4.59	4,000	9.0	3,000	1.5416
리치몬드a	VA	197,790	-2.59	40,000	3.99	4,800	12.0	3,000	1.5476
버지니아비치	VA	420,000	60.18	196,480	-2.97	48,000	24.4	650	
시애틀	WA	536,000	8.54	53,800	0.00	2,000	3.7		
스포캔	WA	189,000	10.33	36,672	8.12	4,713	12.9		
매디슨	WI	201,786	18.27	42,918	7.24	380	0.9	1	0.0050
밀워키a	WI	596,974	-4.95	61,312	-0.31	3,198	5.22		

a: 이 도시들은 2002년 정보를 수집한 것으로 인구와 도시 면적 변화도 1980~2000년의 변화이다.
출처: 위의 표를 제외한 다른 자료는 1997년부터 1998년까지 진행된 설문조사에서 수집한 자료이다. 이 부록에 있는 도시들은 유휴지와 버려진 건물에 대한 정보를 제공한 대도시이다.

그림 목차

표 목차

참고문헌

Accordino, John, and Gary T. Johnsonn. "Addressing the Vacant and Abandoned Property Problem." *Journal of Urban Affairs* 22 (2000): 301-15.

Altshuler, Alan, William Morrill, Harold Wolman, and Faith Mitchell, eds. *Governance and Opportunity in Metropolitan America*. Washington, D.C.: National Academy Press, 1999.

Arizona Prevention Resource Center. *Neighborhood Services Department: Make It Work!* Phoenix: Arizona Prevention Resource Center, 1992.

Ashworth, Gregory J., and Henk Voogd. *Selling the City: Marketing Approaches in Public Sector Urban Planning*. London: Belhaven Press, 1990.

Attoe, Wayne, and Donn Logan. *American Urban Architecture: Catalysts in the Design of Cities*. Berkeley: University of California Press, 1989.

Austen-Smith, David, and Jeffrey Banks. " Electoral Accountability and incumbency." *In Models of Strategic Choice in Politics*, ed. Peter Ordeshook. Ann Arbor: University of Michigan Press, 1989.

Barnes, William R., and Larry C. Ledebur. *The New Regional Economies*. Thousand Oaks, Calif.: Sage Publications, 1998.

Berger, Joseph. "Tough Times and Tattered Image for Poughkeepsie." *New York Times*, October 5, 1998, 10.

Bernard, Richard M. "Oklahoma City: Booming Sooner." *In Sunbelt Cities: Politics and Growth Since World War II*, ed. Richard M. Bernard and Bradley R. Rice. Austin: University of Texas Press, 1983.

Berry, Brian J. L. *Growth Centers in the American Urban System*, Vol. 1. Cambridge, Mass.: Ballinger, 1973.

Besley, Timothy, and Anne Case. "Incumbent Behavior: Vote-Seeking, Tax-Setting, and Yardstick Competition." *American Economic Review* 85 (March 1995): 25-45.

Bickers, Kenneth, and Robert Stein. "The Microfoundations of the Tiebout Model."

Urban Affairs Review 34 (September 1998): 76-93.

Bowman, Ann O'M. *The Visible Hand: Major Issues in City Economic Policy*. Washington, D.C.: National League of Cities, 1987.

Bowman, Ann O'M., and Michael A. Pagano. "Transforming America's Cities: Policies and Conditions of Vacant Land." *Urban Affairs Review* 35 (March 2000): 559-81.

------. *Urban Vacant Land in the United States*. Working Paper. Cambridge, Mass.: Lincoln Institute of Land Policy, 1998.

Brace, Paul. "The Changing Context of State Political Economy." *Journal of Politics* 53 (May 1991): 297–316.

Brett, Deborah. "Assessing the Feasibility of Infill Development." *Urban Land*, April 1982, 3-9.

Brookings Institution Center on Urban and Metropolitan Policy. Racial Change in the Nation's Largest Cities: Evidence from the 2000 Census. April 2001. www.brookings.edu/es/urban/census/citygrowth.htm (June 1, 2003).

Brophy, Paul, and Jennifer Vey. *Seizing City Assets: Ten Steps to Urban Land Reform*. Survey Series. Washington, D.C.: Brookings Institution and CEOs for Cities, 2002.

Bucks County (Pa.). *Report of the Bucks County Open Space Task Force*. Doylestown: Bucks County Open Space Task Force 1996.

Burke, J., and J. M. Ewan, *Sonoran Preserve Master Plan*. Tempe, Ariz.: CAED Herberger Center for Design Excellence, 1998.

Byrnes, Susan. "A Choice in How Seattle Grows." *Seattle Times*, November 2, 1997. www.seattletimes.com/extra/browse/html97/mayr_110297.html# background (May 2001).

Carlson, Cynthia, and Robert Duffy. Cincinnati Takes Stock of Its Vacant Land. *Planning* (November 1985): 2-4.

Carr, Stephen, Mark Francis, Leanne G. Rivlin, and Andrew M. Stone. *Public Space*. New York: Cambridge University Press, 1992.

Cigler, Beverly. "Emerging Trends in State-Local Relations." In *Governing Part ners: State-Local Relations in the United States*, ed. Russell L. Hanson. Boul der, Colo.: Westview Press, 1998.

Cisneros, Henry G. "Urban Land and the Urban Prospect." *Cityscape: A Journal of Policy Development and Research* 3 (December 1996): 115-26.

City of Bellevue (Wash.). *Bellevue Parks & Open Space System Plan*. Bellevue, Wash.: City of Bellevue, 1993.

City of Camden (N.J.). *Multi-Year Recovery Plan, Fiscal Years* 2001-2003. 2001. www.state.nj.us/dca/camdensummary.pdf (June 1, 2003).

------. Overall Economic Development Program 1998-2004. Camden, N.J.: City of Camden, Department of Development and Planning, 1998.

City of Columbia (S.C.). Planning and Development Services. Columbia, SC *Demo-graphics, Development and Growth*. 2001. www.columbiasc.net/city/adobeforms/ grfinl01.pdf (May 2002).

City of Columbus (Ohio). *City of Columbus 2002 Budget*. 2002 http://mayor. ci.columbus.oh.us/2002 Budget/PDF/Financialoverview.pdf (June 1, 2003).

City of Oklahoma City. Department of Finance. FY2001-2002 *Budget Revenue Sum-mary*. 2002. www.okc-cityhall.org/ (May 2002). City of Peoria (Ariz.). Annual Report, 1999. http://ci.peoria.az.us/AnnualReport/(June 1, 2003).

City of Philadelphia. *A Blight Elimination Plan for Philadelphia's Neighbornoods*. Philadelphia: City of Philadelphia, Blight Elimination Subcommittee, 2000.

------. *Comprehensive Annual Financial Report*, 1999, 2000. www.phila.gov /atser-vice/reports/annual99/ (June 1, 2000).

------. *Neighborhood Transformations: The Implementation of Philadelphia's Commu-nity Development Policy*. Philadelphia: City of Philadelphia, Office of Housing and Community Development, 1997.

------. *Quality of Life*. 2000. www.phila.gov/transition/QualityOfLife.htm (June 1, 2000).

------. *A Vacant Land Acquisition System for Philadelphia*. Philadelphia: City of Philadelphia, Acquisitions Subcommittee of the Select Committee on Vacant Land, 1999.

------. *Vacant Property Prescriptions: A Reinvestment Strategy.* Philadelphia: City of Philadelphia, Office of Housing and Community Development, 1996.

City of Phoenix. *Infill Housing Program.* Phoenix: City of Phoenix, Business Customer Service Center, 1998.

------. *Target Area B Assessment.* Phoenix: City of Phoenix, Planning Depart ment, 1998.

City of San Jose. Department of Planning, Building and Code Enforcement. *San Jose 2020 General Plan.* San Jose: City of San Jose, Department of Planning, Building and Code Enforcement, 1994.

City of Seattle. *Comprehensive Annual Financial Report*, 1997. Seattle: City of Seattle, 1997.

------. *1999-2000 Proposed Budget* 2000. www.ci.seattle.wa.us/budget/ 99_00bud/ REVENUE.htm (March 2001).

------. *Property Tax Exemption for Multifamily Housing.* Seattle: City of Seattle, Office of Housing, 1999.

------. *Seattle's Character.* Seattle: City of Seattle, Office for Long-Range Planning, 1991.

------. *Seattle Comprehensive Plan: Monitoring Our Progress*, 1998. Seattle: City of Seattle, Strategic Planning Office, 1998.

------. "Transferable Development Rights (TDR) Program." *City of Seattle*, Department of Housing and Human Services, Seattle. Unpublished, n.d.

City of Tempe (Ariz.). *Staff Summary Report*, February 6, 2003. www.tempe.gov/ clerk/history_02/20030206casg01.htm (June 1, 2003).

Civic Trust. *Urban Wasteland Now.* London: Civic Trust, 1988.

Clarke, Susan E., and Gary L. Gaile. *The Work of Cities.* Minneapolis: University of Minnesota Press, 1998.

Coleman, Alice. "Dead Space in the Dying Inner City." *International Journal of Environmental Studies* 19 (1982): 103-7.

Colwell, Peter F., and Henry J. Munneke. "Estimating a Price Surface for Vacant Land in an Urban Area." *Land Economics* 79 (February 2003): 15-28.

Dixit, Avinash K., and Barry J. Nalebuss. *Thinking Strategically.* New York: W.W. Norton, 1991.

Dixon, Jennifer. "Detroit's Neglect Spawns Squatters: Makeshift Camps, Drugs and Prostitution Occupy Property." *Detroit Free Press*, July 7, 2000, 1.

Downs, Anthony. *An Economic Theory of Democracy.* New York: Harper & Row, 1957.

Dreier, Peter, John Mollenkopf, and Todd Swanstrom. *Place Matters: Metropolitics for the Twenty-First Century.* Lawrence: University Press of Kansas. 2001.

Dye, Thomas. *American Federalism: Competition among Governments.* Lexington, Mass.: DC Heath, 1990.

Edwards, Mary. "Annexation: A Winner-Take-All Process?" *State and Local Government Review* 31 (fall 1999): 221-31.

Ehrenhalt. Alan. "The Great Wall of Portland." *Governing*, May 1997. 20-24.

Euchner. Charles C. *Playing the Field: Why Sports Teams Move and Cities Fight to Keep Them.* Baltimore: Johns Hopkins University Press, 1993.

Fairmount Ventures, Inc. *Vacant Land Management in Philadelphia Neigh hoods: Cost-Benefit Analysis.* Philadelphia: Pennsylvania Horticulturals ety, 1999.

Fischel, William A. *The Homevoter Hypothesis: How Home Values Influence Local Government Taxation, School Finance, and Land-Use Policies.* Cambridge, Mass.: Harvard University Press, 2001.

Flanagan, Barbara. "Good Design Creates Another Palm Beach Success Story." *New York Times*, June 12, 1997, B1, B8.

Forgette, Richard, and Michael Pagano. "Fiscal Structures and Metropolitan Tax Base Sharing." Paper presented at the annual meeting of the American Political Science Association, San Francisco, September 1, 2001.

Foster, Kathryn A. "Regional Impulses." *Journal of Urban Affairs* 19, no. 4 (1997): 375-403.

Fulton, William. *The Reluctant Metropolis: The Politics of Urban Growth in Los Angeles*. Baltimore: Johns Hopkins University Press, 1997.

Fulton, William, and Paul Shigley. "The Greening of the Brown." *Governing*, December 2000, 31.

Gainsborough, Juliet F. *Fenced Off: The Suburbanization of American Politics*. Washington, D.C.: Georgetown University Press, 2001.

Gale, William G., and Janet Rothenberg Pack, eds. *Brookings-Wharton Papers on Urban Affairs* 2001. Washington, D.C.: Brookings Institution Press, 2001.

Gobster, Paul H. "Urban Parks as Green Walls or Green Magnets: Interracial Relations in Neighborhood Boundary Parks." *Landscape and Urban Planning* 41 (1998): 43-55.

Gonzalez, David. "Vacant Lots, Except for Red Tape." *New York Times*, October 8, 1993, B1, B7.

Gopnik, Adam. "A Walk on the High Line." *New Yorker*, May 21, 2001, 45.

Gowda, Vanita. "Whose Garden Is It?" *Governing*, March 2002, 40-41.

Greenberg, Michael, Karen Lowrie, Laura Solitare, and Latoya Duncan. "Brownfields, TOADS, and the Struggle for Neighborhood Development: A Case Study of the State of New Jersey." *Urban Affairs Review* 35 (May 2000): 717-33.

Greenberg, Michael R., Frank J. Popper, and Bernadette M. West. "The TOADS: A New American Urban Epidemic." *Urban Affairs Quarterly* 25 (March 1990): 435-54.

"Greening New York's Waste Lands." *New York Times*, December 28, 1994, A12.

Gurwitt, Rob. "Betting on the Bulldozer." *Governing*, July 2002, 28-34.

Hampton, Kumasi R. "Land Use Controls and Temporarily Obsolete, Abandoned, and Derelict Sites (T.O.A.D.s.) in Cincinnati's Basin Area." Master's thesis, University of Cincinnati, 1995.

Hanson, Russell L., ed. *Governing Partners: State-Local Relations in the United States*. Boulder, Colo.: Westview Press, 1998.

Hanson, Susan. *The Politics of Taxation*. New York: Praeger, 1983.

Harden, Blaine. "Neighbors Give Central Park a Wealthy Glow." *New York Times*, November 22, 1999, A1, A29.

Havemann, Judith. "A City That Good Times Forgot: Blighted Camden, N.J., Reflects Inner Cities' Resistance to Renewal." *Washington Post*, April 1, 1999, A3.

Hayden, Dolores. *The Power of Place: Urban Landscapes as Public History*. Cambridge, Mass.: MIT Press, 1995.

Hirschhorn, Joel S., and Paul Souza. *New Community Design to the Rescue: Fulfilling Another American Dream*. Washington, D.C.: National Governors AS sociation, 2001.

Hough, Michael. "Design with City Nature: An Overview of Some Issues." In *The Ecological City*, ed. Rutherford H. Platt, Rowan Rountree, and Pamela Muick. Amherst: University of Massachusetts Press, 1994.

Hughes, Mark Alan. Dirt into Dollars: Converting Vacant Land into Development. *Brookings Review* (summer 2000): 34-37.

Hughes, Mark Alan, and Anais Loizillon. "Over the Horizon: Jobs in the Metropolitan Areas." In *Urban Change in the United States and Europe*, 2nd edition, ed. Anita A. Summers, Paul C. Cheshire, and Lanfranco Senn. Washington, D.C.: Urban Institute Press, 1999.

Jacobson, David. *Place and Belonging in America*. Baltimore: Johns Hopkins University Press, 2002.

Jakle. John A., and David Wilson. *Derelict Landscapes: The Wasting of America's Built Environment*. Savage, Md.: Rowman & Littlefield, 1992.

Jones, David W. "Vacant Land Inventory and Development Assessment for the City of Greenville, S.C." Master's thesis, Clemson University, 1992.

Kelleher, Christine, and David Lowery. "Tiebout Sorting and Selective Satisfaction with Urban Public Services: Testing the Variance Hypothesis." *Urban Affairs Review* 37 (January 2002): 420-31.

Kemmis, Daniel. *Community and the Politics of Place*. Norman: University of Oklahoma Press, 1990.

Kenyon, Daphne. "Theories of Interjurisdictional Competition." *New England Economic Review* (March-April 1997): 13-28.

Kenyon, Daphne A., and John Kincaid, eds. *Competition among States and Local Governments*. Washington, D.C.: Urban Institute Press, 1991.

Keuschnigg, C., and S. B. Nielsen. "On the Phenomenon of Vacant Land." *Canadian Journal of Economics* (April 1996): S534-40.

King County (Wash.). *1998 Annual Growth Report*. 1998. www.metrokc.gov/budget/agr/agr98 (June 1, 2003).

Kittower, Diane. "Turning an Airport into an Urban Village." Governing, May 2000, 90.

Kivell, Philip. *Land and the City: Patterns and Processes of Urban Change*. London: Routledge, 1993.

Knaap, Gerrit, and Terry Moore. *Land Supply and Infrastructure Capacity: Monitoring for Smart Urban Growth*. Working Paper. Cambridge, Mass.: Lin coln Institute of Land Policy, 2000.

Krane, Dale, Platon N. Rigos, and Melvin B. Hill Jr. *Home Rule in America: A Fifty-State Handbook*. Washington, D.C.: Congressional Quarterly Press, 2001.

Kromer. John. *Neighborhood Recovery: Reinvestment Policy for the New Hometown*. New Brunswick, N.J.: Rutgers University Press, 2000.

------. *Vacant Property Prescriptions: A Reinvestment Strategy*. Philadelphia: City of Philadelphia Office of Housing and Community Development, 1996.

Ladd, Helen, and John Yinger. *America's Ailing Cities: Fiscal Health and the Design of Urban Policy*. Baltimore: Johns Hopkins University Press, 1989.

Lake, David A., and Robert Powell, eds. *Strategic Choice and International Relations*. Princeton, N.J.: Princeton University Press, 1999.

Leopold, Aldo. *The Sand County Almanac*. New Yrk: Oxford University Press, 1949.

Levy, John M. *Contemporary Urban Planning*, 5th ed. Upper Saddle River, N.J.: Prentice Hall, 2000.

Lewis, Paul G. "Retail Politics: Local Sales Taxes and the Fiscalization of Land Use." *Economic Development Ouarterly* 15 (February 2001): 21-35.

Lowery, David. "A Transaction Cost Model of Metropolitan Governance: Allocation Versus Redistribution in Urban America." *Journal of Public Administration Research and Theory* 10 (January 2000): 49-78.

Lynch, Kevin. *The Image of the City*. Cambridge, Mass.: MIT Press, 1960.

Manvel, A. D. "Land Use in 106 Large Cities." In *Three Land Research Studies*. Research Report 12. Washington, D.C.: Prepared for the consideration of the National Commission on Urban Problems, 1968.

McDonough, Gary. "The Geography of Emptiness." In *The Cultural Meaning of Urban Space*, ed. Robert Rotenberg and Gary McDonough. Westport, Conn.: Bergin & Garvey, 1993.

McWhirter, Cameron. "Detroit Banks on Empty Lots: City Sees Cleveland as Model for Reviving Land for Development." *Detroit News*, February 15. 2001. www.detnews.com/2001/metro/0102/15/a01-188450.htm (June 1. 2003).

Meyers, Roy. *Strategic Budgeting*. Ann Arbor: University of Michigan Press, 1994. Mikesell, John. Fiscal Administration, 5th ed. Fort Worth: Harcourt Brace Col

Mikesell, John. *Fiscal Administration*, 5th ed. Fort Worth: Harcourt Brace College Publishers, 1999.

Moudon, Anne Vernez, and LeRoy A. Heckman. "Seattle and the Central Puget Sound." In *Global City-Regions*, ed. Roger Simmonds and Gary Hack. London: Spon, 2000.

Myers, Phyllis. "The Varied Landscape of Park and Conservation Finance." *Nation's Cities Weekly*, June 2, 1997, 3.

Nasar, Jack L. *The Evaluative Image of the City*. Thousand Oaks, Calif.: Sage Publications, 1998.

National Association of State Budget Officers. *Fiscal Survey of the States, December 2000*. Washington, D.C.: National Association of State Budget Officers, 2000.

Neighbours, Andrea. "From Cans to Apartments in New Orleans." *New York Times*, March 26, 2000, 47.

New York City Independent Budget Office. *Big City, Big Bucks: NYC's Changing Income Distribution*. New York: New York City Independent Budget Office, 2000.

Niedercorn, John H., and Edward F. R. Hearle. *Recent Land-Use Trends in Forty-Eight Large American Cities*. Memorandum RM-3664-1-FF. Santa Monica, Calif.: RAND Corporation, 1963.

Northam, Ray. "Vacant Urban Land in the American City." *Land Economics* 47 (1971): 345-55.

Noto, Nonna. Local Income Taxes on Nonresidents in the Nation's 25 Largest Cities. Congressional Research Service memorandum, March 4, 2002 (draft), Congressional Research Service, Washington, D.C.

Oates, Wallace, and Robert Schwab. "Economic Competition among Jurisdictions." *Journal of Public Economics* 35 (April 1988): 333-54.

Orr, Dwight. and Angela Couloumbis. "Proposal for Camden Seeks Role for County." *Philadelphia Inquirer*, October 2, 2001, B1.

Ostrom, Vincent, Charles M. Tiebout, and Robert Warren. "The Organization of Government in Metropolitan Areas: A Theory Inquiry." *American Political Science Review* 55 (October 1961): 831-42.

Pagano, Michael A. *City Fiscal Conditions in 1999*. Washington, D.C.: National League of Cities, 1999.

------. *City Fiscal Structures and Land Development*. Discussion paper prepared for Brookings Institution Center on Urban and Metropolitan Policy and for CEOs for Cities. April 2003. www.brookings.edu/es/urban/publications /paganovacant.htm (June 1, 2003).

------. "Metropolitan Limits: Intrametropolitan Disparities and Governance in US Laboratories of Democracy." In *Governance and Opportunity in Metropolitan America*, ed. Alan Altshuler, William Morrill, Harold Wolman, and Faith Mitchell. Washington, D.C.: National Academy Press, 1999.

Pagano. Michael A., and Ann O'M. Bowman. *Cityscapes and Capital: The Politics of Urban Development*. Baltimore: Johns Hopkins University Press, 1995.

Pagano, Michael A., and Richard G. Forgette. "Regionalism and Municipal Tax Structures: Assessing Tax-Base Sharing in Ohio Metropolitan Areas." Paper presented at the annual meeting of the Association for Budgeting and Financial Management, Kansas City, October 10, 2002.

Palmer, Jamie, and Greg Lindsey. "Classifying State Approaches to Annexation." *State and Local Government Review* 33 (winter 2001): 60-73.

Park. Keeok. "Friends and Competitors: Policy Interactions between Local Governments in Metropolitan Areas." *Political Research Quarterly* 50 (December 1997): 723-50.

Parks & People Foundation. *Neighborhood Open Space Management: A Report on Greening Strategies in Baltimore and Six Other Cities*. Baltimore: Parks & People Foundation, 2000.

Peirce, Neal. "Vacant Urban Land: Hidden Treasure?" National Journal, December 9, 1995, 3053.

Pennsylvania Horticultural Society. *Urban Vacant Land: Issues and Recommendations*. Philadelphia: Pennsylvania Horticultural Society, 1995.

Percy, Stephen L., Brett W. Hawkins, and Peter E. Maier. Revisiting Tiebout: Moving Rationales and Interjurisdictional Relocation. *Publius: Journal of Federalism* 25 (fall 1995): 1-17.

Peterson, Paul. City Limits. Chicago: University of Chicago Press, 1981.

Philadelphia City Planning Commission. "PCPC Map Gallery." www .philaplanning. org/data/datamaps.html (June 1, 2003).

------. *Vacant Land in Philadelphia: A Report on Vacant Land Management and Neighborhood Restructuring.* Philadelphia: Philadelphia City Planning Commission, 1995.

Poracsky, Joseph, and Michael C. Houck. "The Metropolitan Portland Urban Natural Resource Program." In *The Ecological City*, ed. Rutherford H. Platt, Rowan Rountree, and Pamela Muick. Amherst: University of Massachusetts Press, 1994.

Puget Sound Regional Council. *1998 Regional Review: Monitoring Change in the Central Puget Sound Region.* Seattle: Puget Sound Regional Council, 1998.

------. *Urban Centers in the Central Puget Sound Region: A Baseline Summary ha Comparison*, Winter 1996-97. Seattle: Puget Sound Regional Council, 1996.

Rapoport, Amos. *The Meaning of the Built Environionment : A Nom-Verbal Communication Approach.* Tucson: University of Arizona Press, 1900.

Robertson, David, and Dennis Judd. *The Development of American Public Policy.* Glenview, Ill.: Scott, Foresman and Co., 1989.

Rusk, Davis. *Cities without Suburbs*, 2d ed. Baltimore: Johns Hopkins University Press, 1995.

Salkin, Patricia E. "Political Strategies for Modernizing State Land Use Statutes to Address Sprawl." Paper presented at the Who Owns America? Il conference, Madison, Wisc., June 4, 1998.

Schaffer, R., and N. Smith. "The Gentrification of Harlem?" *Annals of the Association of American Geographers* 76 (1986): 347-65.

Schneider, Daniel. "To Halt Sprawl, San Jose Draws Green Line in Sand." *Christian Science Monitor*, April 17, 1996, 14.

Schneider, Mark. *The Competitive City.* Pittsburgh: University of Pittsburgh Press, 1989.

Schukoske, Jane E. "Community Development through Gardening: State and Local Policies Transforming Urban Open Space." *New York University Journal of Legislation and Public Policy* 3 (1999-2000): 351-92.

Seattle's Comprehensive Plan. *Toward a Sustainable Seattle: A Plan for Managing Growth, 1994–2014 (as Amended November 25, 1997)*. Seattle: Seattle's Comprehensive Plan, 1997.

Seplow, Stephen. "Too Many Houses, Too Few Residents." *Philadelphia Inquirer*, May 10, 1999, 1.

Shepsle, Kenneth A., and Mark S. Bonchek. *Analyzing Politics: Rationality, Behavior, and Institutions*. New York: W. W. Norton, 1997.

Sigelman, Lee, and Jeffrey R. Henig. "Crossing the Great Divide: Race and Preferences for Living in the City Versus the Suburb." *Urban Affairs Review* 37 (September 2001): 3-18.

Smith, Neil, Paul Caris, and Elvin Wyly. "The 'Camden Syndrome' and the Menace of Suburban Decline: Residential Disinvestment and Its Discontents in Camden County, New Jersey." *Urban Affairs Review* 36 (March 2001): 497-531.

Sohmer, Rebecca R., and Robert E. Lang. "Downtown Rebound." *Fannie Mae Foundation Census Note*. Washington, D.C.: Fannie Mae Foundation and the Brookings Institution, 2001.

Solecki, William D., and Joan M. Welch. "Urban Parks: Green Spaces or Green Walls?" *Landscape and Urban Planning* 32 (1995): 93-106.

Spinner, Jackie. "Decaying Buildings Targeted: D.C. to Acquire, Repair or Demolish 2,000 Properties." *Washington Post*, April 8, 2000, E1.

Spirn, Ann Whiston. *The Granite Garden*. New York: Basic Books, 1984.

Stein, Robert. "Tiebout's Sorting Hypothesis." *Urban Affairs Quarterly* 23, no.1 (1987): 140-60.

Summers, Paul, and Daniel Carlson, with Michael Stanger, Saijun Xue, and Mike Miayasato. *Ten Steps to a High-Tech Future: The New Economy in Metropolitan Seattle*. Discussion paper prepared for Brookings Institution Center on Urban and Metropolitan Policy. Washington, D.C.: Brookings Institution, 2000.

Tiebout, Charles M. "A Pure Theory of Local Expenditures." *Journal of Political Economy* 64 (October 1964): 416-24.

Turner, Frederick Jackson. *The Frontier in American History*. New York: H. Holt & Co., 1920.

"Turning Brownfields to Green." *Governing*, December 2000, A16.

U.S. Advisory Commission on Intergovernmental Relations. *State Laws Governing Local Government Structure and Administration*. Washington, D.C.: U.S. Advisory Commission on Intergovernmental Relations, 1993.

U. S. Environmental Protection Agency. *Brownfields Glossary of Terms*. www.epa. gov/swerosps/bf/glossary.htm#brow (June 1, 2003).

------. *Brownfields Mission*. www.epa.gov/swerosps/bf/mission.htm (June 1, 2003).

------. *Brownfield Success Stories*. www.epa.gov/swerosps/bf/success.htm (June 1, 2003).

U.S. General Accounting Office. *Superfund: Proposals to Remove Barriers to Brownfield Redevelopment*. GAO/T-RCED-97-87. Washington, D.C.: U.S. General Accounting Office, 1997.

Voget, Jane. "Making Transfer of Development Rights Work for Downtown Preservation and Redevelopment." City of Seattle, Department of Housing and Human Services, Seattle (draft), 1999.

Warner, Kee, and Harvey Molotch. *Building Rules: How Local Controls Shape Community Environments and Economies*. Boulder, Colo.: Westview, 2000.

Washington Center for Real Estate Research. *Washington State's Housing Mar ket: A Supply/Demand Assessment, First Quarter 1999*. 1999 www.cbe.wsu.edu/~wcrer/ HMUPDATE/MKTRPT9a.htm (May 2000).

Washington State Community, Trade, and Economic Development. *State of Washington's Growth Management Act and Related Laws 1998*. Olympia: Washington State Community, Trade, and Economic Development, 1998.

Wassmer, Robert W. *Influences of the "Fiscalization of Land Use" and Urban Growth Boundaries* (revised). Sacramento: California Senate Office of Research, 2001.

Weimer, David, and Aidan R. Vining. *Policy Analysis*, 3d ed. Upper Saddle River, N.J.: Prentice Hall, 1999.

Weir, Margaret. "Central Cities' Loss of Power in State Politics." *Cityscape: A Journal of Policy Development and Research* 2 (May 1996): 23-40.

Wilk, Richard, and Michael B. Schiffer. "The Archaeology of Vacant Lots in Tucson, Arizona." *American Antiquity* 44 (July 1979): 530-36.

Wilson, James O., and George L. Kelling. "Broken Windows: Police and Neighborhood Safety." *Atlantic Monthly*, March 1982, 29-38.

Wood, Barry. *Vacant Land in Europe*. Working Paper. Cambridge, Mass.: Lincoln Institute of Land Policy, 1998.

Wright, Thomas K., and Ann Davlin. "Overcoming Obstacles to Brownfield and Vacant Land Redevelopment." *Land Lines* 10 (September 1998): 1-3.

Zuckoff, Mitchell. "New Plan to Remake Mattapan Acreage," *Boston Globe*, July 16, 2000, A01.

Zukin, Sharon. *Landscapes of Power*. Berkeley: University of California Press, 1991.

찾아보기